工程应用型院校计算机系列教材

安徽省高等学校"十三五"省级规划教材

胡学钢◎总主编

单片机原理及应用

DANPIANJI YUANLI JI YINGYONG

第2版

主　编　黄　勇　高先和

副主编　王本有　陈付龙　焦　俊

编　委　（按姓氏笔画排序）

王本有　陈付龙　孟　浩

高先和　黄　勇　焦　俊

北京师范大学出版集团
BEIJING NORMAL UNIVERSITY PUBLISHING GROUP
安徽大学出版社

图书在版编目(CIP)数据

单片机原理及应用/黄勇,高先和主编. —2 版. —合肥:安徽大学出版社,2019.6
工程应用型院校计算机系列教材/总主编胡学钢
ISBN 978-7-5664-1889-0

Ⅰ. ①单… Ⅱ. ①黄… ②高… Ⅲ. ①单片微型计算机－高等学校－教材
Ⅳ. ①TP368.1

中国版本图书馆 CIP 数据核字(2019)第 118718 号

单片机原理及应用（第 2 版）

胡学钢 总主编

黄　勇　高先和 主　编

出版发行：北京师范大学出版集团
　　　　　安 徽 大 学 出 版 社
　　　　　（安徽省合肥市肥西路 3 号 邮编 230039）
　　　　　www. bnupg. com. cn
　　　　　www. ahupress. com. cn

印　　刷：安徽省人民印刷有限公司
经　　销：全国新华书店
开　　本：184mm×260mm
印　　张：23.25
字　　数：430 千字
版　　次：2019 年 6 月第 2 版
印　　次：2019 年 6 月第 1 次印刷
定　　价：59.50 元
ISBN 978-7-5664-1889-0

策划编辑：刘中飞　宋　夏　　　　　　装帧设计：李　军
责任编辑：张明举　宋　夏　　　　　　美术编辑：李　军
责任印制：赵明炎

编写说明

计算机科学与技术的迅速发展,促进了许多相关学科领域以及应用分支的发展,同时也带动了各种技术和方法、系统与环境、产品以及思维方式等的发展,由此进一步激发了对各种不同类型人才的需求。按照教育部计算机科学与技术专业教学指导委员会的研究报告来分,可将学校培养的人才类型分为科学型、工程型和应用型三类,其中科学型人才重在基础理论、技术和方法等的创新;工程型人才以开发实现预定功能要求的系统为主要目标;应用型人才以系统集成为主要途径实现特定功能的需求。

虽然这些不同类型人才的培养在知识体系、能力构成与素质要求等方面有许多共同之处,但是由于不同类型人才的潜在就业岗位所需要的责任意识、专业知识能力与素质、人文素养、治学态度、国际化程度等方面存在一定的差异,因而在培养目标、培养模式等方面也存在不同。对大多数高校来说,很难兼顾各类人才的培养。因此,合理定位培养目标是确保培养目标和人才培养质量的关键。

由于当前社会领域从事工程开发和应用的岗位数量远远超过从事科学研究的岗位数量,结合当前绝大多数高校的办学现状,2012 年,安徽省高等学校计算机教育研究会在和多所高校专业负责人以及来自企业的专家反复研究和论证的基础上,确定了以培养工程应用型人才为主的安徽省高等学校计算机类专业的培养目标,并组织研讨组共同探索相关问题,共同建设相关教学资源,共享研究和建设成果,为全面提高安徽省高等学校计算机教育教学水平做出积极的贡献。北京师范大学出版集团安徽大学出版社积极支持安徽省高等学校计算机教育研究会的工作,成立了编委会,组织策划并出版了全套工程应用型计算机系列教材。由于定位合理,本系列教材被评为安徽省高等学校"十二五"省级规划教材,并且其修订版于 2018 年 4 月被评为安徽省高等学校"十三五"省级规划教材。

为了做好教材的出版工作,编委会在许多方面都采取了积极的措施:

教材建设与时俱进:近年来,计算机专业领域发生了一些新的变化,例如,新工科工程教育专业认证、大数据、云计算等。这些变化意味着高等教育教材建设需要进行改革。编委会希望能将上述最新变化融入新版教材的建设中去,以体现其时代性。

编委会组成的多元化:编委会不仅有来自高校教育领域的资深教师和专家,还有从事工程开发、应用技术的资深专家,从而为教材内容的重组提供更为有力的支持。

教学资源建设的针对性：教材以及教学资源建设的目标是突出体现"学以致用"的原则，减少"学不好，用不上"的空泛内容，增加应用案例，尤其是增设涵盖更多知识点和提高学生应用能力的系统性、综合性的案例；同时，对于部分教材，将MOOC建设作为重要内容。双管齐下，激发学生的学习兴趣，进而培养其系统解决问题的能力。

建设过程的规范性：编委会对整体的框架建设、每种教材和资源的建设都采取汇报、交流和研讨的方式，以听取多方意见和建议；每种教材的编写组也都进行反复的讨论和修订，努力提高教材和教学资源的质量。

如果我们的工作能对安徽省高等学校计算机类专业人才的培养做出贡献，那将是我们的荣幸。真诚欢迎有共同志向的高校、企业专家提出宝贵的意见和建议，更期待你们参与我们的工作。

胡学钢
2018 年 8 月

编委会名单

主　任　　胡学钢　　合肥工业大学

委　员　　（按姓氏笔画排序）

于春燕　　滁州学院

王　浩　　合肥工业大学

王一宾　　安庆师范大学

方贤进　　安徽理工大学

叶明全　　皖南医学院

刘　涛　　安徽工程大学

刘仁金　　皖西学院

孙　力　　安徽农业大学

李　鸿　　宿州学院

李汪根　　安徽师范大学

杨　勇　　安徽大学

杨兴明　　合肥工业大学

宋万干　　淮北师范大学

张先宜　　合肥工业大学

张自军　　蚌埠学院

张润梅　　安徽建筑大学

张燕平　　安徽大学

陈　磊　　淮南师范学院

陈桂林　　滁州学院

金庆江　　合肥文康科技有限公司

郑尚志　　巢湖学院

钟志水　　铜陵学院

徐　勇　　安徽财经大学

徐本柱　　合肥工业大学

陶　陶　　安徽工业大学

黄　勇　　安徽科技学院

黄海生　　池州学院

符茂胜　　皖西学院

檀　明　　合肥学院

前　言

随着电子技术的发展和近代超大规模集成电路的出现,通过对计算机的功能部件进行剪裁及优化,将 CPU、程序存储器、数据存储器、并行 I/O 口、串行 I/O 口、定时/计数器及中断控制器等基本部件集成在一块芯片中,制成了单芯片微型计算机,简称单片机,又叫微控制器。由于它能嵌入某个电路或电子产品设备中,因此又被称为嵌入式控制器。自 20 世纪 80 年代初诞生以来,MCS-51 系列单片机以优越的性能、成熟的技术和高可靠性占领了工业控制的主要市场,特别是在我国,MCS-51 系列单片机成为单片机应用领域的主流,同时也是最适合初学者上手学习单片机系统开发的一款单片机,具有极强的竞争力。本书以 80C51 单片机为例,从工程应用的角度,详尽地介绍单片机的工作原理及其应用。

本书共分为 10 章。第 1 章是单片机概述,介绍什么是单片机、单片机的发展历程、特点、分类及应用,并介绍单片机应用系统的结构与开发过程;第 2 章主要介绍 80C51 的硬件结构、工作原理及单片机最小系统;第 3 章主要介绍 MCS-51 单片机的指令系统、指令的使用方法及汇编语言程序设计;第 4 章主要介绍单片机的 C51 语言程序设计及 Keil C 软件的使用;第 5 章主要介绍显示器接口原理、键盘接口技术、常用输入传感器及常用电机输出;第 6 章主要介绍 MCS-51 单片机的中断系统、定时/计时器资源;第 7 章主要介绍单片机的串行口资源;第 8 章主要介绍 D/A 与 A/D 转换技术及典型数模、模数转换器的接口电路设计;第 9 章主要介绍 I^{2}C、SPI 串行总线技术;第 10 章主要介绍单片机应用系统设计方法及举例。

本书具有以下特点:

(1)本书着重强调单片机的片上基本资源的介绍,力求系统全面、条理清楚、通俗易懂。

(2)本书不局限于一种编程语言,对汇编语言和流行的单片机 C51 语言都做了介绍,并通过相关示例进行说明。考虑到单片机 C51 语言兼备高级语言与低级语言的优点,语法结构和标准 C 语言基本一致,语言简洁,便于学习,支持的微处理器种类繁多,可移植性好,所以本书全面系统地介绍单片机 C51 语言及 Keil C 开发环境的使用。

（3）本书在内容组织上力求实用，书中略去存储器扩展的相关知识，而对于目前常用的 I²C、SPI、单总线等串行总线扩展进行详细介绍。

本书适合普通高等院校电子信息、通信工程、自动化、计算机专业、电气工程、机电一体化、测控技术和仪器仪表等专业作为教材使用，也可供从事自动控制、智能仪器仪表、电力电子、机电一体化以及各类 MCS-51 单片机应用的工程技术人员参考。

本书由黄勇、高先和主编，其中黄勇编写了第 1、6、8 章，王本有编写了第 2 章，陈付龙编写了第 3 章，孟浩编写了第 4 章，焦俊编写了第 9 章，高先和编写了第 5、7、10 章，高先和统一修改了全书，全书由黄勇、高先和定稿。石朝毅、周泽华、卢军、谷艳红、张胜、章洋等为本书的编写及修改也做了大量的工作。

在本书的编写过程中，编者参考了大量国内外著作和资料，还参考了各厂家芯片说明书，在此向这些作者表示衷心的感谢。

由于编者水平有限，错误与不妥之处在所难免，恳请读者批评指正。

编　者
2019 年 3 月

第1版前言摘录

单片机全称为"单片微型计算机",又称为"嵌入式微控制器"。MCS-51系列单片机自20世纪80年代初诞生以来,被迅速广泛推广,不仅是国内用得最多的单片机之一,同时也是最适合上手学习单片机系统开发的一款单片机。它具有体积小、功能全、价格低廉、应用软件丰富、开发应用方便等优点,可以适应多个应用领域的不同需求,因而具有极强的竞争力。本书以80C51单片机为例,从工程应用的角度,详尽介绍了单片机的原理及其应用。

本书内容丰富实用,叙述简洁清晰,工程实践性强,注重培养学生的综合分析、开发创新和工程设计能力。本书既可作为本科院校和高职高专院校的单片机教材,也可作为工程技术人员进行电子产品设计与制作的参考书。

本书由黄勇、高先和主编,孟浩主审。其中黄勇编写了第1、6、8章,陈付龙编写了第3、7章,王本有编写了第2、5章,焦俊编写了第9章,孟浩编写了第4、10章,高先和统一修改了全书。宋威、戴飞、江钎水、胡志圣、吴文胜、王艺霖等为本书的编写及修改也做了大量的工作。

在本书的编写过程中,编者参考了大量国内外著作和资料,还参考了各厂家的芯片说明书,尤其是Atmel公司的大量资料,在此向这些作者表示衷心的感谢。

由于编者水平有限,错误与不妥之处在所难免,恳请读者批评指正。

编　者
2013 年 12 月

目　录

第1章 单片机概述

本章目标

- 了解微型计算机与单片机之间的关系
- 了解单片机与嵌入式控制系统的关系
- 了解单片机的发展历程与发展趋势
- 了解 51 系列单片机的特点、分类及应用
- 了解单片机应用系统结构与开发的一般方法

本书主要讨论单片机的片上资源及其应用。为了更好地学习本书,本章首先介绍单片机的概念、单片机和微型计算机的区别以及单片机与嵌入式控制系统的关系。了解单片机的发展与产品近况可以更好地认识它。

1.1 微型计算机与单片机

本节首先概述微型计算机与单片机之间的关系,并给出单片机的定义,最后描述单片机与嵌入式控制系统的关系。

1.1.1 微型计算机

从 1946 年第一台电子数字计算机在美国宾夕法尼亚大学诞生以来,计算机的发展经历了电子管、晶体管、集成电路、大规模集成电路、超大规模集成电路 5 个阶段。但目前,其结构仍然没有突破 1946 年冯·诺依曼提出的计算机的经典结构框架。冯·诺依曼提出的"五大设备""存储程序控制"和"二进制表示和运算"的思想,构建了计算机的经典结构。

计算机技术发展到 20 世纪 70 年代中后期,随着大规模与超大规模集成电路技术的发展,集成电路芯片的集成度不断提高,这时可以将计算机中的两个重要功能部件运算器与控制器集成到一个芯片中,这样微处理器(Micro Processor Unit,MPU)就产生了。

以微处理器为核心,配上存储器和 I/O 接口电路,将各部分用总线相连就构成了微型计算机(图 1-1)。在微型计算机的基础上,配上 I/O 设备、系统软件和应用软件便构成了完整的微型计算机系统(人们常称之为"微机"或"PC")。

微型计算机和其他计算机(大型机、小型机)没有本质上的区别,它们的体系

结构大多数是冯·诺依曼结构，也就是说，它们都是由运算器、控制器、存储器和输入输出设备五大功能部件组成，它们的基本工作原理都是存储程序控制。不同的是，微型计算机广泛采用了集成度相当高的器件和部件，从而具有体积小、功耗低、价格低廉等一系列优点，这些优点使得微型计算机迅速走出机房，得到了广泛的应用。

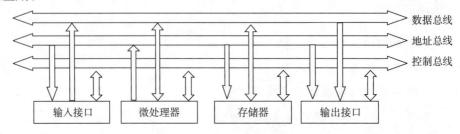

图 1-1　微型计算机的组成

1.1.2　单片机的概念

虽然微型计算机已经应用到许多领域，但微型计算机的体积还是不能满足一些测控领域的应用需求。这些领域希望有一台体积更小的计算机来运行一些控制程序以满足测控系统的需求，最好这个计算机能嵌入到测控器的内部，于是，单片机应运而生。

单片机就是在一片半导体硅片上集成了微处理器、存储器和 I/O 接口电路的简单微型计算机。这样一块集成电路芯片相当于一个更加简化的微型计算机，也能在程序的控制下工作，因此被称为"单片微型计算机"，简称"单片机"。

有些单片机功能比较齐全，能满足大多数场合的应用，称之为"通用单片机"；有些单片机是专门为某一应用领域研制的，突出某一功能，称之为"专用单片机"，例如，各种家用电器中的控制器等。由于用途是特定的，因此，单片机芯片制造商常与产品厂家合作，设计和生产"专用"的单片机芯片。又由于在设计中，已经对"专用"单片机的系统结构最简化、可靠性和成本的最佳化等方面都做了全面的综合考虑，因此，"专用"单片机在其特定的应用场合具有十分明显的优势。

无论"专用"单片机在用途上有多么"专"，其基本结构和工作原理都是以通用单片机为基础。本书介绍通用单片机。

单片机的产生是计算机技术发展史上的一个重要里程碑，标志着计算机正式形成了通用计算机系统和嵌入式计算机系统两大分支。

1.1.3　单片机与嵌入式控制系统

因为单片机在使用中，通常是处于测控系统的核心地位并被嵌入其中，所以国际上通常把单片机称为"嵌入式微控制器"（Embedded MicroController Unit，EMCU），或"微控制单元"（Micro Control Unit，MCU）。我国则习惯于使用"单片机"这一名称。

通常，把嵌入某种微控制器的测试和控制系统称为"嵌入式控制系统"（Embedded Control System）。嵌入式控制系统在航空航天、机械电子、家用电器等各个领域都有广泛应用。MP3、MP4、数码相机、扫描仪、车载电视、DVD、PDA、手机等中都有嵌入式控制系统的应用。

嵌入式控制系统按照其内嵌的微处理器不同，在应用上大致分为两个层次。在系统简单、要求不高，成本低的应用领域，大多采用 4 位、8 位或 16 位的单片机；随着嵌入式控制系统与 Internet 的逐步结合，PDA、手机、路由器、调制解调器等复杂的高端应用对嵌入式控制器提出了更高的要求，在少数高端应用领域以ARM 技术为基础的 32 位单片机得到越来越多的青睐。嵌入式控制系统在高端应用领域还分为有嵌入式操作系统支持和没有嵌入式操作系统支持两种情况。

从应用的角度来说，4 位、8 位、16 位与 32 位单片机，不但在处理能力、运算速度上不同，而且价格也有差异，其应用场合也各不相同。在一些简单控制领域，可选择 4 位或 8 位单片机；在需要高速数据处理和复杂接口的应用场合，可选择 32位单片机（或 16 位）。

从学习的角度来说，掌握了 8 位单片机的使用方法，可以完成一般嵌入式控制系统的设计，并为进一步学习 16 位和 32 位单片机打下基础。

1.2 单片机的发展

本节介绍单片机的发展历程、发展趋势以及单片机产品近况。

1.2.1 单片机的发展历程

单片机的发展大致分为 4 个阶段。

第一阶段（1974—1976 年）：初级探索阶段。因工艺限制，采用双片形式，且功能简单。1974 年 12 月，仙童公司推出了 8 位的 F8 单片机，实际上只包括了 8 位 CPU、64 B RAM 和 2 个并行口。

第二阶段（1976—1978 年）：低性能单片机完善阶段。Intel 公司的 MCS-48 的推出是在工控领域的探索，参与这一探索的公司还有 Motorola、Zilog 等，它们都取得了满意的效果。这就是 SCM（Single Chip Microcomputer）的诞生年代，"单片机"一词即由此而来。1977 年 GI 公司推出了 PIC 1650，但这个阶段处于低性能阶段。

第三阶段(1978—1983 年)：高性能单片机阶段。1978 年，Zilog 公司推出 Z8 单片机，1980 年，Intel 公司在 MCS-48 基础上推出了完善的、典型的单片机系列 MCS-51，极大地促进了单片机的变革和发展。Motorola 推出 6801 单片机，使单片机的性能及应用跃上新的台阶。此后，8 位单片机迅速发展，推出的单片机普遍带有串行 I/O 口、多级中断系统、16 位定时器/计数器，片内 ROM、RAM 容量加大，有的片内还带有 A/D 转换器。由于这类单片机的性能价格比高，所以被广泛应用，是目前应用数量最多的单片机。

第四阶段(1983—)：8 位单片机巩固发展及 16 位单片机、32 位单片机推出阶段。16 位单片机的典型产品是 Intel 公司的 MCS-96 系列单片机，而 32 位单片机除了具有更高的集成度外，其数据处理速度比 16 位单片机高许多，其性能比 8 位、16 位单片机更加优越。20 世纪 90 年代是单片机制造业大发展时期，Motorola、Intel、Atmel、德州仪器(TI)、三菱、日立、飞利浦、LG 等公司开发了一大批性能优越的单片机，如高速 DSP、大寻址范围 ARM、小型专用 PIC 等，极大地推动了单片机的发展与应用。

1.2.2　MCS-51系列单片机

20 世纪 80 年代以来，单片机的发展非常迅速，世界上一些著名厂商投放市场的产品就有数百个机型，其中 Intel 公司的MCS-51系列单片机是一款设计成功、使用广泛的机型。MCS 是 Intel 公司生产的单片机的系列符号，MCS-51系列单片机是 Intel 公司在 MCS-48 系列的基础上于 20 世纪 80 年代初发展起来的，是最早进入我国，并在我国应用最为广泛的单片机机型之一，也是单片机应用的主流品种。

MCS-51系列单片机主要包括基本型产品 8031、8051、8751(对应低功耗型 80C31、80C51、87C51)和增强型产品 8032、8052、8752(对应低功耗型 80C32、80C52、87C52)。在产品型号中带有字母"C"的为 CHMOS 芯片，不带有字母"C"的为 HMOS 芯片，CHMOS 工艺不仅保持了 HMOS 高速度与高密度的特点，还具有 CMOS 低功耗的特点。

(1) 基本型产品

基本型产品为 8031、8051、8751。8031 内部包括 1 个 8 位 CPU、128 B RAM、21 个特殊功能寄存器、4 个 8 位并行 I/O 口、1 个全双工串行口、2 个 16 位定时器/计数器、5 个中断源，但片内无程序存储器，需外扩程序存储器 ROM 芯片。8051 是在 8031 的基础上，片内又集成有 4 KB ROM 作为程序存储器。ROM 内的程序是公司制作芯片时为用户烧制的(用户不能再改变 ROM 中的程序)，主要用在程序已定且批量大的单片机产品中。

8751 与 8051 相比,片内集成的 4 KB 的 EPROM 取代了 8051 的 4 KB ROM 来作为程序存储器。用户可将程序固化在 EPROM 中,EPROM 中的内容可反复擦写修改。8031 外扩一片 4 KB 的 EPROM 就相当于一个 8751。

(2) 增强型产品

Intel 公司在基本型产品的基础上,推出增强型产品——52 子系列,典型产品为 8032、8052、8752。内部数据存储器 RAM 增到 256 B,8052 片内程序存储器扩展到 8 KB,16 位定时器/计数器增至 3 个,中断源为 6 个,串行口通信速率大大提高。

表 1-1 列出了基本型和增强型的MCS-51系列单片机片内的基本硬件资源。

表 1-1　MCS-51系列单片机的片内硬件资源

	型号	片内程序存储器	片内数据存储器(B)	I/O 口线(位)	定时器/计数器个数	中断源个数
基本型	8031	无	128	32	2	5
	8051	4 KB ROM	128	32	2	5
	8751	4 KB EPROM	128	32	2	5
增强型	8032	无	256	32	3	6
	8052	8 KB ROM	256	32	3	6
	8752	8 KB EPROM	256	32	3	6

MCS-51系列单片机的代表性产品为8051,其他同类单片机都是在8051的基础上进行了功能的增减。20 世纪 80 年代中期以后,Intel 公司已把精力集中在高档 CPU 芯片的研发上,逐渐淡出单片机芯片的开发和生产。由于MCS-51系列单片机设计上的成功,以及较高的市场占有率,以MCS-51技术核心为主导的单片机已经成为许多厂家、电气公司竞相选用的对象,并被作为基核使用。因此,Intel 公司以专利转让或技术交换的形式把 8051 的内核技术转让给了许多半导体芯片生产厂家,例如,Atmel、Philips、Cygnal、LG、ADI、Maxim、Dallas 等公司。这些公司生产的兼容机均采用 8051 的内核结构,具有相同的指令系统,有的公司还在 8051 内核的基础上又增加了一些功能模块,其集成度更高,功能和市场竞争力更强。

人们常用 80C51 来称呼所有这些具有 8051 内核同时兼容 8051 指令系统的单片机,也习惯把这些兼容机等各种衍生品种统称为"51 单片机"。各种衍生品种的单片机在功能模块上略有差异,但其基本结构是一样的。

本书以 51 单片机为对象讲述单片机的工作原理、接口及应用方法。

1.2.3　单片机的最新发展状况

为满足不同用户的要求,各公司在单片机原结构和技术基础上做出了一系列改进。

(1) CPU 的改进

采用双 CPU 结构，提高单片机的处理速度和处理能力。例如，Rockwell 公司的 R65C289 系列单片机就采用了双 CPU，增加数据总线宽度，提高数据处理速度和能力；NEC 公司的 uPD-7800 系列内部数据总线为 16 位，加快单片机的主频，减少执行指令时的机器周期；Philips 公司的 87C5X 系列单片机主频在 33 MHz，执行一条指令时的机器周期减少为 6 个；Atmel 公司的 AVR 系列单片机，执行一条指令时的机器周期减少为 1 个。

(2) 存储器的发展

片内程序存储器普遍采用闪烁(Flash)存储器。它既有 RAM 读/写操作简便的优点，又有掉电时数据不会丢失的优点，如 AT89C52，STC89C52RC 等。存储容量扩大，一般不需外扩展存储器，从而简化系统结构，增强稳定性。新型的单片机片内 ROM 一般可达 8 KB，甚至达 128 KB，RAM 达 256 B，如 P8×C591 单片机的 ROM 为 16 KB，RAM 为 512 B。

(3) 片内 I/O 的改进

增强并行口的驱动能力，减少外围驱动电路。有的单片机可直接驱动七段显示器 LED 和 VFD 荧光显示器等。引入数字交叉开关，改变了以往片内外设与外部 I/O 引脚的固定对应关系。数字交叉开关可通过编程设置交叉开关控制寄存器，将片内的计数器/定时器、串行口、中断系统、A/D、D/A 转换器等定向到 P0、P1、P2 的 I/O 口。

(4) 低功耗化

在 8 位单片机中有 1/2 的产品采用 CMOS 化，以减少单片机的功耗，节省能源。为了进一步节能，这类单片机还普遍采用了空闲与掉电两种工作方式。例如，MCS-51系列的 80C51BH 单片机正常工作(5 V，12 MHz)时，工作电流为 16 mA，空闲方式时工作电流为3.7 mA，掉电方式(2 V)时工作电流仅为 50 μA。

(5) 片内集成外围芯片

随着集成电路技术的发展，芯片的集成度不断提高，在单片机片内集成了更多的外围功能器件。例如，有的单片机片内集成了模/数(Analog to Digital，A/D)转换功能、数/模(Digital to Analog，D/A)转换功能、SPI(Serial Peripheral Interface)接口等。集成技术的不断提高，使许多外围功能电路被集成到单片机片内，这也是单片机的发展趋势，这样使得单片机功能扩大、稳定性增强。例如，Atmel 的 AVR 单片机 ATMagex 系列等。

(6) 编程及仿真的简单化

目前，大多数的单片机都支持在线编程，也称"在线系统编程"(In System

Programming，ISP），只需一条 ISP 下载线，就可以把程序从 PC 写入单片机的 Flash 存储器内，省去编程器。例如，Atmel 的 AT89S52 单片机和国产 STC 系列单片机等。

(7) 实时操作系统的使用

51 单片机可配置实时操作系统 RTX51。RTX51 是一个针对 8051 系列的多任务内核。RTX51 操作系统的使用可简化对实时事件反应速度要求较高的复杂应用系统的设计、编程和调试。

1.3 单片机的特点、分类及应用

1.3.1 单片机的特点

单片机把微型计算机主要部件都集成在一块芯片上，所以一块单片机芯片就是一台不带外部设备的微型计算机。这种特殊的结构形式，使单片机在一些应用领域中承担了通用微型计算机无法胜任的一些工作，单片机的特点主要有以下几个方面：

① 性价比高。高性能、低价格是单片机的显著特点之一。单片机尽可能将所需要的存储器、各种功能模块及 I/O 口集成于一块芯片内，使其成为一台简单的微型计算机。单片机在各个领域中应用极广且量大，使得单片机生产公司在提高单片机性能的同时，进一步降低价格，性价比的提高成为各公司竞争的主要策略。

② 控制功能强。单片机指令系统中有功能极强的位操作指令，单片机的 4 个并口的每一位都可以单独作为输入或输出，从而可以更方便地控制外部设备。

③ 集成度高、可靠性高、体积小。微型计算机通常由中央处理器 CPU、存储器（RAM、ROM）以及 I/O 接口等功能部件组成，各功能部件分别集成在不同芯片上。而单片机是将 CPU、程序存储器、数据存储器、各种功能的 I/O 接口集成于一块芯片上，内部采用总线结构，布线短，数据大都在芯片内部传送，不易受外部的干扰，使得单片机内部结构简单，体积小，可靠性高。

④ 低电压、低功耗。许多单片机已 CMOS 化，采用 CMOS 工艺的单片机具有功耗小的优点，能在 2.2 V 的电压下运行，有的单片机还能在 1.2 V 或 0.9 V 的电压下工作，功耗降至 μW 级，一粒纽扣电池就能长时间为其提供电源。

1.3.2 单片机的分类

从单片机诞生到现在，形成了种类繁多、性能各异的产品。其分类方法可有以下几种：

① 按单片机内部程序存储器分类：可将单片机分为片内无 ROM 型、片内带掩膜 ROM 型(QTP 型)、片内一次可编写型(OTP 型)、片内 EPROM 型和片内带 Flash 型等。目前 Flash 型为主流机型。

② 按指令集分类：可将单片机分为复杂指令集(CISC)结构的单片机和精简指令集(RISC)结构的单片机两大类。

CISC 结构的单片机有 Intel 8051/52 系列、Atmel AT89 系列、STC89 系列、Motorola M68HC 系列等；RISC 结构的单片机有 Microchip PIC 系列、韩国三星 KS57C 系列 4 位单片机、中国台湾义隆 EM-78 系列、Atmel AT90 系列、Philips P89LPC90 系列等。

③ 按构成单片机芯片的半导体工艺分类：可将单片机分为 HMOS 工艺，即高密度短沟道的 MOS (Metal Oxide Semiconductor)工艺，以及 CHMOS(高性能 CMOS)工艺，即互补金属氧化物的 HMOS(High-Performance MOS)工艺两大类。CHMOS 是 CMOS 和 HMOS 的结合，单片机产品型号中带有"C"的多为 CHMOS，属于低功耗型。

④ 按单片机字长分类：可将单片机分为 4 位机、8 位机、16 位机和 32 位机等。

1.3.3 单片机的应用

单片机以其独有的特点，特别是其强大的控制功能及高性价比，使它在工业控制、智能仪表、家用电器、军事装置等方面都得到了极为广泛的应用。单片机主要应用在以下几个方面：

① 在智能仪器仪表中的应用。用单片机制作的仪器仪表，广泛应用于实验室、交通运输工具、计量等领域。单片机的使用使得仪器仪表数字化、智能化、多功能化，提高测试的自动化程度和精度，简化硬件结构，减少重量，缩小体积，便于携带和使用，同时降低成本，提高性能价格比。如数字式存储示波器、数字式 RLC 测量仪、智能转速表等。

② 在工业控制方面的应用。在工业控制中，工作环境恶劣，各种干扰比较强，还需实时控制，这对控制设备的要求比较高。单片机由于集成度高、体积小、抗干扰性好、可靠性高、控制功能强，能对设备进行实时控制，所以被广泛应用于工业过程控制中。如电镀生产线、工业机器人、电机控制、炼钢等领域。

③ 在军事装置中的应用。利用单片机的可靠性高、适用温度范围宽，能工作在各种恶劣环境等特点，将其应用在航天、航空导航系统、电子干扰系统、宇宙飞船、导弹控制、智能武器装置等方面。

④ 在民用电子产品中的应用。在民用电子产品中，目前单片机广泛应用于通信、家用电器、计算机外部设备。如在手机、数码相机、MP3 播放机、洗衣机、电冰箱、空调、打印机、绘图机、传真机、复印机等中都使用了单片机作为控制器。

1.4　单片机应用系统的结构与开发过程

1.4.1　单片机应用系统的结构

单片机应用系统是指以单片机芯片为核心,配以必要的外围电路和软件,能实现某种或几种功能的应用系统。单片机应用系统的开发可根据设计需求使用不同的系统结构,其结构主要有基本系统和扩展系统两种。

(1) 基本系统

单片机的基本系统也称为"最小应用系统"。在这种系统中,使用单片机的一些内部资源就能够满足硬件设计需求,不需扩展外部的存储器或I/O接口等器件,通过用户编写的程序,单片机就能够达到控制的要求。单片机的基本系统结构一般使用在外接电路不复杂的简单控制场合,图1-2所示为单片机应用系统的基本结构。

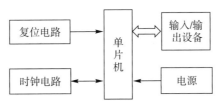

图 1-2　单片机应用系统的基本结构

(2) 扩展系统

在控制系统较复杂的应用场合,需对单片机的资源进行扩展。单片机的扩展系统通过单片机的并行扩展总线(地址总线 AB、数据总线 DB、控制总线 CB)或串行扩展总线(如 SPI 总线、I^2C 总线)在外部扩展程序存储器、数据存储器、I/O接口等硬件资源,以弥补单片机内部资源的不足,从而满足特定的应用系统软硬件的设计需求。图 1-3 所示为单片机应用系统的扩展结构。

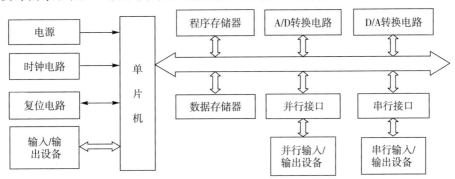

图 1-3　单片机应用系统的扩展结构

1.4.2　单片机应用系统的开发过程

单片机应用系统的开发工作主要包括应用系统硬件电路的设计和单片机控制程序的设计两个部分，其中又以单片机控制程序的设计为核心。

单片机应用系统类型很多，用途和功能各异，故构成系统的硬件和软件也不相同，但就应用系统的设计和开发过程来说，却是基本相同的。一般来说，单片机应用系统的开发过程主要包括：系统分析、单片机选型、系统硬软件设计、仿真测试及最终下载到实际硬件电路中执行。

(1) 系统分析

设计者在开始单片机应用系统开发之前，除了需要掌握单片机的硬件及程序设计方法外，还需要对整个系统进行可行性分析和系统总体方案分析。这样，可以避免因盲目地工作而浪费宝贵的时间。可行性分析用于明确整个设计任务在现有的技术条件和个人能力上是可行的。

(2) 单片机选型

单片机应用系统的开发过程中，单片机型号的选择是设计中的关键步骤之一。设计者需要为单片机安排合适的外部器件，同时还需要设计整个控制软件，因此选择合适的单片机型号很重要。目前，市场上的单片机种类繁多，在进行正式的单片机应用系统开发之前，需要根据不同单片机的特性，从中作出合理的选择。一般考虑单片机"应用寿命"，不能使用过于陈旧的型号。另外以此单片机构成的应用系统的外围电路应尽可能简单。

(3) 系统硬软件设计

当完成系统总体方案并确定单片机型号后，便可以开始电路和程序设计。在进行电路设计时，需要仔细规划整个硬件电路的资源分配以及扩展器件。同时，需要确定哪部分的功能用硬件来实现以及用什么器件来实现，哪部分的功能用软件来实现等，还应当考虑到软件运行时间对应用的影响。

作为嵌入式控制器的单片机，不管是8位单片机还是16位单片机或32位单片机，由于受其本身资源限制，其应用程序都不能在其本身上开发，还需要一台通用计算机，这台通用计算机称为"宿主机"，单片机称为"目标机"，应用程序在"宿主机"上开发，下载在"目标机"上运行。

(4) 仿真测试

单片机程序在实际使用前，一般均需要进行代码仿真。单片机仿真测试和程序设计是紧密相关的。在实际设计过程中，通过仿真测试，可以及时发现问题，确保模块及程序的正确性。当发现问题时，需要重新修改设计，直到程序通过仿真测试。仿真测试不是必要的，但对于初学者理解程序的运行非常有效。

（5）程序下载

当程序设计完毕并通过编译、仿真测试后，便可以将其下载到单片机，并结合硬件电路来测试系统整体运行。此时，主要测试单片机程序和外部硬件接口是否运行正常，整个硬件电路的逻辑时序配合是否正确等。例如，设计一个交通信号灯的简单控制系统，需测试通行时间是否符合实际情况，如果发现问题，则要返回设计阶段，逐个解决问题，直至解决所有问题，达到预期设计功能和指标。

本章小结

以微处理器（运算器与控制器）为核心，再配上存储器和 I/O 接口电路，各部分通过总线相连就构成了微型计算机。它们的体系结构基本上都采用冯·诺依曼结构，其基本工作原理都是存储程序控制。

单片机就是在一片半导体硅片上集成了微处理器、存储器和 I/O 接口电路的单芯片微型计算机。这样一块集成电路芯片实际上具有一台计算机的基本的结构和功能，因此被称为"单片微型计算机"，简称"单片机"。

MCS-51系列单片机是 Intel 公司于 20 世纪 80 年代初发展起来的，在我国应用最为广泛的单片机类型之一。

随着应用的需要，单片机自身也在不断发展。如提高 CPU 的速度、增加存储器的容量、改进 I/O 口的功能、降低自身功耗等。

单片机具有性价比高、控制功能强、集成度高、可靠性高、体积小、电压低、功耗低等显著优点，使它在工业控制、智能仪器仪表、家用电器、机电一体化产品等方面都得到了极为广泛的应用。

单片机应用系统是指以单片机芯片为核心，配以一定的外围电路和软件，能实现某种或几种功能的应用系统。单片机应用系统的开发工作主要包括应用系统硬件电路的设计和单片机控制程序设计两个部分。

本章习题

1. 什么是微型计算机？什么是单片机？
2. 单片机经历了哪几个发展阶段？各阶段有哪些主要特征？
3. 单片机的最新发展状况有哪些？
4. 单片机有哪些特点？单片机是如何分类的？
5. 单片机主要应用在哪些方面？
6. 什么是 51 系列单片机？
7. 单片机有哪两种应用系统结构？
8. 单片机应用系统开发一般有哪些步骤？

第2章 51单片机的基本结构与工作原理

本章目标

- 了解51单片机的内部功能结构、封装形式、各引脚功能
- 理解51单片机的CPU中相关寄存器的功能
- 了解51单片机的工作时序
- 掌握51单片机的存储结构(含SFR)
- 了解51单片机的几种工作方式
- 掌握P0至P3口的工作特点和使用方法
- 理解单片机最小系统的概念

本章主要讨论单片机的内部功能结构、对外引脚、存储器组织与寄存器组织以及工作时序等。如果是用汇编语言进行单片机应用程序开发,那就必须熟练掌握存储器组织与寄存器组织。如果用C51语言进行单片机应用程序开发,只需了解存储器组织与寄存器组织即可。但无论是用汇编语言还是用C51语言,单片机中特殊功能寄存器(SFR)都是必须熟练掌握的。掌握单片机的对外引脚功能是学习使用单片机的关键环节之一,但因引脚功能涉及单片机的其他资源,需学习完其他章节才能全面掌握各引脚功能。

2.1 51单片机的基本结构

51系列各型号单片机在结构上基本相同,只是在个别模块和功能上有些区别。图2-1是51基本型单片机的内部结构框图,它包含了作为微型计算机所必需的基本功能部件。各功能部件通过片内总线连成一个整体,集成在一块芯片上。

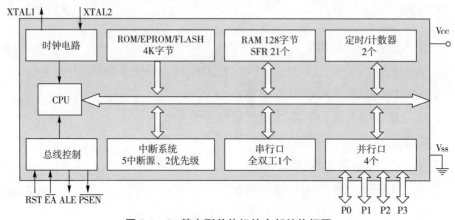

图2-1 51基本型单片机的内部结构框图

51 基本型单片机的内部结构由以下部分组成：

①CPU 子系统。

- CPU
- 时钟电路
- 总线控制

②存储系统。

- 4 KB 的程序存储器 ROM(可扩展)
- 128 B 的数据存储器 RAM

③寄存器系统。

- 21 个特殊功能寄存器 SFR

④功能单元。

- 中断系统
- 定时/计数器

⑤I/O 单元。

- 4 个并行口
- 1 个全双工串行口

51 系列不同型号的单片机在某些方面存在差异，一些典型的单片机产品的资源情况如表 2-1 所示。

表 2-1　51 系列单片机典型产品资源配置

分类		芯片型号	存储器类型字节长度		片内其他功能单元数量			
			ROM	**RAM**	并口	串口	定时/计数器	中断源
总线型	基本型	80C31	无	128	4 个	1 个	2 个	5 个
		80C51	4K 掩膜	128	4 个	1 个	2 个	5 个
		87C51	4K	128	4 个	1 个	2 个	5 个
		89C51	4K Flash	128	4 个	1 个	2 个	5 个
	增强型	80C32	无	256	4 个	1 个	3 个	6 个
		80C52	8K 掩膜	256	4 个	1 个	3 个	6 个
		87C52	8K	256	4 个	1 个	3 个	6 个
		89S52	8K Flash	256	4 个	1 个	3 个	6 个
非总线型		89S2051	2K Flash	128	4 个	1 个	2 个	5 个
		89S4051	4K Flash	256	4 个	1 个	2 个	5 个

注意:总线型单片机与非总线型单片机的差别是后者用于外部总线扩展的I/O口线和与扩展相关的控制引脚省略。通常情况下,总线型为 40 引脚,非总线型为 20 引脚。关于引脚,将在后面的章节中详细介绍。

2.2　51 单片机的封装与引脚

2.2.1　51 单片机的封装

51 系列单片机的封装类型共有 5 种，分别为 QFP 封装、PLCC 封装、双列直插式封装的 PDIP42、双列直插式封装的 PDIP40 和双列直插式封装的 DIP20。

(1) QFP 封装

PQFP 为小型平面封装，TQFP 为薄四方扁平封装，是 44 个引脚表面贴式封装，这种封装体积很小、成本较低，适合与机器粘贴，是目前主流的封装方式，但对于初学者，这种封装不实用，如图 2-2 所示，在俯视图中，左上方有个空心圆形记号的脚为第 1 脚，然后逆时针排序，分别为第 2、3……44 脚，其中包括 3 个空脚。

(2) PLCC 封装

PLCC 是有引线塑料芯片载体封装，也是 44 个表面贴式引脚，其中包括 4 个空脚，而其引脚编号与 QFP 封装非常类似，如图 2-3 所示，在俯视图里，上面中间有个空心圆形记号者为第 1 脚，然后逆时针排序，分别为第 2、3……44 脚。这种表面贴式的器件，可直接贴于电路板上，在研发、实验或教学时，还可以利用底座，以缩短开发与生产的时间。

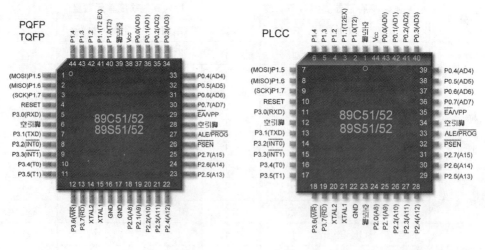

图 2-2　单片机 QFP 封装引脚图　　　　图 2-3　单片机 PLCC 封装引脚图

(3) 双列直插式封装的 PDIP42

在俯视图中，左上方有个空心三角形记号的脚为第 1 脚，然后逆时针排序，分别为第 2、3……42 脚,如图 2-4 所示,与一般的面包板或 IC 底座不符合。

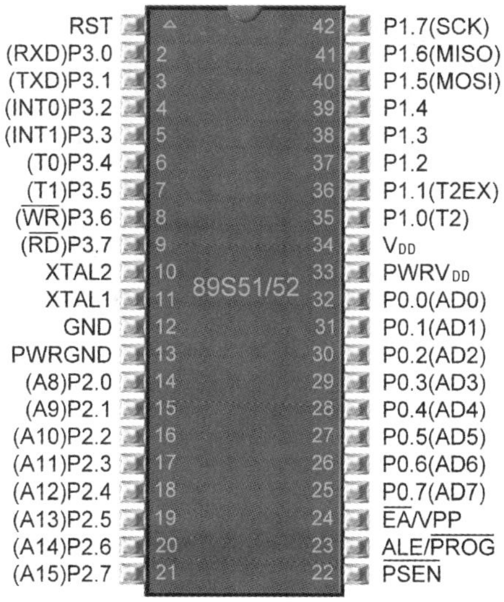

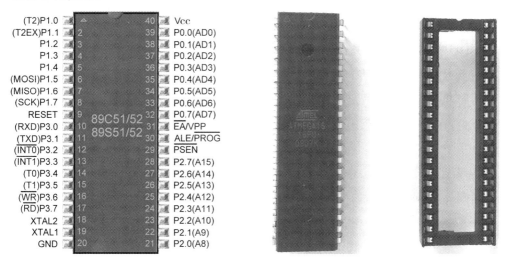

图 2-4　单片机双列直插式封装 **PDIP42** 引脚图

(4) 双列直插式封装的 PDIP40

PDIP40 正好可插在面包板或 40PIN 的 IC 底座上,如图 2-5 所示,左上方有个空心三角形记号的脚为第 1 脚,然后逆时针排序,分别为第 2、3……40 脚,由于针脚式封装体积较大、电路板制作成本较高,目前已经很少使用,但特别适合学校和初学者使用。

图 2-5　单片机双列直插式封装 **PDIP40** 引脚图

(5) 双列直插式封装的 DIP20

DIP20 封装为非总线型单片机的封装形式,省略了用于外部总线扩展的 I/O

口线及相关引脚,如图 2-6 所示。

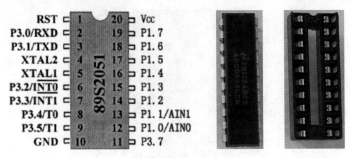

图 2-6　单片机双列直插式封装 DIP20 引脚图

2.2.2　51 单片机的引脚

下面主要以双列直插封装(DIP40)为例说明 51 单片机的引脚功能。

(1) 电源引脚 Vcc 和 GND

① Vcc(40 脚):电源端,为＋5V。

② GND(20 脚):接地端。

(2) 外接晶体引脚 XTAL1 和 XTAL2

① XTAL1(19 脚):接外部晶体和微调电容的一端。在片内,它是振荡电路反相放大器的输入端。在采用外部时钟时,该引脚输入外部时钟脉冲。

② XTAL2(18 脚):接外部晶体和微调电容的另一端。若采用外部时钟电路,则该引脚悬空。

(3) 控制线与电源复用引脚

① RST/VPD(9 脚):RST 是复位信号,高电平有效。当此输入端保持两个机器周期(24 个时钟振荡周期)及以上的高电平时,就可以完成复位工作。VPD 功能为:在 Vcc 掉电情况下,自动接备用电源。

② $\overline{\text{PSEN}}$(29 脚):片外 ROM 允许输出信号端,低电平有效。当 51 单片机由片外程序存储器取指令(或常数)时,每个机器周期两次有效(即输出两个脉冲)。但访问外部数据存储器时不出现该信号。

③ ALE/$\overline{\text{PROG}}$(30 脚):ALE 为地址锁存允许信号输出引脚。当 51 单片机上电正常工作后,ALE 脚不断向外输出正脉冲信号,此频率为振荡器频率 fosc 的 1/6。CPU 访问片外存储器时,ALE 输出信号作为锁存低 8 位地址的控制信号。

$\overline{\text{PROG}}$为编程信号,是此引脚的第二功能,低电平有效,在对 51 单片机片内 EPROM编程写入(固化程序)时,作为编程脉冲输入端。

④ $\overline{\text{EA}}$/VPP(31 脚):$\overline{\text{EA}}$为单片机内部和外部 ROM 的控制端。单片机通过

$\overline{\text{EA}}$脚的高低电平来控制使用内部 ROM 或外部 ROM 读取指令,如图 2-7 所示。

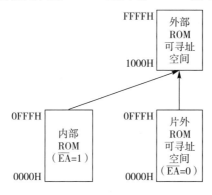

图 2-7 程序存储器(ROM)的地址

$\overline{\text{EA}}=1$,在 PC 值不超出 0FFFH(即不超出片内 4 KB Flash 存储器的地址范围)时,单片机读片内程序存储器(4 KB)中的程序或数据,但 PC 值超出 0FFFH(即超出片内 4 KB Flash 地址范围)时,将自动转向读取片外 60 KB(1000H~FFFFH)程序存储器空间中的程序或数据。

$\overline{\text{EA}}=0$,只读取外部的程序存储器中的内容,读取的地址范围为 0000H~FFFFH,片内的 4 KB Flash 程序存储器不起作用。

VPP 是编程电源输入端,当片内有 EPROM 芯片时,在 EPROM 编程期间,施加编程电压 VPP。

在这里需要说明的是,由于单片机在外部总线扩展时会影响工作的稳定性,在现代单片机应用系统构成中,一般不提倡外部总线扩展来构成应用系统。当某一类型的单片机的资源不满足要求时,可以考虑选择其他类型的单片机。在这种情况下,了解与外部总线扩展的引脚就可以了。

(4)并行输入/输出引脚

① P0 口:P0.0~P0.7 统称为"P0 口"。

② P1 口:P1.0~P1.7 统称为"P1 口"。

③ P2 口:P2.0~P2.7 统称为"P2 口"。

④ P3 口:P3.0~P3.7 统称为"P3 口"。

P0、P1、P2、P3 口不但可以按字节输入或输出,而且每根口线也可单独按位输入或输出。另外 P3 口的每一位还有第二功能。P3 口第二功能定义如下:

- P3.0:RXD(串行口输入)。
- P3.1:TXD(串行口输出)。
- P3.2:$\overline{\text{INT0}}$(外部中断 0 输入)。
- P3.3:$\overline{\text{INT1}}$(外部中断 1 输入)。
- P3.4:T0(定时/计数器 0 的外部输入)。

- P3.5：T1（定时/计数器 1 的外部输入）。
- P3.6：$\overline{WR}$（片外数据存储器"写"选通控制输出）。
- P3.7：$\overline{RD}$（片外数据存储器"读"选通控制输出）。

对于 P3 口的第二功能，有的读者不太理解何时是作为第一功能（输入或输出功能），何时作为第二功能。实际上，使用 P3 口的某些引脚的第二功能前，需要提前设置一些特殊功能寄存器。完成这些设置后，第一功能（I/O 功能）就停止工作，转向使用第二功能。比如外部中断已打开（通过编程控制中断相关寄存器），则 P3.2、P3.3 就处于第二功能，可作为中断请求信号输入。在使用 P3 口引脚的第二功能时，就不能对相应的引脚进行输入输出。

可能出现的另一种情况是：P3 口一部分引脚处于第一功能，可正常输入或输出，另一部分引脚可作为第二功能使用。

DIP40 直插式是初学者首选封装，可通过图 2-8 来辅助记忆 PDIP40 直插式封装的引脚分布。40 脚为 Vcc，20 脚为 GND，Vcc 引脚下面的 39 脚为 P0 口的开始引脚，即 39 脚到 32 脚这 8 个引脚为 P0 口；与 P0 口相对的是 P1 口，也就是 1 脚到第 8 脚；P2 脚在 P1 脚的斜对脚，P2 脚从 21 脚到 28 脚；第 10 脚到第 17 脚为 P3 口。39、1、21、10 为该单片机 4 个 Port 的开始引脚。其他 6 位引脚分别是：RST（9 脚）、XTAL2（18 脚）、XTAL1（19 脚）、$\overline{PSEN}$（29 脚）、ALE/$\overline{PROG}$（30 脚）、$\overline{EA}$/VPP（31 脚）。

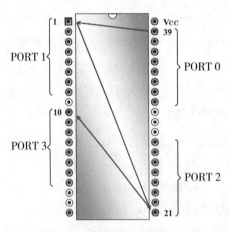

图 2-8　51 单片机 DIP40 引脚分布

2.3　51 单片机的 CPU 与存储器

51 单片机的内部逻辑结构如图 2-9 的所示。本节将详细介绍单片机的 CPU、寄存器（与 CPU 相关的寄存器）与存储器组织。其他功能单元（并口、串口、中断系统、定时/计数器)及一些与其相关的寄存器的使用将在后面的相应章节介绍。

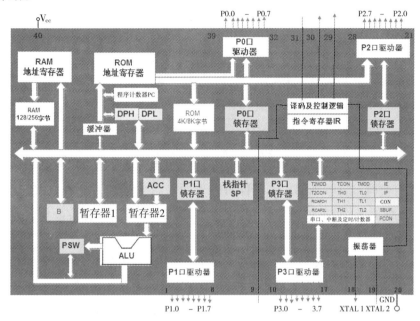

图 2-9 51 单片机内部逻辑结构图

2.3.1 51 单片机的 CPU

CPU 是单片机的核心,是单片机的控制和指挥中心,由运算器和控制器等部件组成。

1. 运算器

运算器包括一个 8 位算术/逻辑运算部件 ALU,加上通过内部总线而挂在其周围的 8 位暂存器 TMP1、TMP2、8 位累加器 ACC、寄存器 B、程序状态标志寄存器 PSW 以及布尔处理机等。

① 算术/逻辑运算部件 ALU:可对 4 位(半字节)和 8 位(1 字节)数据进行操作,能做加、减、乘、除、加 1、减 1、BCD 数及比较等运算和"与""或""异或""求补"及"循环移位"等逻辑操作。

② 累加器 ACC:相当于数据加工厂,通常作为一个运算数经暂存器 2 进入ALU 的输入端,与另一个来自暂存器 1 的运算数进行运算,运算结果又返回ACC。除此之外,ACC 在 51 单片机内部经常作为传送的中转站,同其他处理器一样,它是使用频率最高的一个寄存器。许多指令都要用到这个累加器,在指令中用助记符 A 来表示。

③ 寄存器 B:8 位寄存器,在乘除运算时,寄存器 B 用来存放一个操作数,也

用来存放运算后的一部分结果,若不做乘除运算,则可作为通用寄存器使用。

④ 程序状态标志寄存器 PSW:PSW 为 8 位。用于保存 ALU 运算结果的特征(如结果为 0,或结果溢出等)和处理器状态。PSW 各位的含义及其格式如表 2-2 所示。

表 2-2　PSW 各位的定义

位编号	PSW.7	PSW.6	PSW.5	PSW.4	PSW.3	PSW.2	PSW.1	PSW.0
定义	CY	AC	F0	RS1	RS0	OV	F1	P
地址	D7H	D6H	D5H	D4H	D3H	D2H	D1H	D0H

CY (PSW.7):进位标志位。当执行加/减法指令时,如果操作结果的最高位 D7 向前有进位/借位,则 CY 由硬件自动置"1",否则清零。此外,CY 也是 51 单片机在进行位操作(布尔操作)时的位累加器,CPU 在进行移位操作时也会影响这个标志位。在指令中用 C 代替 CY。

AC (PSW.6):辅助进位标志位。当执行加/减法指令时,如果低四位数向高四位数产生进/借位,则 AC 被硬件自动置"1",否则被自动清零。

F0 (PSW.5):用户标志 0。该位是由用户定义的一个状态标志,由用户置位或复位,可用软件测试 F0 以控制程序的流向。

RS1,RS0(PSW.4 和 PSW.3):工作寄存器组选择控制位。这两位的值可决定选择哪一组存储器作为当前工作寄存器组。通过软件可随时改变 RS1 和 RS0 值的组合,以便切换当前工作寄存器组在 RAM 中的位置。其组合关系如表 2-3 所示。关于寄存器组选择的问题,将在后面章节详细介绍。

表 2-3　RS1 和 RS0 的组合关系

RS1	RS0	寄存器组	位于片内 RAM 区的地址
0	0	第 0 组	00H～07H
0	1	第 1 组	08H～0FH
1	0	第 2 组	10H～17H
1	1	第 3 组	18H～1FH

51 单片机上电复位后,RS0＝RS1＝0,CPU 自动选择第 0 组为当前工作寄存器组。根据需要,可对 PSW 整字节或位 RS0 和 RS1 进行赋值,以切换当前工作寄存器组。这样的设置为程序中保护现场提供了方便。

OV (PSW.2):溢出标志位。当进行补码运算时,如有溢出,即当运算结果超出－128～＋127 的范围时,OV 位由硬件自动置 1;无溢出时,OV＝0。

F1 (PSW.1):用户标志 1。该位是由用户定义的一个状态标志。

P (PSW.0):奇偶校验标志位。每条指令执行完后,该位始终跟踪指示累加器 A 中的 1 的个数,如果累加器 ACC 中 1 的个数为偶数,P＝0;否则 P＝1。该标志位也常用于校验串行通信中的数据传送是否出错。

⑤ 位处理器：又称为"布尔处理器"，它以 PSW 中的进位标志位 CY 为其累加器(在布尔处理器及其指令中以 C 代替 CY)，专门用于处理位操作。如可执行置位、位清 0、位取反等位操作。

2. 控制器

控制器是控制单片机工作的神经中枢，其基本功能是控制指令的执行。具体地说，控制器根据程序计数器 PC 提供将要执行的指令所在存储单元地址，从内存中取出指令，存入指令寄存器 IR，经过指令译码，并根据定时电路产生的时钟信号向其他部件发出各种控制信号，协调各部分的工作，完成指令的功能。

控制器是由指令寄存器 IR、指令译码器 ID、程序计数器 PC、数据指针 DPTR、堆栈指针 SP、时钟发生器以及控制逻辑等组成。下面对部分单元做简单介绍：

① 程序计数器 PC：PC 是一个 16 位的计数器，其内容为下一条要执行的指令地址，寻址范围达 64 KB。PC 有自动加 1 功能，以实现程序的顺序执行。PC 本身不提供地址，因此用户无法对它进行读写。它的值会在执行转移、调用、返回等指令时自动改变，从而实现程序的跳转。

② 数据指针 DPTR：数据指针是一个 16 位的存储器地址寄存器，由两个 8 位的寄存器 DPH(高 8 位)和 DPL(低 8 位)组成。DPTR 主要用于存放片内 ROM 地址，实现对 ROM 的访问，当对 64 KB 外部数据存储空间寻址时，可作为间址寄存器使用。

③ 指令寄存器 IR 和指令译码器 ID：根据 PC 所指地址取出的指令，经指令寄存器 IR 送指令译码器 ID 进行译码，然后通过定时控制电路产生相应的控制信号，完成指令的功能。

④ 堆栈指针 SP：SP 是一个 8 位的专用寄存器。它指示堆栈顶部在内部RAM 块中的位置。系统复位后，SP 初始化为 07H，使得堆栈事实上由 08H 单元开始，考虑到 08H~1FH 单元分别属于工作寄存器区 1~3，若在程序设计中要用到这些区，则最好把 SP 的值改为较大的值。51 单片机的堆栈是向上增加的。例如，SP=30H，CPU 执行一条调用指令或响应中断后，PC 进栈，PC 的低 8 位保护到 31H，PC 的高 8 位保护到 32H，SP=32H。

⑤ 振荡器及定时电路：51 单片机内有振荡电路，只需外接石英晶体和频率微调电容，其频率为 0~24 MHz；若使用外部振荡频率信号，可以通过 XTAL1 和 XTAL2 接入外部时钟。该脉冲信号就作为 51 单片机工作的基本节拍，即时间的最小单位。

3. 程序执行过程

单片机执行程序时,按 PC 的值取出指令,并执行该指令,然后 PC 增加,再取指令执行,直至切断电源。程序执行流程如图 2-10 所示。

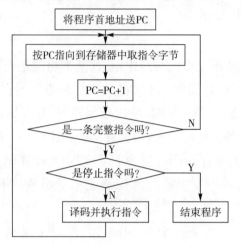

图 2-10　程序执行过程流程图

程序执行的一般过程为:

① 将程序首地址送 PC。

② 根据 PC 取指令操作码。

③ PC+1。

④ 根据 PC 取指令地址码。

⑤ 取操作数。

⑥ 执行相应操作。

⑦ 取下一条指令……

程序执行示意如图 2-11 所示。

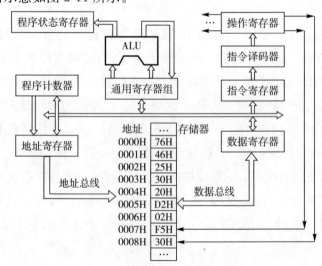

图 2-11　程序执行过程示意图

2.3.2 CPU 的时钟与时序

单片机的工作与其他微型机一样,需要工作时钟脉冲。在工作时钟下,为完成指令的功能,各个微操作依次进行称为"时序"。

1. 时钟信号的产生

在 51 单片机芯片内部有一个高增益反相放大器,其输入端为芯片引脚 XTAL1,输出端为引脚 XTAL2,在芯片的外部通过这两个引脚跨接晶体振荡器和微调电容,形成反馈电路,就构成了一个稳定的自激振荡器,如图 2-12 所示。电路中的电容一般取 10~30 pF,而晶体的振荡频率范围通常是 1.2~12 MHz。

图 2-12　51 单片机时钟产生方式

在由多片单片机组成的系统中,为了各单片机之间时钟信号的同步,引入唯一的外部脉冲信号作为各单片机的振荡脉冲。此时,对于 HMOS 和 CHMOS 型单片机,外部时钟电路稍有不同。

HMOS 型单片机的外部脉冲信号是经 XTAL2 引脚注入,XTAL1 端接地。

注意:XTAL2 端不是 TTL 电平,要接上拉电阻。CHMOS 型单片机,外接时钟信号从 XTAL1 端输入,XTAL2 端悬空,如图 2-12 所示。

2. 51 单片机的 4 种周期

① 时钟周期:时钟周期,又称"晶振周期",为单片机工作的最小时间单位。对同一种型号的单片机,时钟频率越高,工作速度就越快。但是,由于不同的计算机硬件电路和器件不完全相同,及芯片本身的频率特性要求,所以其所要求的时钟频率范围也有差别,是不能随意提高的。

② 状态周期:一个状态周期包括两个节拍,其前半周期对应的节拍称"P1",后半周期对应的节拍称"P2"。一个节拍的宽度实际上就等于一个时钟周期。

③ 机器周期:在计算机中,为了便于管理,常把一条指令的执行过程划分为若干个阶段,每个阶段完成一项工作。例如,取指令、存储器读写等,每一项工作称为"一次基本操作"。完成一个基本操作所需要的时间称为"机器周期"。在一

一般情况下，1 个机器周期由若干个状态周期组成。51 系列单片机的 1 个机器周期由 6 个状态周期组成，或者说由 12 个时钟周期组成。

④ 指令周期：CPU 执行 1 条指令的时间称为"指令周期"。1 条指令的指令周期一般由若干个机器周期组成。指令不同，所需要的机器周期数也不同，对于一些简单的单字节指令，在取指令中，指令取出到指令寄存器后，立即译码执行，不再需要其他的机器周期。对于一些较复杂的指令，例如，转移指令、乘法指令，则需要两个或两个以上的机器周期。如图2-13所示。

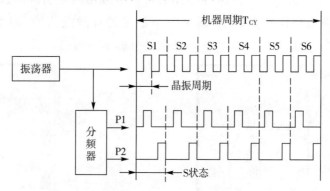

图 2-13　单片机中 3 种周期的关系

3. CPU 执行指令的时序

在 51 单片机的 111 条指令里，除了执行乘法与除法指令需要 4 个机器周期外，其余指令都在 1 个或 2 个机器周期执行完毕。尽管如此，有些指令的长度为 1 B，有些为 2 B，还有少数指令为 3 B，对于不同的指令，CPU 如何读取与执行呢？在此将结合图 2-14 进行说明。

① 1 个机器周期、1 B 的指令：如 CLR C 指令，在 S1 时读取指令，在 S6 时执行完毕；而在 S4 时读取下条指令，但不使用它，直到下个机器周期的 S1 时再重新读取下条指令。

② 1 个机器周期、2B 的指令：如 INC direct 指令，在 S1 时读取指令，在 S4 时读取第二个字节，在 S6 时执行完毕。在下个机器周期的 S1 时再重新读取下条指令，以此类推。

③ 2 个机器周期、1B 的指令：如 RET 指令，在 S1 时读取指令，而在 S4 及下个机器周期的 S1、S4 时分别读取下一条指令，由于指令尚未执行完毕，所以这 3 个阶段的指令读取都会被放弃。直到第二个机器周期的 S6 时，指令才执行完毕，CPU 才会在第三个机器周期的 S1 再重新读取下条指令，才是有效的读取。

④ 2 个机器周期、1B 的指令：如 MOVX、MOVC 指令为存取存储器数据的指令，同样在第一个机器周期的 S1 时读取指令，而在 S4 时读取下一条指令，当然也会被放弃。在 S5 时，P0 送出的 A0 到 A7 地址将被放入锁存器，而 S6 到下个机

器周期的 S3 之间,由 P0 读取存储器数据。由于进行存储器的存取数据,第二个机器周期的 S1 与 S4 并不进行读取指令的动作,直到第三个机器周期的 S1 时,才会重新读取下条指令。

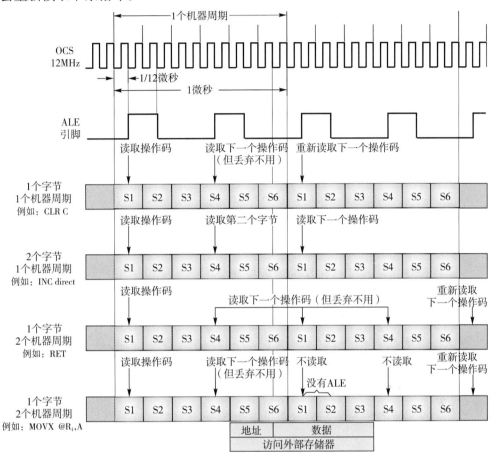

图 2-14　时序分析图

2.3.3　51单片机的存储结构

一般情况下,微机中的 ROM 和 RAM 只有一个地址空间,当 CPU 访问存储器时,地址具有唯一性,访问 ROM 和 RAM 的指令相同,这种存储器结构称为"普林斯顿结构"。

51 单片机的存储结构不同于一般微机的存储结构,51 单片机的存储器在物理结构上既可分为数据存储器和程序存储器,也可分为片内和片外,因此,共有 4 个存储空间,分别为片内程序存储器空间、片外程序存储器空间、片内数据存储器空间和片外数据存储器空间。

这种程序存储器和数据存储器分开的结构形式,即程序存储器空间和数据存储器空间采用独立编址的形式称为"哈佛结构"。51 单片机数据存储器结构图如

图 2-15 所示，程序存储器结构图如图 2-7 所示。

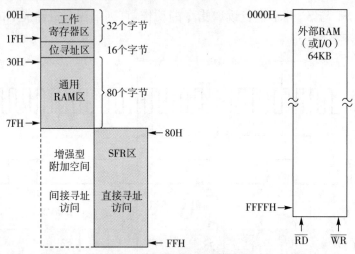

图 2-15　51 单片机的存储器结构

但从寻址空间和用户使用的角度来看，存储器空间逻辑上可分为以下 3 类：

① 程序存储器：片内、片外统一编址 0000H～FFFFH 的 64 KB 程序存储器地址空间（用 16 位地址）。

② 内部数据存储器：256 B 数据存储器空间（用 8 位地址）。

③ 外部数据存储器：64 KB 片外数据存储器地址空间，地址从 0000H～FFFFH 的 64 KB 数据存储器地址空间（用 16 位地址）。

由于存储空间地址重叠，51 单片机的指令系统设计了不同的数据传送指令符号：访问 ROM 指令用 MOVC，访问片外 RAM 指令用 MOVX，访问片内 RAM 指令用 MOV。

1. 51 单片机数据存储器

51 单片机数据存储器分为内外两部分，51 单片机内部有 128 B RAM，地址为 00H～7FH；片外最多可扩展 64 K RAM，地址为 0000H～FFFFH。内、外 RAM 地址有重叠，可通过不同的指令来区分："MOV"是对内部 RAM 进行读写的操作指令；"MOVX"是对外部 RAM 进行读写的操作指令。

（1）片内数据存储器

片内数据存储器结构比较复杂。有工作寄存器区、位寻址区、堆栈或数据缓冲区。寻址方式也不相同，既有直接寻址，也有间接寻址（增强型单片机的附加空间）。片内数据存储器总的寻址范围是 00H～FFH，如图 2-16 所示。

① 工作寄存器区。

00H～1FH 之间的 32 字节，称"工作寄存器"。该工作区由 4 个小区组成，分别为 0 区、1 区、2 区、3 区。每个小区有 8 个寄存器，这 8 个寄存器区分别命名为

R0、R1、R2……R7。4 个小区的寄存器的名字是完全相同的。由于单片机在某时刻只能工作在其中一个小区中,所以不同的寄存器,有相同的名字也不会产生混淆,其他不用的工作区也可以作为一般的数据存储器使用。工作区之间的切换是通过程序状态寄存器(PSW)中的 RS1、RS0 来确定的。

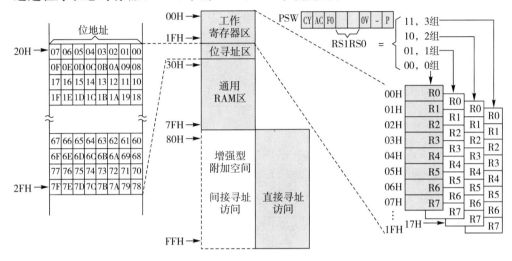

图 2-16　数据存储器配置图

说明:00H~07H 为寄存器组 0,08H~0FH 为寄存器组 1,10H~17H 为寄存器组 2,18H~1FH 为寄存器组 3。每组寄存器组都包含 R0~R7 共 8 个寄存器,而任一时刻只能使用其中一组寄存器组。当 CPU 复位时,系统的堆栈指针 SP 指向 07H 地址,所以数据存入堆栈时,将从 08H 开始,也就是堆栈覆盖使用了寄存器组 1 及以后的空间,为使其余的寄存器组仍可以使用,通常会把堆栈指针移到 30H 以后的地址。

② 位寻址区。

内部数据存储器 20H~2FH 的 16 个字节存储器区为可位寻址的空间。通常存取存储器是以字节为单位,"可位寻址"则是存取某一位(bit),为了便于这种操作,把这块区域的每一个位都安排一个位地址,并配合位操作指令实现操作。在 51 单片机的汇编语言里和 C51 语言中都可以使用 bit 变量。

位寻址区是对字节存储器的有效补充,通过位寻址可以对各个位进行直接操作,通常用于存放各种程序的运行标志、位变量等。位寻址是 51 单片机特有的功能,这种使用方式大大提高了存储器的工作效率。图 2-17 为位寻址区的每位地址分配表。

③ 堆栈或数据缓冲区。

30H~7FH 的 80 个存储单元为通用 RAM 区,一般用作数据与堆栈区。

在单片机的实际应用中,往往需要一个后进先出的 RAM 缓冲区用于保护

CPU 现场及临时数据，这种以先入后出原则存取数据的缓冲区称为"堆栈"。堆栈原则上可以在 RAM 的任何区域，但由于 00H～1FH 和 20H～2FH 都被赋予特定的功能，故堆栈一般设在 30 H 以后的区域。

系统初始化后，堆栈指针 SP 指向 07H 地址，可以在 07H 以上不使用的连续单元中任意设置堆栈，栈顶的位置由堆栈指针 SP 指出。一般情况下，在程序初始化时应对 SP 设置一初值，如可设 SP 为 30H。

内部 RAM 中除了作为工作寄存器区、位标志和堆栈区以外的单元都可以作为数据缓冲器使用，存放数据和运算的结果。

7FH								
≈								≈
2FH	7F	7E	7D	7C	7B	7A	79	78
2EH	77	76	75	74	73	72	71	70
2DH	6F	6E	6D	6C	6B	6A	69	68
2CH	67	66	65	64	63	62	61	60
2BH	5F	5E	5D	5C	5B	5A	59	58
2AH	57	56	55	54	53	52	51	50
29H	4F	4E	4D	4C	4B	4A	49	48
28H	47	46	45	44	43	42	41	40
27H	3F	3E	3D	3C	3B	3A	39	38
26H	37	36	35	34	33	32	31	30
25H	2F	2E	2D	2C	2B	2A	29	28
24H	27	26	25	24	23	22	21	20
23H	1F	1E	1D	1C	1B	1A	19	18
22H	17	16	15	14	13	12	11	10
21H	0F	0E	0D	0C	0B	0A	09	08
20H	07	06	05	04	03	02	01	00
1FH ~ 18H	3组							
17H ~ 10H	2组							
0FH ~ 08H	1组							
07H ~ 00H	0组							

图 2-17　位寻址区的每位地址分配

④ 特殊功能寄存器。

特殊功能寄存器（Special Function Register，SFR）也称"专用寄存器"，是具有特殊功能的所有寄存器的总称，主要用来对片内功能模块进行管理、控制、监视和状态存储。特殊功能寄存器区含有 21 个不同寄存器，它们不属于片内数据存储器，但它们的地址分配在 RAM 空间的 80H～FFH 范围。

51 系列单片机内的锁存器、串行口数据缓冲器以及各种控制寄存器和状态寄存器都是以特殊功能寄存器的形式出现的，与片内 RAM 统一编址，它们分散地分布在 80H～FFH 的地址空间范围内。其中部分特殊功能寄存器还可以进行位寻址。21 个 SFR 具体如下：

- 与运算器相关 3 个：ACC、B、PSW。
- 指针类 3 个：SP、DPH、DPL。
- 与 I/O 口相关 7 个：P0、P1、P2、P3、SBUF、SCON、PCON。
- 与中断相关 2 个：IE、IP。
- 与定时/计数器相关 6 个：TH0、TL0、TH1、TL1、TMOD、TCON。

在单片机应用程序设计（汇编语言或 C51 语言）中，只需熟练掌握寄存器名称或可寻址位的名称，不需要记住它们的字节地址或位地址，可寻址位的名称在以后的章节里介绍。

在增强型 51 系列单片机中，从 80H～FFH 地址空间是增加的 128 B 数据存储器的地址空间，如图 2-16 所示。以间接寻址方式访问增加的空间，以直接寻址方式访问 SFR 区。在用 C51 编程时，可以不考虑这些细节。

表 2-4 给出了 21 个特殊功能寄存器的标识符、名称和地址，其中带"＋"号的为增强型 51 单片机中增加的寄存器。地址尾数为 0 或 8 的寄存器为可位寻址的寄存器。表 2-5 给出了可位寻址的特殊功能寄存器的位地址分配情况。

表 2-4　特殊功能寄存器

标识符	名　　称	地　　址
• B	B 寄存器	0F0H
• PSW	程序状态字	0D0H
SP	堆栈指针	81H
DPTR	数据指针（包括 DPH 和 DPL 两个寄存器）	83H 和 82H
• P0	口 0	80H
• P1	口 1	90H
• P2	口 2	0A0H
• P3	口 3	0B0H
• IP	中断优先级控制器	0B8H
• ACC	累加器	0E0H
• IE	中断允许控制器	0A8H
TMOD	定数器/计算器方式控制	89H
• TCON	定数器/计算器控制	88H
＋ • T2CON	定数器/计算器 2 控制	0C8H
TH0	定数器/计算器 0（高位字节）	8CH
TL0	定数器/计算器 0（低位字节）	8AH
TH1	定数器/计算器 1（高位字节）	8DH
TL1	定数器/计算器 0（低位字节）	8BH
＋TH2	定数器/计算器 2（高位字节）	0CDH

续表

标识符	名　　称	地　址
+TL2	定数器/计算器2（低位字节）	0CCH
+RLDH	定数器/计算器2自动再装载（高位字节）	0CBH
+RLDL	定数器/计算器2自动再装载（低位字节）	0CAH
·SCON	串行控制	98H
SBUF	串行数据缓冲器	99H
PCON	电源控制	97H

（2）片外数据存储器

片外数据存储器是在单片机芯片外部存放数据的区域，51单片机可扩展64 KB的外部数据存储器，这一区域用寄存器间接寻址来访问。

用作访问外部数据存储器的间址寄存器有R0、R1和DPTR，其中R0、R1为8位寄存器，寻址范围为256 B，DPTR为16位寄存器，寻址范围为64 KB。当利用R0、R1作为间址寄存器访问外部数据存储器时，要配合P2口来形成16位外部地址，所以要提前向P2口存放外部访问的高8位地址，低8位地址在R0或R1中存储。例如：

```
MOV     P2, #30H
MOV     R1, #20H
MOVX    A, @R1
```

则累加器A里面的值应为外部数据存储器3020H地址单元里的内容。

2. 程序存储器

程序存储器用于存放编好的程序、表格和常数。51单片机内部有4 KB ROM，片外最多可扩展64 KB ROM，两者统一编址，如图2-7所示。

单片机执行指令，是从片内程序存储器取指令，还是从片外程序存储器取指令，主要由单片机$\overline{EA}$引脚电平的高低来决定。

$\overline{EA}$为高电平时，先执行片内程序存储器的程序，当PC的内容超过片内程序存储器地址的最大值（51系列单片机为0FFFH，增强型51系列单片机为1FFFH）时，将自动转去执行片外程序存储器中的程序，最大可寻址范围是64 KB。

$\overline{EA}$为低电平时，CPU直接从片外程序存储器中取指令执行程序，此时片内存储器就闲置不用了。

对于片内无程序存储器的8031、8032单片机，此引脚应接低电平。对于片内有程序存储器的单片机，如果$\overline{EA}$引脚接低电平，也将直接执行片外程序存储器中的程序。具体片外$\overline{ROM}$的大小取决于实际的物理扩展程序存储器的大小。

在实际使用中,应尽量避免外扩程序存储器芯片而增加硬件的负担,在存储器容量不够的情况下,可选择其兼容的 89C52/AT89S52、89C54、89C58 等芯片,其片内程序存储容量分别为 8 KB、16 KB 和 32 KB。

表 2-5　可位寻址的特殊功能寄存器的位地址分配

字节地址	D7	D6	D5	D4	D3	D2	D1	D0	寄存器
0F0H	F7	F6	F5	F4	F3	F2	F1	F0	B
0E0H	E7	E6	E5	E4	E3	E2	E1	E0	Acc
0D0H	D7	D6	D5	D4	D3	D2	D1	D0	PSW
0B8H	—	—	—	BC	BB	BA	B9	B8	IP
0B0H	B7	B6	B5	B4	B3	B2	B1	B0	P3
0A8H	AF	A6	A5	A4	A3	A2	A1	A0	IE
0A0H	A7	A6	A5	A4	A3	A2	A1	A0	P2
98H	9F	9E	9D	9C	9B	9A	99	98	SCON
90H	87	96	95	94	93	92	91	90	P1
88H	9F	8E	8D	8C	8B	8A	89	88	TCON
80H	87	86	85	84	83	82	81	80	P1

在程序存储器中,片内程序存储器中低地址的 40 多个单元留给系统使用,是系统在特殊情况下的响应地址,如表 2-6 所示。

表 2-6　系统对程序存储器的使用

存储单元	保留目的
0000H～0002H	复位后初始化引导程序地址
0003H～000AH	外部中断 0
000BH～0012H	定时器 0 溢出中断
0013H～001AH	外部中断 1
001BH～0022H	定时器 1 溢出中断
0023H～002AH	串行端口中断
002BH～	定时器 2 溢出中断(52 系列才有)

存储单元 0000H～0002H 用作上电复位后跳转指令存放单元。因为 51 单片机上电复位后程序计数器的内容为 0000H,所以 CPU 总是从 0000H 开始执行程序,通常在这 3 个单元中存有转移指令,真正的执行程序是在被转移到的 ROM 空间。0003H～002AH 单元分为均匀的 5 段,每段 8 个字节,用作 5 个中断服务程序的入口,称为"中断向量表",通常在这 8 个字节存储要响应的中断程序的入

口地址。由于这 5 个中断向量地址的存在，所以在写程序时，这些地址不要占用。一般在 0000H 地址只写 1 条跳转指令，从 0100H 开始写主程序，如图 2-18 所示。

```
ORG    0000H
LJMP   MAIN
ORG    0100H
MAIN:  ;开始写主程序
```

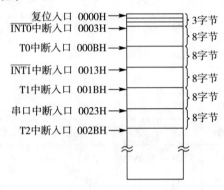

复位入口 0000H
$\overline{INT0}$ 中断入口 0003H
T0 中断入口 000BH
$\overline{INT1}$ 中断入口 0013H
T1 中断入口 001BH
串口中断入口 0023H
T2 中断入口 002BH

3字节
8字节
8字节
8字节
8字节
8字节

图 2-18　程序存储器低端的几个特殊单元的使用

2.4　51 单片机的工作方式

51 单片机的工作方式有复位、程序执行、低功耗以及编程和校验 4 种。其中编程和校验方式只是针对 EPROM 以及 EEPROM 型芯片。

1. 复位方式

复位是单片机的初始化操作，只要给 RESET 引脚加上 2 个机器周期以上的高电平信号，就可以使 51 单片机复位。复位的主要功能是把 PC 初始化为 0000H，使单片机从 0000H 单元开始执行程序。除了进入系统的正常初始化外，当由于程序运行出错或操作错误使系统处于死锁状态时，也需要按复位键重新启动。单片机本身一般是不能自动进行复位的（在热启动时本身带有看门狗复位电路的单片机除外），必须配合相应的外部复位电路。

复位后除 PC 之外，复位操作还对其他一些寄存器有影响，它们的复位状态如表 2-7 所示。复位后除（SP）＝07H，P0、P1、P2、P3 为 FFH 外，其他寄存器都为 0。51 单片机的复位操作不影响内部 RAM 的内容。

表 2-7 复位后的内部寄存器状态

存储器名	内容	寄存器名	内容
PC	0000H	TCON	00H
ACC	00H	TH0	00H
B	00H	TL0	00H
PSW	00H	TH1	00H
SP	07H	TL1	00H
DPTR	0000H	TH2(852)	00H
P0～P3	FFH	TL2(852)	00H
IP(851)	×××00000B	RACP2H(852)	00H
IP(852)	××00000B	RAP2L(852)	00H
IE(851)	0××00000B	SCON	00H
IE(852)	0×000000B	PCON(HMOS)	00H
SBUF	不定	PCON(CHMOS)	0×××××××B
TMOD	00H		0××00000B

注：×为随机状态

　　单片机的整个复位电路包括芯片内、外两部分，外部电路产生的复位信号通过复位引脚 RST 进入片内 1 个斯密特触发器（抑制噪声作用）再与片内复位电路相连，如图 2-19 所示。

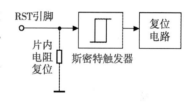

图 2-19　片内复位电路结构

　　单片机的复位方式有上电自动复位和手动复位两种。如图 2-20 所示，(a)为上电自动复位电路，(b)为手动复位电路。

　　上电复位时，电源接上瞬间，电容器 C 上没有电荷，相当于短路，所以第 9 脚直接连到 Vcc，完成上电复位功能。随着时间的增加，电容器上的电压逐渐增加，而第 9 脚上的电压逐渐下降，当第 9 脚上的电压降至低电平时，单片机进入正常工作状态，称为"Power on Reset"（自动复位），图中电阻 R 和电容 C 的选择满足时间常数 $\tau(\tau=RC)$ 远大于 2 个机器周期即可。12 MHz 晶振时约为 1.2 ms，1MHz 晶振时约为 10 ms，所以一般为了可靠复位，RST 在上电时应保持 20 ms 以上的高电平。RC 时间常数越大，上电时 RST 端的高电平时间越长。当振荡频率为 12 MHz 时，典型值为 C＝10 μF，R＝10 kΩ。

　　手动复位需要人为地在复位输入端 RST 上加入高电平。一般采用的办法是在 RST 端和 Vcc 之间接一个按键。当按下按键时，Vcc 的＋5V 电平会直接加到 RST 端，即使人的动作很快，接通也需数十毫秒，所以，手动复位满足复位的时间要求。

　　另外，一些增强型 51 单片机还增加了看门狗复位或指令复位功能，当满足这些条件时，单片机也会进行 1 次复位操作。

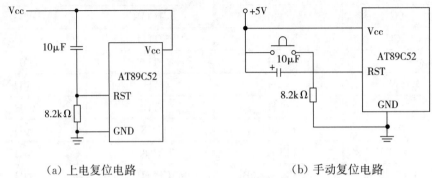

（a）上电复位电路　　　　　　　　　（b）手动复位电路

图 2-20　51 单片机的复位电路

2. 程序执行方式

程序执行方式是单片机的基本工作方式。由于复位后 PC＝0000H，因此程序执行总是从地址 0000H 开始的。但一般程序并不是真正从 0000H 开始，而是在 0000H 开始的单元地址里存放 1 条无条件转移指令，以便跳转到实际程序的入口地址。

3. 低功耗方式

低功耗节电工作模式主要有空闲模式（idle mode）和掉电保持模式（power down mode）两种。在掉电保持模式下，Vcc 由后备电源供电。图 2-21 为两种节电模式的内部控制电路。两种节电模式可通过 PCON 的位 IDL 和位 PD 的设置来实现。格式如下：

SMOD	—	—	—	GF1	GF0	PD	IDL

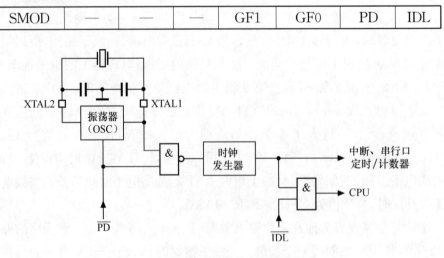

图 2-21　两种节电模式的内部控制电路

PCON 寄存器各位定义：

SMOD：串行通信波特率选择（该位的具体使用在第 7 章串行通信中详细介绍）。

—:保留位。

GF1、GF0:通用标志。

PD:掉电保持模式控制位,PD=1,进入掉电保持模式。

IDL:空闲模式控制位,IDL=1,进入空闲模式。

(1) 空闲模式

① 空闲模式进入。如果 PCON 中的 IDL 位置"1",则把通往 CPU 的时钟信号关断,便进入空闲模式。虽然振荡器运行,但是 CPU 进入空闲状态。所有外围电路(中断系统、串行口和定时器)仍继续工作,SP、PC、PSW、A、P0～P3 端口等所有其他寄存器、内部 RAM 和 SFR 中内容均保持进入空闲模式前状态。

② 空闲模式退出。空闲模式退出有响应中断方式与硬件复位方式两种。在空闲模式下,当任一个允许的中断请求被响应时,IDL 位被片内硬件自动清"0",从而退出空闲模式。当执行完中断服务程序返回时,将从设置空闲模式指令的下一条指令(断点处)继续执行程序。当使用硬件复位退出空闲模式时,在复位逻辑电路发挥控制作用前,有长达两个机器周期时间,单片机要从断点处(IDL 位置"1"指令的下一条指令处)继续执行程序。在这期间,片内硬件阻止 CPU 对片内 RAM 的访问,但不阻止对外部端口(或外部 RAM)的访问。为了避免在硬件复位退出空闲模式时出现对端口(或外部 RAM)的不希望的写入,在进入空闲模式时,紧随 IDL 位置 1 指令后的不应是写端口(或外部 RAM)的指令。

(2) 掉电保持模式

① 掉电模式进入。用指令把 PCON 寄存器的 PD 位置 1,便进入掉电模式。在掉电模式下,进入时钟振荡器的信号被封锁,振荡器停止工作。由于没有时钟信号,内部的所有功能部件均停止工作,但片内 RAM 和 SFR 的原来的内容都被保留,有关端口的输出状态值都保存在对应的特殊功能寄存器中。

② 掉电模式退出。掉电模式的退出有硬件复位和外部中断(或处于使能状态的外中断 INT0 和 INT1 激活)。硬件复位时要重新初始化 SFR,但不改变片内 RAM 的内容。当 Vcc 恢复到正常工作水平时,只要硬件复位信号维持 10 ms,就可使单片机退出掉电运行模式。

4. 编程和校验方式

对于片内程序存储器为 EPROM 型的单片机,如 8751 型单片机,需要一种对 EPROM 可以操作的工作方式,即需要用户对片内的 EPROM 进行编程和校验。由于目前的单片机的程序存储器多数已为 Flash ROM,因此关于片内 EPROM 编程和检验的具体方式在此不作介绍,有兴趣的读者可参阅有关资料。

2.5   并行 I/O 端口

并行 I/O 端口与串行口皆属于单片机的功能单元，虽然从知识结构上讲，它并不属于本章介绍内容，而是应该和串行口一样安排在以后章节介绍，但从教学角度考虑，如果先介绍并行 I/O 端口，就可以开始做一些简单的并行 I/O 端口输入输出实验，如流水灯等，有利于教学的开展；另外，从应用角度来讲，并行 I/O 端口的输入输出编程比较简单，容易学习，不需要像串行口那样单独用一章介绍。

51 单片机有 4 组 8 位 I/O 口：P0、P1、P2 和 P3 口。各口均有自己的口锁存器（即为特殊功能寄存器 P0、P1、P2 和 P3）、输出驱动器和输入缓冲器。各口除可以作为字节输入/输出外（1 次输入或输出 8 位），它们的每 1 条口线也可以单独用作位输入/输出线（1 次输入或输出 1 位）。对口锁存器的读/写就可以实现口（口引脚）的输入/输出操作。各口锁存器（P0～P3）有字节地址，且各口锁存器的每 1 位有位地址。

正如前所述，在实际应用编程中，只需用特殊功能寄存器名就可以实现对口的读写操作，不需要记住它们的字节地址，另外对各口锁存器每位的访问，也只需按名称来访问。如若访问 P0 口的第 0 位，则在单片机汇编语言中，只需用 P0.0；若用 C51 语言编程，则用 P0^0。

当不需要外部程序存储器和数据存储器扩展时，P0 口、P2 口用作通用的输入/输出口。当需要存储器扩展时，P0 口作为低 8 位地址总线或数据总线（分时复用），P2 口作为高 8 位地址总线。外部存储器扩展最大空间为 64 KB，故需要 16 条地址线进行寻址。P1 口是单功能口，仅能作通用的数据输入/输出口。P3 口是双功能口，除能作通用的数据输入输出口外，每 1 口线还具有第 2 功能。

对 1 个口来说，每个口的位结构是相同的，所以对每个口结构的介绍以其位结构来说明。

2.5.1   P0 口

P0 口是 1 个多功能的三态标准双向接口，能够驱动 8 个 TTL 负载，可以以字节访问，也可以位访问，其字节访问地址为 80H，位访问地址为 80H～87H。位结构图如 2-22、2-23 所示。图中控制 C 的状态决定多路开关 MUX 的位置。当 C=0 时，开关处于图中所示位置，此时 P0 用作通用输入/输出口；当 C=1 时，开关拨向 1，此时 P0 用作地址/数据总线。

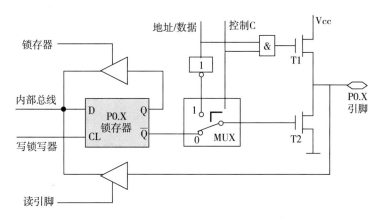

图 2-22 P0 口的位结构图(C＝0)

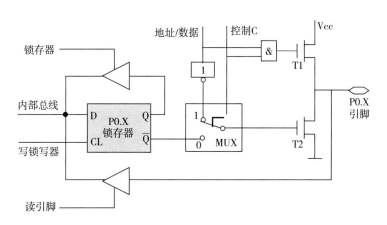

图 2-23 P0 口的位结构图(C＝1)

(1) P0 口作为通用 I/O 口

① 输出时,CPU 发出控制电平"0"封锁"与"门,将输出上拉场效应管 T1 截止,同时使多路开关 MUX 把锁存器与输出驱动场效应管 T2 栅极接通。内部数据总线上的数据在写锁存器信号的作用下由 D 端进入锁存器,经锁存器反相至T2,再经 T2 反相,在 P0.X 引脚出现的数据正好是内部总线的数据。故内部总线输出与 P0.X 口同相。

由于输出驱动级是漏极开路电路,当驱动 NMOS 或其他电流负载时,需要外接上拉电阻。P0 的输出级可驱动 8 个 74LSxxTTL 负载。同时可以实现 3.3 V负载电平匹配,只需将上拉电阻与 3.3 V 设备电源相连接即可。

② 输入时,分为输入引脚的状态和输入口锁存器的状态。在一次输入操作中是读入引脚的状态,还是输入口锁存器的状态,是由执行的指令来决定的。

• 读引脚:当执行传送指令 MOV 时,产生的操作是"读引脚"。但需要注意,此时要向 P0 口输出"1",即向口锁存器写入"1"。此时,T2 截止,从而使 P0.X 引脚处于悬浮状态，可以作为高阻抗输入。如果口锁存器是"0"，T2就导通，此时引脚P0. X处于"0"电平，输入的高电平"1"无法读入，此时，为确保读入信息正确，在读入引脚状态时，需要先向P0口写入"1"。也就说，P0口作为通用I/O时为"准"双向口。

• 读锁存器：读锁存器是先从锁存器中读取数据，进行处理后，将处理后的数据重新写入锁存器中。像"读—修改—写"这类指令为读锁存器操作。

例如，CPL P0.0指令执行时，单片机内部产生"读锁存器"操作信号，使锁存器Q端的数据送到内部总线，在对该位取反后，结果又送回P0.0的端口锁存器并从引脚输出。"读锁存器"可以避免因引脚外部电路的原因而使引脚的状态发生改变造成的误读。

（2）P0作为地址/数据总线

当单片机进行存储器扩展时，P0用作地址/数据总线，分时复用。此时，单片机硬件自动使C=1，MUX开关接向反相器的输出端，如图2-23所示。P0就再也不能作通用I/O口使用了。

① 写外部存储器。低8位地址信息和8位数据信息分时出现在地址/数据总线上。若地址/数据为"1"，则由位结构图可知，T1导通，T2截止，引脚P0. X为"1"；若地址/数据为"0"，则T1截止，T2导通，引脚P0. X为"0"，即地址/数据总线与引脚信息一致。

② 读外部存储器。地址/数据总线上首先出现的是访存的低8位地址信息，由于地址/数据总线与引脚信息一致，即低8位地址信息出现在P0. X引脚上；然后，访存转入到读数据阶段，此时，单片机中硬件自动使MUX拨向锁存器端，并向P0口写入"1"，同时读引脚信号有效，数据经引脚进入内部数据总线，即当P0作为地址/数据总线时为真正的双向口。

2.5.2　P1口

P1口是一个准双向口，它只能用作通用的I/O口，其功能与P0口作为通用I/O口时的功能相同。作为输入口使用时，必须先向锁存器写入"1"，使场效应管T截止，然后才能读取数据。但不同的是，作为输出口使用时，由于其内部有上拉电阻，所以不需要外接上拉电阻。P1口能驱动4个TTL负载。P1口既可以字节访问，也可以位访问，其字节访问地址为90H，位访问地址为90H～97H。P1口的位结构图如图2-24所示。

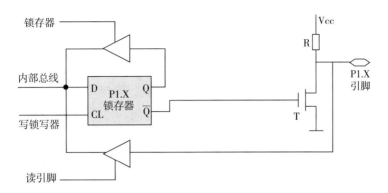

图 2-24　P1 口的位结构图

2.5.3　P2 口

P2 口也是一个双向口,能带 3～4 个 TTL 负载,既可以字节访问,也可位访问,其字节访问地址为 A0H,位访问地址为 A0H～A7H。它由 1 个输出锁存器、转换开关 MUX、2 个三态缓冲器、1 个非门、输出驱动电路和输出控制电路等组成。输出驱动电路上有上拉电阻。P2 口的位结构图如图 2-25 所示。

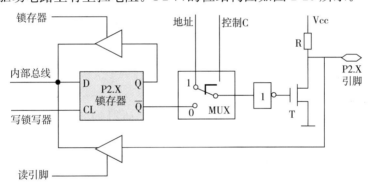

图 2-25　P2 口的位结构图

P2 口和 P0 口一样,有两个功能,当 C＝0 时,作通用的 I/O 口;当 C＝1 时,作为访问外部存储器的高 8 位地址线。

当没有扩展外部存储器时,P2 口作通用的 I/O 口,在输入/输出时和 P0 口类似,也有读引脚和读锁存器之分。这一点从结构图中可以看出。在结构上,由于其内部有上拉电阻,因此不需要外接上拉电阻。

当扩展外部存储器时,单片机内部使 C＝1,MUX 多路开关接向地址总线。当地址线为“0”时,T 导通,P2.X 引脚为“0”;当地址线为“1”时,T 截止,P2.X 引脚为“1”,即 P2.X 引脚的状态与地址信息相同。

2.5.4　P3 口

P3 口是一个多功能准双向口。第一功能是作为通用的 I/O 口使用，其功能和原理与 P1 口相同。它可以驱动 4 个 TTL 负载。第二功能是作为控制和特殊功能口使用。P3 口既可以字节访问，也可以位访问，其字节访问地址为 B0H，位访问地址为 B0H～B7H。P3 口的位结构图如图 2-26 所示。

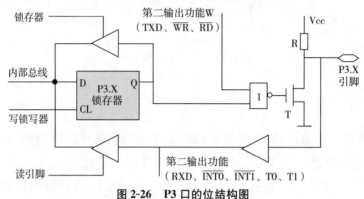

图 2-26　P3 口的位结构图

(1) P3 口用作通用 I/O 口

当 CPU 对 P3 口进行寻址时，单片机硬件自动将 W 置 1，如图 2-26 所示，此时，P3 口工作于通用的 I/O 口。

当作为输出口时，从位结构图分析可知，锁存器状态（Q 端）与 P3.X 引脚信息状态相同。

当作为输入口时，也要先向锁存器写入"1"，使引脚处于高阻输入状态。P3 口属于准双向口。

(2) P3 口用作控制和特殊功能口

当 CPU 不对 P3 口进行寻址且相应的第二功能条件满足时，P3 口用作控制和特殊功能口。如，当外部中断打开时，P3.2，P3.3 为第二功能。P3 口第二功能见表 2-8。

表 2-8　P3 口第二功能

序号	管脚	功能	说明
1	P3.0	RXD	串行输入接收端
2	P3.1	TXD	串行输出发送端
3	P3.2	INT0 *	外中断 0
4	P3.3	INT1 *	外中断 1
5	P3.4	T0	定时器 0 外部输入
6	P3.5	T1	定时器 1 外部输入
7	P3.6	WR *	外部数据存储器写选通
8	P3.7	RD *	外部数据存储器读选通

2.6　单片机最小系统

对于内部带有程序存储器的 51 单片机,若上电工作时所需要的电源、复位电路和晶体振荡电路齐全,则可构成完整的单片机系统。这种维持单片机运行的最简单配置系统称为"最小系统电路"。若再连接上外部设备,就可以对其进行检测和控制了。

51 单片机最小系统电路如图 2-27 所示。

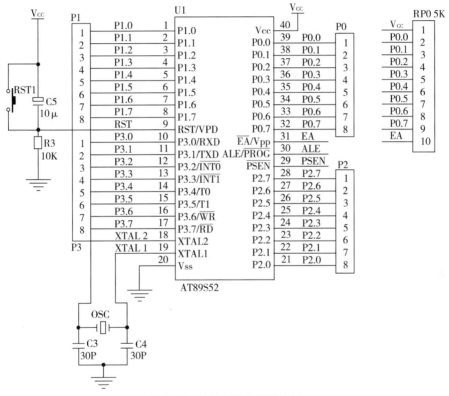

图 2-27　单片机最小系统电路

当 51 系列单片机上电正常工作后,ALE 引脚不断向外输出正脉冲信号,此频率为振荡器频率 fosc 的 1/6,可以用作对外输出时钟或定时信号。如果想确认 51 系列单片机的好坏,可以通过测试 ALE 端波形确定单片机是否处于正常状态。若有脉冲信号输出,则 51 单片机电路基本上是好的,可以编辑下载软件,进行实验。

本章小结

人们常用 51 单片机来称呼所有具有 8051 内核使用 8051 指令系统的单片机。各种衍生品种的单片机在功能模块上略有差异,但其基本结构是类似的。

51 单片机是由 CPU 系统、存储系统、特殊功能寄存器（SFR）、中断系统、定时/计数器、串行口与并行口组成的。

51 单片机有多种封装形式，其中在单片机学习板上多使用 DIP40 的封装形式。40 个引脚主要包括 4 个 8 位行口、外接晶体引脚 XTAL1 和 XTAL2、电源端、接地端、复位端以及与存储器扩展有关的 3 个引脚。同时 P3 口引脚还具有它的第二功能。单片机在使用时一般不提倡进行存储器扩展（会降低系统稳定性）。

51 单片机中 CPU 由一个 8 位运算器（以及布尔处理器）与控制器组成。布尔处理器使单片机具有更好的位运算能力，这是单片机的一个特点。

51 单片机内部各种微操作是以晶振周期为时序基准。2 个晶振周期构成一个 S 状态，1 个机器周期包含 6 个 S 状态（或 12 个晶振周期）。1 个指令周期包含 1 个或几个机器周期。

51 单片机的存储器结构为哈佛结构，即物理上具有独立的程序存储器与数据存储器，它们分别编址。程序存储器容量为 4 KB，数据存储器容量为 128 B。

特殊功能寄存器也称"专用寄存器"，是具有特殊功能的所有寄存器的集合，主要用来对片内功能模块进行管理、控制、监视的控制寄存器和状态寄存器。51 系列单片机内的锁存器、定时/计数器、串行口数据缓冲器以及各种控制寄存器和状态寄存器都是以特殊功能寄存器（共 21 个）的形式出现的，与片内 RAM 统一编址，它们分散地分布在 80H～FFH 的地址空间范围内。其一部分特殊功能寄存器还可以进行位寻址。

51 单片机的工作方式有复位、程序执行、低功耗以及编程和校验 4 种。其中编程和校验方式只是针对 EPROM 以及 EEPROM 型芯片。

单处机复位后，PC 内容为 0000H，P0～P3 口内容为 FFH，SP 为 07H，SBUF 内容不定，IP、IE 及 PCON 的有效位为 0，其余寄存器的状态为 00H。对于内部带有程序存储器的 51 单片机，若上电工作时所需要的电源、复位电路和晶体振荡电路齐全，即可构成完整的单片机最小系统。若再连接上外部设备，就可以对其进行检测和控制。

51 单片机有 4 组 8 位 I/O 口：P0、P1、P2 和 P3 口。各口均有自己的锁存器，即为特殊功能寄存器 P0、P1、P2 和 P3。各口除可以作为字节输入/输出外（一次输入或输出 8 位），它们的每一条口线也可以单独地用作位输入/输出线（一次输入或输出 1 位）。即各口锁存器（P0～P3）有字节地址，且各口锁存器的每一位有位地址。

对口锁存器的读/写可以实现口的输入/输出操作。但由于各口结构上的特点，当进行口输入操作时，需先向对应的口锁存器输出 FFH，然后再进行口输入。

本章习题

1. 51 单片机内部主要包括哪几部分功能部件？

2. 51 单片机的 ALE/$\overline{\text{PROG}}$ 信号的功能是什么？

3. 51 单片机内部的 PSW 各位的功能是如何定义的？

4. 简要叙述 51 单片机的存储器结构。

5. 在 51 单片机中，有哪些特殊功能寄存器(SFR)？

6. 51 单片机有哪几种常用封装形式？

7. 在 51 单片机中，什么是时钟周期、状态周期、机器周期、指令周期？

8. 在 51 单片机中，当前寄存器工作组如何选择？

9. 51 单片机有几种工作方式？

10. 在 51 单片机中，程序存储器地址低端的几个特殊单元的用途是什么？

11. 在 51 单片机中，P0 至 P3 口在结构上有何不同？在使用上有何特点？

12. 在 51 单片机中，P3 口在什么情况下处于第二功能状态？

第3章 MCS-51指令系统与汇编语言程序设计

本章目标

- 理解指令与指令系统的概念
- 掌握MCS-51指令系统的常用寻址方式
- 掌握MCS-51指令系统中常用指令的使用方法
- 掌握MCS-51中常用伪指令的使用方法
- 掌握MCS-51汇编语言程序设计方法

本章主要介绍MCS-51单片机指令系统及汇编语言程序设计,如果已学习了其他微型机的汇编语言程序设计,如8086汇编语言程序设计,那么会有利于学习51单片机的汇编语言程序设计。汇编语言程序设计主要的知识点都大同小异,也就是指令系统、寻址方式、伪指令等。如果没有学过汇编语言程序设计,建议学习本章,学习时主要侧重对相关概念、知识的理解,不要试图用汇编语言编写很复杂的程序,能够编写一些简单的程序,理解复杂程序即可。实际的单片机应用系统的开发最好选择 C51 语言,关于 C51 语言的使用将在下章介绍。

3.1 MCS-51指令系统概述

指令系统是一台计算机可执行命令的集合,是程序设计的基础。利用指令系统的指令可进行汇编语言程序设计,常用于编写各类底层程序和对时间、空间效率要求极高的程序。对于单片机来说,由于系统复杂性不高,因此也可以直接用于编写全部程序。

3.1.1 指令与指令系统

1. 指令

指令是指示计算机执行某种操作完成特定功能的命令。一般来说,指令的形式有汇编指令和机器指令,汇编指令由字母、数字组成,方便记忆和编程,是符号化了的机器指令,但 CPU 不能直接识别和执行,需要换成机器指令才能被 CPU 执行。机器指令是 CPU 能直接识别并执行的指令,它的表现形式是二进制编码。

机器指令通常由操作码和地址码组成,如图 3-1 所示。操作码指出该指令所要完成的操作,表示操作性质,即指令的功能。地址码指出参与运算的操作数、操作数的地址或运算结果的位置。

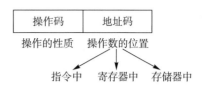

图 3-1 机器指令格式

若操作数在指令中,则称为"立即数"。立即数只能做源操作数,不能做目的操作数。若操作数在寄存器中,则称为"寄存器操作数"。若操作数在存储器中,则称为"存储器操作数"。寄存器操作数和存储器操作数既可做源操作数,又可做目的操作数。

按照地址码指示的操作数的个数,机器指令又可分为单操作数、双操作数和无操作数指令。单操作数指令的地址码为 1 个;双操作数指令的地址码为 2 个;无操作数指令只有操作码,没有地址码。

机器指令由于采用二进制编码,不易阅读和记忆。为了方便程序员记忆和识别,使用一些指令助记符表示机器指令,这就是"汇编指令"。汇编指令不能为 CPU 直接识别并执行,在上机执行时需要转换成机器指令,转换工作由汇编程序完成。

单个指令只能完成一些简单的操作。为了能完成一些相对复杂的操作,需要将多条指令按某种次序排列,由 CPU 按序执行。这种指令的有序序列就是程序。

2. 指令系统

指令系统是指 CPU 所能执行的全部指令的集合,它决定了计算机的基本功能。对于单片机来说,指令系统是单片机所能执行的全部指令的集合。指令功能的强弱和指令数目的多少决定了单片机处理功能的强弱。

3.1.2 程序设计语言

程序设计语言又称"编程语言",是一组用来定义计算机程序的语法规则。

机器语言是用二进制代码表示的计算机能直接识别和执行的一种机器指令的集合。用机器语言编写程序称为"机器语言程序",也称"目标程序"。机器语言具有直接执行和速度快等特点。不同型号的计算机其机器语言是不一样的,按某一种计算机的机器指令编制的程序,一般不能在另一种计算机上执行。

用机器语言编写程序,编程人员要首先熟记所用计算机的全部指令代码和代码的涵义。编程时,程序员需要处理每条指令和每一数据的存储分配及输入输出,还要记住编程过程中每步所使用的工作单元处在何种状态。这是一件十分繁琐的工作,编写程序花费的时间往往是实际运行时间的几十倍或几百倍。另外,编出程序全是 0 和 1 的指令代码,直观性差,容易出错。现在,除了计算机生产厂家的专业人员外，绝大多数的程序员已经不再去学习机器语言了。

汇编语言用汇编指令（符号化了的机器语言）和其他一些助记符号编写程序，称为"汇编语言程序"。不同的汇编语言对应着不同的机器语言指令集。在使用中，汇编语言程序要被汇编成机器语言，才能被计算机所识别和执行。汇编语言不像其他大多数的高级程序设计语言一样被广泛用于程序设计。在实际应用中，它通常被应用在底层硬件操作和高要求的程序优化的场合。驱动程序、嵌入式操作系统和实时运行程序往往需要汇编语言。

机器语言和汇编语言都是面向机器的语言，属于低级语言。与低级语言相对，高级语言是以人类的日常语言为基础的一种编程语言，使用一般人易于接受的字符来表示，使程序员编写更容易，亦有较高的可读性。

高级语言通用性强，编程时不必了解计算机的指令系统，往往使程序员能够比使用机器语言更准确地表达他们所想表达的目的。常用的 C/C++、JAVA 等都属于高级语言，在使用中，也都要通过编译程序翻译成机器语言。

随着现代软件系统越来越庞大复杂，大量经过封装的高级语言应运而生。这些新的语言使程序员在开发过程中能够更简单、更有效率，使软件开发人员能应付更快速的软件开发的要求。而汇编语言由于其复杂性使得其适用领域逐步减小。但这并不意味着汇编语言已无用武之地。由于汇编语言更接近机器语言，能够直接对硬件进行操作，生成的程序与其他的语言相比具有更高的运行速度，占用更小的内存，因此，在一些对时效性要求很高的程序、许多大型程序的核心模块以及工业控制方面被大量应用。

3.1.3　MCS-51指令系统

MCS-51系列单片机的指令系统共有 111 条指令，分 5 大类：

- 数据传送指令（29 条）；
- 算术运算指令（24 条）；
- 逻辑及移位运算指令（24 条）；
- 控制转移指令（17 条）；
- 位操作指令（17 条）。

按机器指令所占字节（即指令长度）划分，可将 MCS-51 系列单片机指令分为单字节指令（49 条）、双字节指令（46 条）和三字节指令（16 条）。

按指令执行时间（即指令周期）划分，可将 MCS-51 系列单片机指令分为单周期指令（64 条）、双周期指令（45 条）和四周期指令（2 条）。

学习指令系统时，应注意以下几方面：

① 指令的格式、功能；

② 操作码的含义,操作数的表示方法;

③ 寻址方式,源、目的操作数的范围;

④ 对标志位的影响;

⑤ 指令的适用范围;

⑥ 正确估算指令的字节数。

一般地,操作码占1字节;操作数中,直接地址 direct 占1字节,♯data 占1字节,♯data16 占两字节。操作数中的 A、B、R0～R7、@Ri、DPTR、@A+DPTR、@A+PC等均隐含在操作码中。

3.1.4 指令中的常用符号

在介绍指令系统前,先了解在汇编指令中的一些特殊符号的意义,这对学习指令的使用是相当有用的。

- Rn:当前选中的寄存器区的 8 个工作寄存器 R0～R7 ($n=0～7$)。

- Ri:当前选中的寄存器区中可作为地址寄存器的两个寄存器 R0 和 R1 ($i=0,1$)。

- direct:内部数据存储单元的 8 位地址,包含 0～127(255)个内部存储单元地址和特殊功能寄存地址。

- ♯data:指令中的 8 位常数。

- ♯data16:指令中的 16 位常数。

- addr16:用于 LCALL 和 LJMP 指令中的 16 位目标地址,目标地址的空间为 64 KB 程序存储器地址。

- ♯addr11:用于 ACALL 和 AJMP 指令中的 11 位目标地址,目标地址必须放在与下条指令第一个字节同一个 2 KB 程序存储器空间之中。

- rel:8 位带符号的偏移字节,用于所有的条件转移和 SJMP 等指令中,偏移字节在下条指令的第一个字节开始的－128～＋127 范围内。

- @:间接寄存器寻址或基址寄存器的前缀,如@Ri,@A+DPTR。

- /:操作的前缀,声明对该位操作数取反。

- $:表示当前的指令地址。

- ←:表示指令的操作结果是将箭头右边的内容传送到左边。

- →:表示指令的操作结果是将箭头左边的内容传送到右边。

- ∨、∧、⊕:表示逻辑或、与、异或。

- DPTR:数据指针,可用作 16 位的地址寄存器。

- bit:内部 RAM 和特殊功能寄存器的直接寻址位。

- A：累加器 A。
- B：累加器 B。用于乘法和除法指令中。
- C(或 Cy)：进位标志位或位处理机中的累加器。
- (X)：某地址单元中的内容。
- ((X))：X 寻址单元中的内容。

3.1.5　汇编语言指令格式与伪指令

指令的表示方式称为"指令格式"，它规定了指令的长度和内部信息的安排。完整的指令格式如下：

[标号:] 操作码 [操作数][,操作数][;注释]

其中[]项是可选项。

标号：指本条指令起始地址的符号，也称为"指令的符号地址"，代表该条指令在程序编译时的具体地址。

操作码：又称"指令助记符"，它是由对应的英文缩写构成的，是指令语句的关键。它规定了指令具体的操作功能，描述指令的操作性质，是一条指令中不可缺少的内容。

操作数：它既可以是一个具体的数据，也可以是存放数据的地址。

注释：注释也是指令语句的可选项，它是为增加程序的可读性而设置的，是针对某指令而添加的说明性文字，不产生可执行的目标代码。

伪指令，也称为"汇编程序的控制命令"，它是程序员发给汇编程序的命令，用来设置符号值、保留和初始化存储空间、控制用户程序代码的位置。

伪指令只出现在汇编前的源程序中，仅提供汇编用的某些控制信息，不产生可执行的目标代码，是 CPU 不能执行的指令。

(1) 定位伪指令 ORG

格式：ORG n

其中，n 通常为绝对地址，可以是十六进制数、标号或表达式。

功能：规定编译后的机器代码存放的起始位置。在一个汇编语言源程序中允许存在多条定位伪指令，但每一个 n 值都应和前面生成的机器指令存放地址不重叠。

例如：

```
ORG    1000H
START:    MOV  A,#20H
          MOV  B,#30H
          ⋮
```

（2）结束汇编伪指令 END

格式：［标号：］END［表达式］

功能：放在汇编语言源程序的末尾，表明源程序的汇编到此结束，其后的任何内容不再汇编。

（3）赋值伪指令 EQU

格式：字符名称 x EQU 赋值项 n

功能：将赋值项 n 的值赋予字符名称 x。程序中凡出现该字符名称 x 就等同于该赋值项 n，其值在整个程序中有效。赋值项 n 可以是常数、地址、标号或表达式。在使用时，必须先赋值后使用。

"字符名称"与"标号"的区别是"字符名称"后无冒号，而"标号"后面有冒号。

（4）定义字节伪指令 DB

格式：［标号：］DB $X_1, X_2, \cdots, X_n$

功能：将 8 位数据（或 8 位数据组）$X_1, X_2, \cdots, X_n$ 顺序存放在从当前程序存储器地址开始的存储单元中。X_i 既可以是 8 位数据、ASCII 码、表达式，也可以是括在单引号内的字符串。两个数据之间用逗号"，"分隔。

X_i 为数值常数时，取值范围为 00H～FFH；X_i 为 ASCII 码时，要使用单引号，以示区别；X_i 为字符串常数时，其长度不应超过 80 个字符。

（5）定义双字节伪指令 DW

格式：［标号：］DW $X_1, X_2, \cdots, X_n$

功能：将双字节数据［或双字节数据组］顺序存放在从标号指定地址单元开始的存储单元中。其中，X_i 为 16 位数值常数，占两个存储单元，先存高 8 位（存入低位地址单元中），后存低 8 位（存入高位地址单元中）。

（6）预留存储空间伪指令 DS

格式：［标号：］DS n

功能：从标号指定地址单元开始，预留 n 个存储单元，汇编时不对这些存储单元赋值。n 既可以是数据，也可以是表达式。

（7）定义位地址符号伪指令 BIT

格式：字符名称 x BIT 位地址 n

功能：将位地址 n 的值赋予字符名称 x。程序中凡出现该字符名称 x 就代表该位地址。位地址 n 既可以是绝对地址，也可以是符号地址。

（8）数据地址赋值伪指令 DATA

格式：字符名称 x DATA 表达式 n

功能：把表达式 n 的值赋值给左边的字符名称 x。n 既可以是数据或地址，也可以是包含所定义的"字符名称 x"在内的表达式，但不能是汇编符号。

DATA 与 EQU 的主要区别是：EQU 定义的"字符名称"必须先定义后使用，而 DATA 定义的"字符名称"没有这种限制。所以，DATA 伪指令通常用在源程序的开头或末尾。

3.2　MCS-51指令系统的寻址方式

寻址方式是指在指令执行时，CPU 确定操作数或操作数地址的方式。根据指令操作的需要，单片机提供多种寻址方式。通常寻址方式以操作数（多为源操作数）类型命名。一般来说，寻址方式越多，单片机的寻址能力越强，用户使用越方便，但指令系统也越复杂。在MCS-51单片机的指令系统中，指令寻址方式可分为 7 种，每种寻址方式以及其寻址空间如表 3-1 所示。

表 3-1　寻址方式及其寻址空间

序号	寻址方式	利用的变量	使用的空间
1	立即寻址	—	程序存储器/数据存储器
2	直接寻址	Direct,CFR	内部 RAM 和特殊功能寄存器
3	寄存器寻址	R0～R7,A,B,CY,DPTR	片内
4	寄存器间接寻址	@R0,@R1,SP	内部 RAM
		@R0,@R1,@DPTR	外部 RAM 和 I/O 接口
5	变址寻址	@A+DPTR,@A+PC	程序存储器/数据存储器
6	相对寻址	PC+偏移量	程序存储器/数据存储器
7	位寻址	bit	内部 RAM 的 20H～2FH 及部分特殊功能

3.2.1　立即寻址

指令中直接提供源操作数，即操作码后面直接跟着参与操作的数。该操作数称为"立即数"，寻址方式称为"立即寻址"。指令中，立即数的标识符为"#"。

例如：

```
MOV A, #30H
```

该指令将立即数 30H 送入累加器 A 中，指令执行结果：(A)=30H。

在MCS-51单片机的指令系统中，有 8 位数的立即寻址指令，还有一条 16 位数的立即寻址指令：

```
MOV DPTR, #8000H
```

该指令将立即数 8000H 送入数据指针 DPTR 中，其中高 8 位 80H 送入 DPH，低 8 位 00H 送入 DPL。

3.2.2　直接寻址

在直接寻址方式中,操作码后面直接给出的是操作数的地址。这种直接在指令中给出操作数地址的方式称为"直接寻址"。

例如:

```
MOV A, 30H
```

这里 30H 不是立即数,而是内部 RAM 存储单元的地址。该指令是将内部 RAM 地址为 30H 单元的内容送入累加器 A 中。若(30H)=12H,则指令执行结果:(A)=12H。

在 MCS-51 单片机中,SFR 的地址空间为 80H～FFH,如 P0 口(80H)、P1 口(90H)、P2 口(A0H)、P3 口(B0H),可利用 SFR 名称或地址,通过直接寻址方式进行访问。

例如:

```
DEC P0
```

该指令是将 P0 锁存器的值减 1 后,再写入 P0 锁存器。

3.2.3　寄存器寻址

在该寻址方式中,操作数存放在寄存器(R0～R7)中,指令中给出寄存器名。

例如:

```
MOV A, R0
```

该指令将 R0 中内容送入累加器 A 中。若(R0)=5H,则(A)=15H。

3.2.4　寄存器间接寻址

在该寻址方式中,用工作寄存器(R0、R1、DPTR)给出存储单元的地址,而操作数存放在片内或片外 RAM 中。指令中寄存器名前要加@。寄存器间接寻址用于访问片内 RAM 和片外 RAM。

例如:

```
MOV A, @R0
```

该指令以寄存器 R0 中的内容作为地址,将该地址单元的内容送入累加器 A 中。若(R0)=30H,(30H)=11H,则指令执行结果(A)=11H。

例如:

```
MOVX A, @DPTR
```

该指令以寄存器 DPTR 中的内容作为地址,将该地址单元的内容送入累加器 A 中。若(DPTR)=2000H,(2000H)=34H,则指令执行结果(A)=34H。

注意：

① 片内 RAM 和片外 RAM 有地址重叠区。为避免混乱，规定：访问片内 RAM 用 MOV，工作寄存器选 R0 和 R1；访问片外 RAM 用 MOVX，工作寄存器选 R0、R1 和 DPTR。

② 指令 MOV A，R0 和指令 MOV A，@R0 是有区别的：若（R0）=25H，（25H）=05H，则前者执行后（A）=25H，后者执行后（A）=05H。

3.2.5　变址寻址

变址寻址，又称"基址寄存器加变址寄存器间接寻址"。这种寻址方式用于访问程序存储器（ROM）。以 DPTR 或 PC 作基址寄存器，以累加器 A 作变址寄存器，两者相加形成 16 位程序存储器的地址，根据此地址，从程序存储器中读取相应操作数。

例如：

```
MOVC  A,@A+DPTR
```

该指令以 A+DPTR 的值作为地址，将该地址单元的内容送入累加器 A 中。

如果（A）=0FH，（DPTR）=2400H，（240FH）=FFH，则指令执行结果（A）=FFH。

本寻址方式的指令只有 3 条：

```
MOVC A, @A+DPTR
MOVC A, @A+PC
JMP @A+DPTR
```

3.2.6　相对寻址

相对寻址用于访问程序存储器，进行程序控制，常用于转移指令中。指令中以程序计数器 PC 的内容作为基地址，加上指令中给出的偏移量 rel，所得结果为转移目标地址：

目的地址＝转移指令所在的地址＋转移指令的字节数＋rel

其中，偏移量 rel 是一个带符号的 8 位二进制补码数。

例如：

```
JNZ rel
```

该指令执行时累加器 A 中内容不等于 0 时转移，其中 rel 为偏移量，也就是要转移的范围。

如果 rel=23H，操作码存放在 ROM 2000H 单元，即（PC）=2000H，则指令执行结果，目标地址为：2000H＋2H＋23H＝2025H。

3.2.7 位寻址

MCS-51系列单片机有位处理功能,可以对数据进行位操作。

例如:

```
ANL C,30H
```

该指令将 PSW 中的 C 标志位和位地址为 30H 的位状态,进行逻辑与操作,并把结果保存在 C 标志中。

3.3 MCS-51指令集

3.3.1 数据传送类指令

数据传送类指令共有 29 条,是使用最频繁的一类指令。通过累加器 A 既可以进行传送数据,还可以在数据存储器之间或工作寄存器与数据存储器之间进行数据传递。

数据传送类指令分为以下几种类型:

- 内部 8 位数据传送指令;

- 16 位数据传送指令;

- 单片机与外部数据存储器传送数据指令;

- 单片机与程序存储器传送数据指令;

- 交换指令;

- 堆栈操作指令。

1. 内部 8 位数据传送指令

指令格式:MOV 目的操作数,源操作数

指令功能:用于MCS-51单片机内部数据存储器、工作寄存器之间的数据传递,将源操作数传送到目的操作数中去。数据传送出去后,源操作数中数据不变,目的操作数中原始数据被覆盖。

(1) 以累加器为目的操作数的传送指令

指令格式:

```
MOV A, Rn        ;(Rn)→A,n=0~7
MOV A, @Ri       ;((Ri))→A,i=0,1
MOV A, direct    ;(direct)→A
MOV A, #data     ;#data→A
```

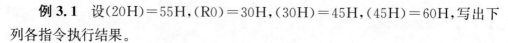

例 3.1　设(20H)＝55H,(R0)＝30H,(30H)＝45H,(45H)＝60H,写出下列各指令执行结果。

　　① MOV A,R0

　　② MOV A,20H

　　③ MOV A,@R0

　　④ MOV A,#20H

解析:上述各指令执行结果依次为:

①（A)＝30H

②（A)＝55H

③（A)＝45H

④（A)＝20H

(2) 以 Rn 为目的操作数的传送指令

指令格式:

```
MOV Rn,A            ;(A)→Rn,n=0~7
MOV Rn, direct      ;(direct)→Rn, n=0~7
MOV Rn, #data       ;#data→Rn, n=0~7
```

注意:没有工作寄存器间直接传送数据的指令,MOV R1,R2 是错误指令,MOV R1,@R0也是错误指令。

例 3.2　设(A)＝05H,(20H)＝08H,(30H)＝55H,写出下列各指令执行结果。

　　① MOV R0,A

　　② MOV R1,20H

　　③ MOV R5,#30H

解析:上述各指令执行结果依次为:

①（R0)＝05H

②（R1)＝08H

③（R5)＝30H

(3) 以直接地址为目的操作数的传送指令

指令格式:

```
MOV direct, A           ;(A)→direct
MOV direct, Rn          ;(Rn) →direct, n=0~7
MOV direct1, direct2
MOV direct, @Ri         ;((Ri))→direct
MOV direct, #data       ;#data→direct
```

注意:这里 direct 直接地址单元指内部 RAM 00H～7FH 区域和特殊功能寄存器区 SFR。

例3.3　设(A)＝55H,(R0)＝30H,(30H)＝45H,(20H)＝10H,(40H)＝15H,(50H)＝25H,(34H)＝68H,写出下列各指令执行结果。

① MOV 30H,A

② MOV 20H,R0

③ MOV 50H,♯30H

④ MOV 34H,@R0

⑤ MOV 30H,40H

解析:上述各指令执行结果依次为:

① (30H)＝55H

② (20H)＝30H

③ (50H)＝30H

④ (34H)＝45H

⑤ (30H)＝15H

另外,当 direct 中内容为 80H、90H、A0H、B0H 时(分别是 P0、P1、P2、P3 口地址),指令成为输入输出指令。

例如:

```
MOV 90H,A        ;(90H)=(A),90H 是 P1 口地址,输出指令
MOV A,90H        ;(A)=(90H),P1 口内容送入 A 中,输入指令
MOV 90H,A0H      ;(90H)=(A0H),P2 口内容送入 P1 口中
```

(4) 以寄存器间接地址为目的操作数的传送指令

指令格式:

```
MOV @Ri,A        ;(A) →((Ri)),i=0,1
MOV @Ri,direct   ;(direct)→((Ri))
MOV @Ri,♯data    ;♯data→((Ri))
```

例3.4　设(A)＝55H,(30H)＝40H,(R0)＝25H,(25H)＝45H,写出下列各指令执行结果。

① MOV @R0,A

② MOV @R0,30H

③ MOV @R0,♯20H

解析:上述各指令执行结果依次为:

① (25H)＝55H

② (25H)＝40H

③ (25H)＝20H

例3.5　设(R6)＝30H,(70H)＝40H,(R0)＝50H,(50H)＝60H,(R1)＝66H,(66H)＝45H,执行以下指令后,写出执行结果和寻址方式。

① MOV A,R6

② MOV R7,70H

③ MOV 70H,50H

④ MOV 40H,@R0

⑤ MOV @R1,＃88H

解析：上述各指令执行结果和寻址方式依次分别为：

① （A）＝30H,寄存器寻址

② （R7）＝40H,直接寻址

③ （70H）＝60H,直接寻址

④ （40H）＝60H,寄存器间接寻址

⑤ （66H）＝88H,立即寻址

2. 16 位数据传送指令

指令格式：

```
MOV DPTR,＃data16
```

指令功能：将 16 位立即数送入 DPTR,DPTR 由 DPL 和 DPH 组成,数据低 8 位送入 DPL,高 8 位送入 DPH。

3. 单片机与外部数据存储器传送数据指令

指令格式：

```
MOVX A, @DPTR

MOVX A, @Ri          ;i＝0,1

MOVX @DPTR,A

MOVX @Ri, A          ;i＝0,1
```

说明：当片外 RAM 的地址范围为 00H~FFH 时,传送指令中可使用@Ri;当片外 RAM 的地址范围大于 FFH 时,传送指令中只能使用@DPTR。

例如,把累加器 A 中的数据传送到片外 RAM2000H 单元中,可用如下指令：

```
MOV DPTR, ＃2000H

MOVX @DPTR,A
```

例 3.6 将片外 RAM 的 2040H 单元内容传送到片外 2560H 单元中去。

解析：

① 错误的指令：

```
MOV 2560H, 2040H
```

② 正确的指令：

```
MOV DPTR, ＃2040H    ;(DPTR)＝2040H

MOVX A, @DPTR        ;(A)＝(2040H)

MOV DPTR, ＃2560H    ;(DPTR)＝2560H

MOVX @DPTR, A        ;(2560H)＝(2040H)
```

4. 单片机与程序存储器传送数据指令

指令格式:

```
MOVC A,@A＋PC
MOVC A,@A＋DPTR
```

说明:对程序存储器的指令,以 PC 当前值或 DPTR 中的内容作为基地址,以 A 中的内容作为变址,两者相加后得到程序存储器某单元的地址,传送的是该单元的内容。该指令主要用于表格数据查询。

例3.7　在外部 ROM 的 1000H 中存放了 0～9 的 ASCII 码 30H,31H,…,39H,要求根据 A 中的值(0～9)来查找相应的 ASCII 码。

解析:

① 若用 DPTR 做基址寄存器:

```
MOV DPTR, ♯1000H
MOVC A, @A＋DPTR
```

② 若用 PC 做基址寄存器:PC 是程序计数器,存放的是 MOVC 指令所在的地址。设指令所在地址为 0FF0H,MOVC 指令是单字节指令,则指令执行完后当前 PC 值为 0FF1H,有 1000H-0FF1H-0FH,因此,指令为:

```
ADD A, ♯0FH
MOVC A, @A＋PC
```

5. 交换指令

实现两操作数之间的数据双向传送,指令执行后,两操作数的内容互换。

(1) 字节交换指令

指令格式:

```
XCH A, Rn       ;n＝0,1,…,7
XCH A, direct
XCH A, @Ri      ;i＝0,1
```

指令功能:将累加器 A 的内容与源字节中的内容互换。

例3.8　(A)＝80H,(R7)＝08H,(40H)＝F0H,(R0)＝30H,(30H)＝0FH,试写出下列指令的执行结果。

```
XCH A,R7        ;(A)与(R7)互换
XCH A,40H       ;(A)与(40H)互换
XCH A,@R0       ;(A)与((R0))互换
```

解析:(A)＝0FH,(R7)＝80H,(40H)＝08H,(30H)＝F0H。

(2) 半字节交换指令

指令格式:

```
XCHD A,@Ri      ;i＝0,1
```

指令功能：将累加器 A 的低 4 位和 R0 或 R1 的内容作为地址的存储单元内容的低 4 位交换，高 4 位不变。

例如，设(A)＝15H,(R0)＝0H,(30H)＝34H,执行指令 XCHD A,@R0 后(A)＝14H,(30H)＝35H。

(3) 累计器 A 中高 4 位和低 4 位交换指令

指令格式：

```
SWAP A
```

指令功能：将累计器 A 的低 4 位和高 4 位值交换。

例如，若(A)＝56H,则执行完 SWAP A 指令后,(A)＝65H。

6. 堆栈操作指令

(1) 压栈(进栈)指令

指令格式：

```
PUSH direct
```

指令功能：将堆栈指针 SP 加 1,然后将源地址 direct 单元中的内容送到 SP 指示单元中去。

执行过程：

SP＋1→SP,

(direct)→(SP)

(2) 弹出(出栈)指令

指令格式：

```
POP direct
```

指令功能：将堆栈指针 SP 指示单元中的数据弹出,传送到目标地址 direct 单元中去,SP 再减 1。

执行过程：

(SP)→(direct),

SP－1→SP

例3.9   设(A)＝30H,(B)＝31H,写出执行以下各条指令后,堆栈指针及堆栈内容变化。

```
MOV SP, #3FH    ;(SP)=3FH
PUSH A          ;(SP)=40H, (40H)=30H
PUSH B          ;(SP)=41H, (41H)=31H
POP A           ;(A)=31H,(SP)=40H
POP B           ;(B)=30H,(SP)=3FH
```

解析：该组指令执行后,A,B 中的内容进行了交换。

3.3.2　算术运算类指令

算术运算类指令包括:加法、减法、加 1、减 1、乘法、除法和十进制调整指令,指令结果将影响 PSW 中的进位位 C,辅助进位位 AC,溢出位 OV 和奇偶标志位 P。

1. 加法指令

加法指令结果影响 C、Ac、OV 和 P。

(1) 不带进位加法指令

指令格式:

```
ADD A, Rn          ;(A)+(Rn)→A, n=0～7
ADD A,direct       ;(A)+(direct)→A
ADD A,@Ri          ;(A)+(Ri)→A,i=0,1
ADD A,#data        ;(A)+#data→A
```

(2) 带进位加法指令

标志位 Cy 参与运算。

指令格式:

```
ADDC A,Rn          ;(A)+(Rn)+C→A,n=0～7
ADDC A,direct      ;(A)+(direct)+C→A
ADDC A,@Ri         ;(A)+(Ri)+C→A,i=0,1
ADDC A, #data      ;(A)+#data+C→A
```

例如,设(A)=53H,(R0)=FCH,执行指令"ADD A,R0"后,(A)=4FH,Cy=1,Ac=0,OV=0, P=1。

例如,设(A)=85H,(20H)=FFH,C=1,执行指令"ADDC A,20H"后,(A)=85H,Cy=1, Ac=1, OV=0, P=1。

说明:

① 带进位加法指令主要用于多字节相加。加法指令只能直接进行 8 位数的运算。进行多字节数相加时,最低字节的相加用 ADD 指令,其他高位字节相加用 ADDC 指令。

② 带进位位加法指令中,进位位的值 C 是指指令执行前的值,而不是指指令执行过程中形成的 C 值。

例 3.10　设 2 个 16 位无符号数分别存放在从 30H 及 40H 开始的 RAM 单元中,低字节在低位地址,高字节在高位地址,编程将其相加,结果存入从 40H 开始的单元中。

解析:

程序段一:

```
CLR C;
```

```
MOV A, 30H
ADD A, 40H
MOV 40H, A
MOV A, 31H
ADDC A, 41H
MOV 41H, A
```

程序段二：

```
CLR C：
MOV A, 30H
MOV R0, ♯40H
ADD A, @R0
MOV @R0, A
MOV A, 31H
INC R0
ADDC A, @R0
MOV @R0, A
```

2. 减法指令

减法指令只有带借位指令。

指令格式：

```
SUBB A, Rn          ;(A)－(Rn)－Cy→A, n=0～7
SUBB A, direct      ;(A)－(direct)－Cy→A
SUBB A, @Ri         ;(A)－((Ri))－Cy→A,i=0,1
SUBB A, ♯data       ;(A)－♯data－Cy→A
```

例如，设$(A)=C9H$，$(R2)=54H$，$C=1$,执行指令"SUBB A, R2"后，$(A)=74H$,$C=0$, $Ac=0$, $OV=1$, $P=0$。

例 3.11 试判断执行如下指令后，累加器 A 和 PSW 中各标志位的状态。

```
CLR C：
MOV A, ♯52H
SUBB A, ♯0B4H
```

解析：$(A)=9EH$, $C=1$, $Ac=1$, $OV=1$, $P=1$

3. 加 1 指令

指令格式：

```
INC A               ;(A)＋1→(A)
INC Rn              ;(Rn)＋1→(Rn)
INC direct          ;(direct)＋1→(direct)
INC@Ri              ;((Ri))＋1→((Ri))
INC DPTR            ;(DPTR)＋1→(DPTR)
```

说明:第 5 条指令 INC DPTR,是 16 位数加 1 指令。指令首先对低 8 位指针 DPL 的内容执行加 1 的操作。当产生溢出时,就对 DPH 的内容进行加 1 操作。

注意:加 1 指令执行后,除以 A 作为目的操作数的指令会影响 P 标志外,其余指令对 PSW 均无任何影响。

例如,设(R0)=20H,(20H)=30H,(30H)=40H,执行指令"INC @R0"后, ((R0))=31H,且对 PSW 无影响。

4. 减 1 指令

指令格式:

```
DEC A          ;(A).1→(A)
DEC Rn         ;(Rn)-1→(Rn),n=0~7
DEC direct     ;(direct)-1→(direct)
DEC @Ri        ;((Ri))-1→(Ri),i=0,1
```

注意:减 1 指令执行后,除以 A 作为目的操作数的指令会影响 P 标志外,其余指令对 PSW 均无任何影响。

例 3.12　已知(A)=DFH,(R1)=40H,(R7)=19H,(30H)=00H, (40H)=FFH,试分析执行以下指令后累加器 A 和 PSW 中各标志状态如何。

解析:

```
DEC A          ;(A)=DEH, P=0
DEC R7         ;(R7)=18H, PSW 不变
DEC 30H        ;(30H)=FFH, PSW 不变
DEC @R1        ;(40H)=FEH, PSW 不变
```

5. 乘法指令

指令格式:

```
MUL AB         ;A×B→BA
```

指令功能:将累加器 A 和通用寄存器 B 中的 8 位无符号整数相乘,其结果的低 8 位存放在 A 中,高 8 位存放在 B 中。

说明:若乘积大于 255,则溢出标志 OV=1,否则 OV=0,进位位 C 始终为 0。

例如,设(A)=50H,(B)=80H,执行指令"MUL AB"后,(A)=00H,(B)=28H,OV=1。

6. 除法指令

指令格式:

```
DIV AB         ;A/B→A(商数)、B(余数)
```

指令功能:实现 8 位无符号数相除,被除数放在 A 中,除数放在 B 中,除法所得的商放在 A 中,余数放在 B 中,且其 OV=0,C=0,只有当除数为 0 时,OV=1。

例如,设(A)=FFH,(B)=18H,执行指令 DIV AB 后,商为 10,即 0AH,余

数为 15，即 0FH，则（A）＝0AH，（B）＝0FH，OV＝0，C＝0。

7. 十进制调整指令

该指令用于对 BCD 码十进制数加法运算结果的内容修正。BCD 码是十进制数 0～9 的二进制编码，如 5：0101B、6：0110B 等。计算机在进行运算时，是按二进制规则进行的：如计算 $(25)_{BCD}＋(39)_{BCD}$，其结果应为 $(64)_{BCD}$，但按二进制规则运算结果为 5EH，因此需要将这个运算调整为十进制。

指令格式：

```
DAA
```

指令功能：

①当累加器 A 中的低 4 位数出现了非 BCD 码（1010～1111）或低 4 位产生进位（AC＝1）时，则应在低 4 位加 6 调整，以产生低 4 位正确的 BCD 结果。

② 当累加器 A 中的高 4 位数出现了非 BCD 码（1010～1111）或高 4 位产生进位（CY＝1）时，则应在高 4 位加 6 调整，以产生高 4 位正确的 BCD 结果。

③ 执行本指令后，PSW 中的 CY 表示结果的百位值。

例如，设（A）＝(25)BCD，(R1)＝(39)BCD，执行指令：

```
ADD A，R1
DAA
```

执行结果：（A）＝(64) BCD。

例 3.13　设 A 的内容是 BCD 码 85，R3 的内容是 BCD 码 59，要求两数按十进制相加。

解析：执行指令：

```
ADD A，R3
DAA
```

执行结果：C＝1，（A）＝(44)BCD，结果为(144)BCD。

3.3.3　逻辑运算类指令

逻辑运算类指令主要包括以下 4 种类型：

- 逻辑与运算指令；
- 逻辑或运算指令；
- 逻辑异或运算指令；
- 累加器 A 清零、取反指令。

1. 逻辑与运算指令

指令格式：

```
ANL A，Rn          ;(A)←(A)∧(Rn)
```

```
ANL A, direct        ;(A)←(A)∧(direct)
ANL A, @Ri           ;(A)←(A)∧((Ri))
ANL A, #data         ;(A)←(A)∧#data
ANL direct, A        ;(direct)←(direct)∧(A)
ANL direct, #data    ;(direct)←(direct)∧#data
```

指令功能：

① 逻辑与指令常用于使操作数的某位清 0(和 0 相与)，而使另外一些位保持不变(与 1 相与)。

② 逻辑与运算指令是按位进行的逻辑运算，不影响 CY、AC 和 OV 标志位，只有当目标操作数为累加器 A 时，才会影响 P 标志位。

例 3.14　设(R0)＝39H，即 9 的 ASCII 码，试通过编程把它变为 9 的 BCD 码。(即高 4 位变 0，低 4 位不变)

解析：

程序段一：

```
MOV A, R0
ANL A, #0FH
```

程序段二：

```
MOV A, #0FH
ANL A, R0
```

例 3.15　设(R0)＝30H，(30H)＝AAH，试问执行如下指令后，累计器 A 和 30H 单元中的内容是什么？

解析：

程序段一：

```
MOV A, #0FFH
ANL A, R0
```

执行结果：(A)＝30H，(30H)＝AAH。

程序段二：

```
MOV A, #0FH
ANL A, 30H
```

执行结果：(A)＝0AH，(30H)＝AAH。

程序段三：

```
MOV A, #0F0H
ANL A, @R0
```

执行结果：(A)＝A0H，(30H)＝AAH。

程序段四：

```
MOV A, #80H
```

```
ANL 30H,A
```

执行结果：(A)＝80H,(30H)＝80H。

2. 逻辑或运算指令

指令格式：

```
ORL A,Rn              ;(A)←(A)v(Rn)
ORL A, direct         ;(A)←(A)v(direct)
ORL A, @Ri            ;(A)←(A)v((Ri))
ORL A, #data          ;(A)←(A) v#data
ORL direct,A          ;(direct)← (direct)v(A)
ORL direct, #data     ;(direct)←(direct) v#data
```

指令功能：逻辑或指令用于使操作数的某些位置1(与1相或),而另一些位保持不变(与0相或)。

例如,设(A)＝A9H,(R0)＝0FH,执行指令"ORL A,R0"后,(A)＝AFH。

例 3.16 编写程序,保持 R0 中低 4 位不变,高 4 位置 1。

解析：

```
MOV A, #0F0H
ORL A,R0
MOV R0,A
```

3. 逻辑异或运算指令

指令格式：

```
XRL A, Rn             ;(A)←(A)⊕(Rn)
XRL A, direct         ;(A)←(A)⊕(direct)
XRL A, @Ri            ;(A)←(A)⊕((Ri))
XRL A, #data          ;(A)←(A)⊕#data
XRL direct, A         ;(direct)←(direct)⊕(A)
XRL direct, #data     ;(direct)←(direct)⊕#data
```

指令功能：异或指令可使操作数的某些位按位取反(与1异或),而使其他位保持不变(与0异或)。

例如,设(A)＝10101001B,(R2)＝01100110,执行指令"XRL A,R2"后,(A)＝11001111B。

4. 累加器 A 清 0、取反指令

指令格式：

```
CLR A                 ;(A)←00H
CPL A                 ;(A)←(/A)
```

例如,设(A)＝0FH,则执行指令 CLR A 后,(A)＝00H,而执行指令"CPL A"后,(A)＝F0H。

例 3.17　设 30H 单元中有一正数 X,试写出求－X 补码的程序。

解析:

```
MOV A, 30H
CPL A
INC A
MOV 30H, A
```

3.3.4　移位类指令

移位类指令主要包括以下 4 种类型:

- 累加器 A 内容循环左移一位;
- 累加器 A 内容带进位位循环左移一位;
- 累计器 A 内容循环右移一位;
- 累加器 A 内容带进位位循环右移一位。

1. 累加器 A 内容循环左移一位

指令格式:RL A

指令功能:将累加器 A 中的内容循环左移一位,即:$(A.n+1)\leftarrow(A.n)$,$(A.0)\leftarrow(A.7)$,如图 3-2 所示。

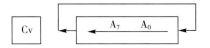

图 3-2　累加器 A 内容循环左移一位示意图

例如,设$(A)=10101010B$,执行指令:RL A 后$(A)=01010101B$。

2. 累加器 A 内容带进位位循环左移一位

指令格式:RLC A

指令功能:将累加器 A 中的内容连同进位标志循环左移一位,即:$(An+1)\leftarrow(An)$,$(CY)\leftarrow(A7)$,$(A0)\leftarrow(CY)$,如图 3-3 所示。

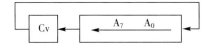

图 3-3　累加器 A 内容带进位位循环左移一位示意图

例如,设$(A)=10101010B$,$(C)=0$,执行指令:RLC A 后,$(A)=01010100B$,$(C)=1$。

3. 累加器 A 内容循环右移一位

指令格式:RR A

指令功能:将累加器 A 中的内容循环右移一位,即:$(An)\leftarrow(An+1)$,$(A7)\leftarrow$

（A0），如图 3-4 所示。

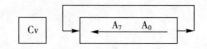

图 3-4　累加器 A 内容循环右移一位示意图

例如，设（A）＝11101111B，执行指令：RR A 后，（A）＝11110111B。

4. 累加器 A 内容带进位位循环右移一位

指令格式：RRC A

指令功能：将累加器 A 中的内容连同进位标志循环右移一位，即：$(A.7) \leftarrow (Cy)$，$(A.n) \leftarrow (A.n+1)$，$(Cy) \leftarrow (A.0)$，如图 3-5 所示。

图 3-5　累加器 A 内容带进位位循环右移一位示意图

例如，设（A）＝11101111B，（C）＝0，执行指令：RRC A 后，（A）＝01110111B，（C）＝1。

3.3.5　位操作指令

位操作指令又称"布尔操作指令"，主要包括以下 4 种类型：

- 位传送指令；
- 位置位和位清 0 指令；
- 位运算指令；
- 位控制转移指令。

1. 位传送指令

指令格式：

```
MOV C,bit        ;(C)←(bit)
MOV bit,C        ;(bit)← (C)
```

指令功能：实现指定位的内容和进位位 C 内容的相互传送。

例 3.18　编程实现 00H 和 7FH 位地址单元中的内容相交换。

解析：

```
MOV C,00H        ;(C)←(00H)
MOV 01H,C        ;(01H)←(C),即 (01H)=(00H)
MOV C,7FH        ;(C)←(7FH)
MOV 00H, C       ;(00H)←(C),即(00H)=(7FH)
MOV C, 01H       ;(C)←(01H)
MOV 7FH, C       ;(7FH)←(C),即(7FH)=(01H)
```

2. 位置位和位清 0 指令

指令格式：

```
SETB C;(C)←1
SETB bit      ;(bit)←1
CLR C         ;(C)←0
CLR bit       ;(bit)←0
```

指令功能：实现指定位 bit 和进位位 C 内容的置 1 和清 0。

3. 位运算指令

指令格式：

```
ANL C,bit     ;(C)←(C)∧bit
ANL C,/bit    ;(C)←(C)∧/bit
ORL C,bit     ;(C)←(C)∨bit
ORL C,/bit    ;(C)←(C)∨/bit
CPL C         ;(C)←(/C)
CPL bit       ;(C)←/bit
```

例 3.19 设 X、Y、Z 均代表位地址，试编写程序满足如下公式：

$$Z=(X)\wedge(/Y)+(/X)\wedge(Y)$$

解析：

```
MOV C, X
ANL C, /Y
MOV Z, C
MOV C, Y
ANL C, /X
ORL C, Z
MOV Z, C
```

4. 位控制转移指令

(1) 以 C 中内容为条件的转移指令(双字节指令)

指令格式：

```
JC rel
```

指令功能：若 C＝1，转移，且(PC)←(PC)＋2＋rel；若 C＝0，不转移，但(PC)←(PC)＋2。

指令格式：

```
JNC rel
```

指令功能：若 C＝0，转移，且(PC)←(PC)＋2＋rel；若 C＝1，不转移，但(PC)←(PC)＋2。

（2）以位地址中内容为条件的转移指令（三字节指令）

指令格式：

　JB bit,rel

指令功能：若（bit）＝1，转移，且（PC）←（PC）＋2＋rel；若（bit）＝0，不转移，但（PC）←（PC）＋2。

指令格式：

　JNB bit,rel

指令功能：若（bit）＝0，转移，且（PC）←（PC）＋2＋rel；若（bit）＝1，不转移，但（PC）←（PC）＋2。

指令格式：

　JBC bit,rel

指令功能：若（bit）＝1，转移，且（PC）←（PC）＋2＋rel,（bit）←0；若（bit）＝0，不转移，但（PC）←（PC）＋2。

3.3.6　程序转移及子程序调用与返回指令

该类指令主要包括以下 4 种类型：

* 无条件转移指令；
* 条件转移指令；
* 子程序调用与返回指令；
* 空操作指令。

1. 无条件转移指令

（1）长转移指令（三字节指令）

指令格式：

　LJMP addr16

指令功能：将 16 位目的地址送程序计数器 PC,（PC）←（PC）＋3,（PC）←addr16。该指令也称"16 位地址的无条件转移指令"。

例如，若标号 MAIN 地址为 2000H，标号 MAI 地址为 3000H，则执行 MAIN：LJMP MAI 指令后,（PC）＝3000H。

说明： 无论长转移指令存放在程序存储器地址空间的什么位置，运行结果都会使程序跳转到 addr16 所代表的地址上去，并且 addr16 所代表的地址可以在 64 K 程序存储器地址空间的任何位置。

（2）绝对转移指令（双字节指令）

指令格式：

　AJMP addr11

指令功能:将 11 位目的地址送到程序计数器 PC 的低 11 位,(PC)←(PC)+2,(PC10)～(PC0)←addr11。该指令也称"短转移指令",是 11 位地址的无条件转移指令。

说明:由于 addr11 是一个 11 位二进制地址,则地址范围为:000 0000 0000B～111 1111 1111B,即寻址范围是:$2^{11}=2$ KB。而 addr16 是一个 16 位二进制地址,则地址范围为:0000 0000 0000 0000B～1111 1111 1111 1111B,即寻址范围是:$2^{16}=64$ KB。

例 3.20 试判断如下指令执行后,程序计数器 PC 的值。

2070H:AJMP 16AH

解析:(PC)初=2070H,PC 内容加 2,则:(PC)=2072H=0010 0000 0111 0010B。PC 高 5 位为:0010 0B,addr11 的 11 位为:16AH=001 0110 1010B。合并后新的 PC 值为:0010 0001 0110 1010B=216AH。

例 3.21 设(KWR)=3100H,addr11=101 1010 0101B,问执行如下指令后新的 PC 值。

KWR:AJMP addr11

解析:(PC)初=3100H,PC 内容加 2,则:(PC)=3102H。PC 高 5 位为:0011 0B,addr11 的 11 位为:101 1010 0101B。合并后新的 PC 值为:0011 0101 1010 0101B=35A5H。

(3) 相对转移指令(双字节指令)

指令格式:

SJMP rel

指令功能:rel 作为相对转移指令中的偏移量,与 PC 中内容相加作为转移目的地址,(PC)←(PC)+2,(PC)←(PC)+rel。其中,rel 为 8 位带符号补码数(即转移的为 rel 的原码)。转移目的地址=(PC)+02H+rel。

例 3.22 试计算如下指令执行后 PC 的值。

① 835AH:SJMP 35H

② 835AH:SJMP E7H

解析:

① (PC)初=835AH,转移目的地址=835AH+02H+35H=8391H。

② (PC)初=835AH,转移目的地址=835AH+02H-19H=8343H。

说明:当 rel 为正数时,向后转移;当 rel 为负数时,向前转移。此外,在汇编语言程序中,为等待中断或程序结束,常有使程序"原地踏步"的需要,对此可使用指令:

HERE:SJMP HERE

或

SJMP $

（4）变址转移指令（单字节指令）

指令格式：

　JMP@A+DPTR

指令功能：累加器 A 中的 8 位无符号数与数据指针 DPTR 中的 16 位数相加，结果作为转移地址送程序计数器 PC,(PC)←(A)+(DPTR),该条指令可根据 A 中不同的内容实现多分支转移。

2. 条件转移指令

（1）累加器 A 内容判零转移指令（双字节指令）

指令格式：

　JZ rel

指令功能：若(A)=00H,转移,且(PC)←(PC)+2+rel;若(A)≠00H,程序顺序执行,(PC)←(PC)+2。

指令格式：

　JNZ rel

指令功能：若(A)≠00H,转移,且(PC)←(PC)+2+rel;若(A)=00H,程序顺序执行,(PC)←(PC)+2。

例 3.23　已知外部 RAM 中以 DATA1 为起始地址的数据块以零为结束标志,试通过编程将之传送到以 DATA2 为起始地址的内部 RAM 区。

解析：

```
ORG 0500H
MOV R0, ♯DATA1
MOV R1, ♯DATA2
LOOP: MOVX A, @R0
JZ DONE              ;若 A 中内容为 0,程序转移至标号为 DONE 处执行
MOV @R1, A           ;若 A 中内容不为 0,则程序顺序执行
INC R0
INC R1
SJMP LOOP            ;相对转移
DONE: SJMP $
END
```

（2）比较条件转移指令（三字节指令）

指令格式：

　CJNE A,♯data,rel

指令功能：若(A)=data,则(PC)←(PC)+3,程序顺序执行;若(A)≠data,则(PC)←(PC)+3+rel,程序转移。即,当累加器 A 中内容与立即数 data 不相等时,程序转移。

指令格式：

```
CJNE Rn,#data,rel
```

指令功能：若(Rn)＝data,则(PC)←(PC)＋3,程序顺序执行;若(Rn)≠data,则(PC)←(PC)＋3＋rel,程序转移。即,当寄存器 Rn 中内容与立即数 data 中内容不相等时,程序转移。

指令格式：

```
CJNE A,direct,rel
```

指令功能：若(A)＝(direct),则(PC)←(PC)＋3,程序顺序执行;若(A)≠(direct),则(PC)←(PC)＋3＋rel,程序转移。即,当累加器 A 中内容与直接地址单元中内容不相等时,程序转移。

指令格式：

```
CJNE @Ri,#data,rel
```

指令功能：若((Ri))＝data,则(PC)←(PC)＋3,程序顺序执行;若((Ri))≠data,则(PC)←(PC)＋3＋rel,程序转移。即,当((Ri))中内容与立即数 data 中内容不相等时,程序转移。

说明：以上 4 条比较转移指令均会影响 PSW 中的进位标志位 C。比较操作的指令实际上就是进行减法操作,但不保存两数之差,只形成 C 标志位。

以"CJNE A,#data,rel"为例：

- 当(A)＝data 时,程序不转移,C＝0;
- 当(A)＞data 时,程序转移,且表示累加器 A 中内容足够减立即数 data,C＝0;
- 当(A)＜data 时,程序转移,且表示累计器 A 中内容不够减立即数 data,C＝1。

(3) 减 1 条件转移指令

指令格式：

```
DJNZ Rn,rel
```

指令功能：(Rn)←(Rn)－1,若(Rn)≠0,程序转移,且(PC)←(PC)＋02H＋rel;若(Rn)＝0,程序顺序执行,且(PC)←(PC)＋02H。

指令格式：

```
DJNZ direct,rel
```

指令功能：(direct)←(direct)－1,若(direct)≠0,程序转移,且(PC)←(PC)＋03H＋rel;若(direct)＝0,程序顺序执行,且(PC)←(PC)＋03H。

例 3.24　将内部 RAM 从 30H 单元开始的 16 个数清零。

解析：

```
MOV R0,#30H
MOV R7,#10H
```

```
    CLR A
    LOOP：MOV @R0，A
    INC R0
    DJNZ R7，LOOP          ;(R7)-1≠0,转移至 LOOP
        SJMP $
```

3. 子程序调用和返回指令

(1) 长调用指令（三字节指令）

指令格式：

LCALL addr16

指令功能：addr16 为子程序入口地址，执行指令后，从 addr16 处开始执行子程序，子程序执行完毕再返回主程序。即：

$(PC) \leftarrow (PC) + 3$,

$(SP) \leftarrow (SP) + 1, ((SP)) \leftarrow (PC)_{7\sim0}$,

$(SP) \leftarrow (SP) + 1, ((SP)) \leftarrow (PC)_{15\sim8}$,

$(PC) \leftarrow addr16$。

(2) 绝对调用指令（双字节指令）

指令格式：

ACALL addr11

指令功能：addr11 为子程序入口地址，执行指令后，从 addr11 处开始执行子程序，子程序执行完毕再返回主程序。即：

$(PC) \leftarrow (PC) + 2$,

$(SP) \leftarrow (SP) + 1, ((SP)) \leftarrow (PC)_{7\sim0}$,

$(SP) \leftarrow (SP) + 1, ((SP)) \leftarrow (PC)_{15\sim8}$,

$(PC)_{10\sim0} \leftarrow addr11$。

(3) 返回指令

指令格式：

RET

RETI

指令功能：RET 专用于子程序返回指令，只能用于子程序末尾；RETI 专用于中断返回指令，只能用于中断服务程序末尾。

4. 空操作指令

指令格式：

NOP

指令功能：程序计数器 PC 内容加 1,$(PC) \leftarrow (PC) + 1$,不进行任何操作。

3.4 MCS-51汇编语言程序设计

3.4.1 汇编语言程序设计的步骤

根据任务要求,采用汇编语言编制程序的过程称为"汇编语言程序设计"。

汇编语言程序设计的步骤:

① 分析设计任务书;

② 建立数学模型;

③ 确定算法;

④ 分配内存单元,编制程序流程图;

⑤ 编制源程序:进一步合理分配存储器单元和了解 I/O 接口地址;按功能设计程序,明确各程序之间的相互关系;用注释行说明程序,便于阅读、调试和修改程序;

⑥ 上机调试;

⑦ 程序优化。

3.4.2 顺序程序设计

顺序结构程序是最简单、最基本的程序。程序按编写的顺序依次往下执行每一条指令,直到最后一条。它能够解决某些实际问题或成为复杂程序的子程序。

例 3.25 片内 RAM 的 21H 单元存放一个十进制数据十位的 ASCII 码,22H 单元存放该数据个位的 ASCII 码。编写程序将该数据转换成压缩 BCD 码存放在 20H 单元。

解析:

```
ORG 0000H
LJMP START
ORG 0040H
START:  MOV 21H,#33H
        MOV 22H,#36H
        MOV A,21H            ;取十位 ASCII 码
        ANL A,#0FH           ;保留低半字节
        SWAP A               ;移至高半字节
        MOV 20H,A            ;存于 20H 单元
        MOV A,22H            ;取个位 ASCII 码
        ANL A,#0FH           ;保留低半字节
        ORL 20H,A            ;合并到结果单元
        SJMP $
        END
```

说明:本题要知道 0~9 数字 ASCII 码的关系,以及压缩 BCD 码的概念。

例 3.26 已知 RAM 的 20H 有一整数(0～9)，编写查表程序，查出它的平方，并存入 21H 单元。

解析：

```
        ORG 0000H
        LJMP START
        ORG 0040H
START:  MOV 20H,#5
        MOV DPTR,#TAB                    ;将表的首地址传送至 DPTR
        MOV A,20H
        MOVC A,@A+DPTR
                ;将表的首地址加上 20H 单元的值作为地址所对应的单元的值传送至 A
        MOV 21H,A
        SJMP $
TAB:    DB 0,1,4,9,1 6,25,36,49,64,81    ;在程序存储器中定义的 0～9 平方表
        END
```

说明：通过本例学会如何访问程序存储器以及查表程序编写的一般方法。

3.4.3　分支程序设计

根据不同的条件，确定程序的执行顺序。它主要依靠条件转移指令、比较转移指令和位转移指令来实现。分支程序一般分为单分支、双分支以及多分支程序。

分支程序的设计要点如下：

① 先建立可供条件转移指令测试的条件。

② 选用合适的条件转移指令。

③ 在转移的目的地址处设定标号。

例 3.27 已知 R7 中有一整数，若为奇数则加 1。

解析：这是一个单分支结构问题。但需要注意的是，在汇编语言程序设计中，对单分支结构的实现与高级语言不一样。在高级语言中，一般为如果条件成立则执行什么操作。而汇编语言中的指令是：如果满足条件，程序将不再按顺序执行下一条指令，而是转移到指定的位置去执行。也就是说，若条件满足，则进行转移；若条件不满足，则按序执行下一条指令。所以要正确使用转移指令。

```
        ORG 0000H
        LJMP START
        ORG 0040H
START:  MOV R7,#53
        MOV A,R7
        ANL A,#01H
```

```
        JZ NEXT         ;若 ANL 运算结果为 0(为偶数),则转移到 NEXT
        INC R7          ;若 JZ 条件不成立,则为奇数时,该语句得到执行
NEXT:   SJMP $
        END
```

例 3.28 已知 R7 中有一整数,若为奇数则加 1,若为偶数则减 1。

解析:这是一个典型的双分支结构问题。解决这一双分支结构问题,一方面要注意若条件成立则转移,另一方面要注意在条件成立时,执行一分支,条件不成立时执行另一分支。体会以下程序中 LJMP NEXT2 指令的作用。

```
        ORG 0000H
        LJMP START
        ORG 0040H
START:  MOV R7,#53
        MOV A,R7
        ANL A,#01H
        JZ NEXT
        INC R7
        LJMP NEXT2
NEXT:   DEC R7
NEXT2:  SJMP $
        END
```

例 3.29 设变量 x 以补码的形式存放在片内 RAM 的 30H 单元,变量 y 与 x 的关系是:当 $x>0$ 时,$y=x-3$;当 $x=0$ 时,$y=20H$;当 $x<0$ 时,$y=x+5$。编制程序,根据 x 的大小求 y,并送回原单元(多分支结构)。

解析:这是一典型的多分支结构问题。以下程序是采用逻辑分解法实现的多分支程序。一方面要体会 LJMP QUIT 指令的作用,另一方面要会构造分支条件。

```
        ORG 0000H
        LJMP START
        ORG 0040H
START:  MOV 30H,#5
        MOV A,30H        ;取 x 至累加器
        JZ NEXT          ;x=0,转 NEXT
        ANL A,#80H       ;否,保留符号位
        JZ ZH            ;x>0,转 ZH
        MOV A,#05H       ;否则 x<0
        ADD A,30H
        LJMP QUIT
ZH:     MOV A,30H
        CLR C
```

```
            SUBB A,#3
            MOV 30H,A
            LJMP QUIT
NEXT:       MOV 30H,#20H        ;x=0,20H送y
QUIT:       SJMP $
            END
```

3.4.4 循环程序设计

当程序中含有可以重复执行的程序段（循环体）时，采用循环程序可以有效地缩短程序，减少程序占用的内存空间，使程序的结构紧凑、可读性好。

循环程序一般由以下 4 部分组成：

① 循环初始化。位于循环程序开头，用于完成循环前的准备工作，如设置各工作单元的初始值以及循环次数。

② 循环体。循环程序的主体，位于循环体内，是循环程序的工作程序，在执行中会被多次重复使用。要求编写得尽可能简练，以提高程序的执行速度。

③ 循环控制。位于循环体内，一般由循环次数修改、循环修改和条件语句等组成，用于控制循环次数和修改每次循环时的参数。

④ 循环结束。用于存放执行循环程序所得的结果，以及恢复各工作单元的初值。

循环程序的结构：

① 先循环处理，后循环控制（即先处理后控制）。如图 3-6（a）所示。

② 先循环控制，后循环处理（即先控制后处理）。如图 3-6（b）所示。

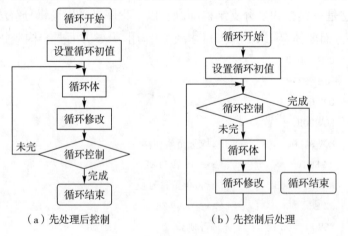

（a）先处理后控制   （b）先控制后处理

图 3-6　循环程序的结构

例 3.30　将内部 RAM 的 30H 至 3FH 单元初始化为 00H。

解析：这是一单循环结构。在汇编语言程序设计中也涉及循环初始化、循环变量、循环体等相关概念以及循环结束的判断指令。要深入体会"DJNZ R7，LOOP"指令的作用。

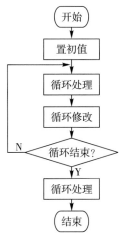

图 3-7 例 3.30 的流程图

```
        ORG 0000H
        LJMP START
        ORG 0040H
MAIN:   MOV R0,♯30H      ;置初值
        MOV A,♯00H
        MOV R7,♯16       ;置循环变量初值
LOOP：  MOV @R0,A         ;循环处理
        INC R0
        DJNZ R7,LOOP      ;循环修改,判断是否结束
        SJMP $            ;结束处理
        END
```

例 3.31 将内部 RAM 起始地址为 60H 的数据串传送到外部 RAM 中起始地址为 1000H 的存储区域,直到发现′$′字符停止传送。

解析:

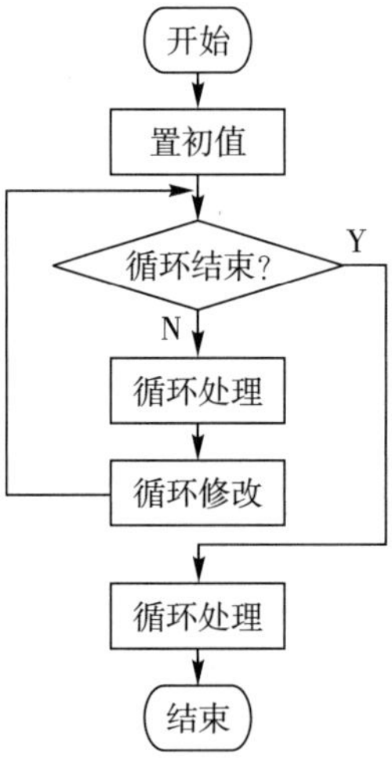

图 3-8 例 3.31 的程序流程图

```
                ORG 0000H
                LJMP START
                ORG 0040H
MAIN:     MOV R0,#60H              ;置初值
                MOV DPTR,#1000H
LOOP0:    MOV A,@R0                ;取数据
                CJNE A,#24H,LOOP1        ;循环结束?
                SJMP DONE               ;是
LOOP1:    MOVX @DPTR,A             ;循环处理
                INC R0                  ;循环修改
                INC DPTR
                SJMP LOOP0              ;继续循环
DONE:     SJMP DONE               ;结束处理
                END
```

例 3.32　已知 ROM 中有一字符串"ASDFGAAASD",编程统计 A 的个数并存入 RAM 中的 30H 单元。

解析:这是一单循环内嵌单分支结构的程序。

```
                ORG 0000H
                LJMP START
                ORG 0040H
START:    MOV 30H,#0
                MOV DPTR,#BUF
                MOV R7,#10
NEXT:     CLR A
                MOVC A,@A+DPTR
                CJNE A,#41H, LOOP1
                INC 30H
LOOP1:    INC DPTR
                DJNZ R7,NEXT
                SJMP $
BUF:      DB "ASDFGAAASD"
                END
```

例 3.33　已知 ROM 中有 10 个整数:−1、2、32、12、−5、−6、7、8、−1、15,编程实现将其中正数存入 RAM 中 30H 开始的单元,负数存入 RAM 中 40H 开始的单元。

解析:这是一单循环内嵌双分支结构的程序。

```
                ORG 0000H
                LJMP START
```

```
              ORG 0040H
START:        MOV DPTR,♯BUF
              MOV R7,♯10
              MOV R0,♯30H
              MOV R1,♯40H
NEXT:         CLR A
              MOVC A,@A+DPTR
              MOV 50H,A
              ANL A,♯80H
              JZ ZH
              MOV @R1,50H
              INC R1
              LJMP AGAIN
ZH:           MOV @R0,50H
              INC R0
AGAIN:INC DPTR
              DJNZ R7,NEXT
              SJMP $
BUF:          DB-1,2,32,12,-5,-6,7,8,-1,15
              END
```

3.4.5　子程序设计

能够完成确定任务,并能被其他程序反复调用的程序段称为"子程序"。调用子程序的程序叫做"主程序"或"调用程序"。

子程序可以多次重复使用,避免重复性工作,缩短整个程序,节省程序存储空间,有效地简化程序的逻辑结构,便于程序调试。

1.子程序的调用与返回

主程序调用子程序的过程:在主程序中需要执行这种操作的地方执行一条调用指令(LCALL 或 ACALL),转到子程序,而完成规定的操作后,再在子程序最后应用 RET 返回指令返回到主程序断点处,继续执行下去。

(1) 子程序的调用

子程序的第一条指令地址称为"子程序的入口地址",常用标号表示。单片机收到 ACALL 或 LCALL 指令后,首先将当前的 PC 值(调用指令的下一条指令的首地址)压入堆栈保存(低 8 位先进栈,高 8 位后进栈),然后将子程序的入口地址送入 PC,转去执行子程序。

(2) 子程序的返回

子程序执行完毕后,返回主程序的地址称为"主程序的断点地址",它在堆栈中保存。子程序执行到 RET 指令后,将压入堆栈的断点地址弹回给 PC(先弹回 PC 的高 8 位,后弹回 PC 的低 8 位),使程序回到原先被中断的主程序地址(断点地址)去继续执行。

注意:中断服务程序是一种特殊的子程序,它是在计算机响应中断时,由硬件完成调用而进入相应的中断服务程序。RET 指令与 RETI 指令相似,区别在于 RET 是从子程序返回,RETI 是从中断服务程序返回。

2. 保存与恢复寄存器内容

(1) 保护现场

主程序转入子程序后,保护主程序的信息不会在运行子程序时丢失的过程称为"保护现场"。保护现场通常在进入子程序的开始时,由堆栈指令完成。如:

```
PUSH PSW
PUSH ACC
…
```

(2) 恢复现场

从子程序返回时,将保存在堆栈中的主程序的信息还原的过程称为"恢复现场"。恢复现场通常在从子程序返回之前将堆栈中保存的内容弹回各自的寄存器。如:

```
…
POP ACC
POP PSW
RET
```

3. 子程序的参数传递

主程序在调用子程序时传送给子程序的参数和子程序结束后送回主程序的参数统称为"参数传递"。

子程序需要的原始参数称为"入口参数"。主程序在调用子程序前将入口参数送到约定的存储器单元(或寄存器)中,然后子程序从约定的存储器单元(或寄存器)中获得这些入口参数。

子程序根据入口参数执行程序后获得的结果参数称为"出口参数"。子程序在结束前将出口参数送到约定的存储器单元(或寄存器)中,然后主程序从约定的存储器单元(或寄存器)中获得这些出口参数。

传送子程序参数的方法:

① 应用工作寄存器或累加器传递参数。其优点是程序简单、运算速度较快,缺点是工作寄存器有限。

② 应用指针寄存器传递参数。其优点是能有效节省传递数据的工作量,并可实现可变长度运算。

③ 应用堆栈传递参数。其优点是简单,能传递的数据量较大,不必为特定的参数分配存储单元。

④ 利用位地址传送子程序参数。

4. 子程序的嵌套

在子程序中若再调用子程序,称为"子程序的嵌套"。MCS-51单片机允许多重嵌套。

5. 编写子程序时应注意的问题

编写子程序时应注意以下问题:

① 子程序的入口地址一般用标号表示,标号习惯上以子程序的任务命名。例如,延时子程序常以 DELAY 作为标号。

② 主程序通过调用指令调用子程序,子程序返回主程序之前,必须执行子程序末尾的一条返回指令 RET。

③ 单片机能自动保护和恢复主程序的断点地址。但对于各工作寄存器、特殊功能寄存器和内存单元的内容,必须通过保护现场和恢复现场实现保护。

④ 子程序内部必须使用相对转移指令,以便子程序可以放在程序存储器 64 KB 存储空间的任何子域并能为主程序调用,汇编时生成浮动代码。

⑤ 子程序的参数传递方法同样适用于中断服务程序。

例 3.34　编制程序实现 $c = a^2 + b^2$,(a,b 均为 1 位十进制数)。

解析:计算某数的平方可采用查表的方法实现,并编写成子程序。只要两次调用子程序,并求和就可得运算结果。设 a,b 分别存放于片内 RAM 的 30H、31H 两个单元中,结果 c 存放于片内 RAM 的 40H 单元。程序流程图如图 3-9 所示。

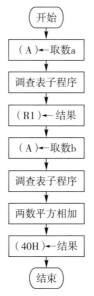

图 3-9　例 3.34 的程序流程图

主程序如下：

```
        ORG 1000H
SR:     MOV A,30H            ;将 30H 中的内容 a 送入 A
        ACALL SQR            ;转求平方子程序 SQR 处执行
        MOV R1,A             ;将 a² 结果送 R1
        MOV A,31H            ;将 31H 中的内容 b 送入 A
        ACALL SQR            ;转求平方子程序 SQR 处执行
        ADD A,R1             ;a² + b² 结果送 A
        MOV 40H,A            ;结果送 40H 单元中
        SJMP $               ;程序执行完
```

求平方子程序如下（采用查平方表的方法）：

```
SQR:    MOV DPTR, # TABLE
        MOVC A,@A+DPTR
        RET
TABLE: DB 0,1,4,9,16
        DB 25,36,49,64,81
        END
```

3.4.6 汇编语言的开发环境

1. 单片机开发系统

单片机开发系统在单片机应用系统设计中占有重要的位置，是单片机应用系统设计中不可缺少的开发工具。

在单片机应用系统设计的仿真调试阶段，必须借助于单片机开发系统进行模拟，调试程序，检查硬件、软件的运行状态，并随时观察运行的中间过程而不改变运行中的原有数据，从而实现模拟现场的真实调试。

单片机开发系统应具备的功能：

① 方便地输入和修改用户的应用程序。

② 对用户系统硬件电路进行检查和诊断。

③ 将用户源程序编译成目标代码并固化到相应的 ROM 中去，并能在线仿真。

④ 以单步、断点、连续等方式运行用户程序，能正确反映用户程序执行的中间状态，即能实现动态实时调试。

目前，常用的MCS-51开发系统有 Keil μVision集成开发环境及 Medwin 集成开发环境等。

2. 汇编语言的编辑与汇编

(1) 汇编语言的编辑

编写程序，并以文件的形式存于磁盘中的过程称为"源程序的编辑"。编辑好

的源程序应以".ASM"扩展名存盘,以备汇编程序调用。利用计算机中常用的编辑软件(EDLIN、PE等)或利用开发系统中提供的编辑环境可以在计算机上进行源程序的编辑。

(2) 汇编语言的汇编

把汇编语言源程序翻译成目标代码(机器码)的过程称为"汇编"。汇编语言源程序的汇编分为人工汇编和机器汇编。

人工汇编是指人直接把汇编语言源程序翻译成机器码的过程。其特点是简单易行,但效率低、出错率高。

机器汇编是利用软件(称为"汇编程序")自动把汇编语言源程序翻译成目标代码的过程,汇编工作由计算机完成。一般的单片机开发系统中都能实现汇编语言源程序的汇编。源程序经过机器汇编后,形成目标码文件(.OBJ),最后连接生成可执行文件(.EXE)。

3. 汇编语言的调试

(1) 单片机开发系统的调试功能

① 运行控制功能。

② 对应用系统状态的读出功能。

③ 跟踪功能。

(2) 常见的软件错误

① 语法错误:是指在编辑应用指令时所产生的错误,如指令格式错误等。

② 逻辑错误:主要是设计思想或算法导致不能实现软件功能的错误。

语法错误一般在程序汇编时由汇编程序指出。逻辑错误要分析才能判断问题所在,一般可通过设置断点的方法进行排查。

本章小结

51单片机指令系统有数据传送(29条)、算术运算(24条)、逻辑及移位运算(24条)、控制转移(17条)、位操作(17条)5大类,共计111条指令,其中单字节指令49条,双字节指令45条,三字节指令17条,这其中,有57条单指令周期指令、52条双指令周期指令和2条四指令周期指令。

51单片机支持立即数寻址、直接寻址、寄存器寻址、寄存器间接寻址、变址寻址、相对寻址、位寻址等寻址方式。

数据传送类指令是指令系统中应用最普遍的指令,这类指令是把源地址单元的内容传送到目的地址单元中去,而源地址单元内容不变。数据传送指令分为内部数据传送指令、累加器和外部RAM传送指令、查表指令、堆栈操作指令等。外部RAM数据传送指令只能通过累加器A进行,没有两个外部RAM单元之间直接传送数据的指令。数据传送类指令中还包含了一种交换指令，能将源地址单元和目的地址单元内容互换。

算术运算指令可以完成加、减、乘、除和加 1、减 1 等运算。加、减、乘、除指令要影响 PSW 中的标志位 CY、AC、OV。乘除运算只能通过累加器 A 和 B 寄存器进行。如果是进行 BCD 码运算，在加法指令后面还要紧跟一条十进制调整指令"DAA"。它可以根据运算结果自动进行十进制调整，使结果满足 BCD 码运算规则。

逻辑运算和移位操作指令可以实现包括清 0、置 1、取反、逻辑与、逻辑或、逻辑异或等逻辑运算和循环移位操作。逻辑运算是将对应的存储单元按位进行逻辑操作，将结果保存在累加器 A 中或者是某一个直接寻址存储单元中。如果操作的直接寻址单元是端口 P0～P3，则实质为端口的"读→改→写"指令，即将端口的内容读入 CPU 进行逻辑运算，然后再回写到端口，端口引脚的状态随即会改变为新状态。

控制转移类指令是用来控制程序流程的，使用控制转移指令可以实现分支、循环等程序结构。51 单片机的控制转移指令分为无条件转移指令、条件转移指令、子程序调用和返回指令。在使用转移指令和调用指令时要注意转移范围和调用范围。绝对转移和绝对调用的范围是指令下一个存储单元所在的 2 KB 空间。长转移和长调用的范围是 64 KB 空间。采用相对寻址的转移指令转移范围是 256 B。

位操作指令又称为"布尔操作指令"，这类指令是对某一个可寻址位进行清 0、取反等操作，或者是根据位的状态进行控制转移。位操作指令采用的是位寻址方式，位寻址的寻址空间分为两部分：一是内部 RAM 中的位寻址区，即内部 RAM 的 20H～2FH 单元，一共 128 位，位地址是 00H～7FH；二是字节地址能被 8 整除的特殊功能寄存器的可寻址位，共 83 位。

利用 51 单片机的指令，可编写汇编语言程序。汇编语言的大部分语句直接对应着机器指令，执行速度快，效率高，代码体积小，在那些存储器容量有限，需要快速和实时响应的场合比较有用，比如仪器仪表和工业控制设备中。其次，在系统程序的核心部分，以及与系统硬件频繁打交道的部分，可以使用汇编语言。比如操作系统的核心程序段、I/O 接口电路的初始化程序、外部设备的低层驱动程序，以及频繁调用的子程序、动态链接库、某些高级绘图程序、视频游戏程序等。

汇编语言也有它的不足，在用它编写程序时，必须熟悉机器的指令系统、寻址方式、寄存器设置和使用方法，开发效率低。编出的程序也只适用于某一系列的 CPU 和目标电路，可移植性差，可维护性差，还难于调试。

本章习题

1. 写出指令执行后的执行结果和寻址方式。

```
MOV A, 50H
MOV 50H, 66H
MOV 66H, @R0          ;(R0)=01H
MOV A, ♯40H
MOV A, R0             ;(R0)=01H
MOV R5, 50H
```

2. 将片内 RAM 30H 单元的内容送入累加器 A 中,写出相应的指令。

3. 将片内 30H RAM 单元的内容送入片内 RAM50H 单元中,写出相应的指令。

4. 设(R0)=30H,(30H)=76H,(A)=35H,分析下列各条指令执行的结果。

```
XCH A, R0
XCH A, @R0
XCH A, 30H
XCHDA, @R0
SWAP A
```

5. 试根据下列程序段,写出指令执行结束后,R0 中的内容是什么?

```
MOV R0, ♯72H
XCH A, R0
SWAP A
XCH A, R0
```

6. 已知(A)=83H,(R0)=17H,(17H)=34H,写出执行下列程序后 A 中内容。

```
ANL A, ♯17H
ORL 17H, A
XRL A, @R0
CPL A
```

7. 已知(31H)=32H,(32H)=34H,(41H)=56H,(42H)=78H,请分析下列程序中各条指令执行后,存储单元 31H、32H、41H、42H 和寄存器 A、R0、P1、DPTR、P2 中的内容,并注释每条指令。

```
MOV A, 41H
MOV R0,A
MOV P1, ♯BBH
MOV @R0,31H
MOV DPTR, ♯1234H
```

```
MOV 41H,32H
MOV R0,31H
MOV 60H,R0
MOV 42H,♯41H
MOV A,@R0
MOV P2,P1
```

8. 设(A)＝C3H，数据指针低位(DPL)＝ABH，CY＝1，请给出执行指令"ADDC A,DPL"后 A、CY、OV、AC、P 的内容。

9. 若(10H)＝12H，(11H)＝34H，(12H)＝56H，(13H)＝78H，(14H)＝00H，(15H)＝00H，则下列程序段执行后(14H)、(15H)中各是什么内容？

```
MOV A, 11H
ADD A, 13H
MOV 15H, A
MOV A, 10H
ADDC A, 12H
MOV 14H, A
```

10. 设(10H)＝01H，(11H)＝02H，(12H)＝03H，给出如下程序段执行后(10H)、(11H)、(13H)中的结果。

```
MOV A,10H
PUSH 11H
PUSH 12H
POP 10H
POP 11H
MOV 13H,A
```

11. 编写一个软件延时的程序段，要求延时 20 ms。提示：由于 DJNZR1、DELAY 为双字节双周期指令，当单片机主频为 12 MHz 时，执行一次该指令需 24 个振荡周期，约 2 μs。

12. 编制程序将片内 RAM 的 30H～4FH 单元中的内容传送至片外 RAM 的 2000H 开始的单元中。

13. 用循环结构编写一段程序实现 1＋2＋3＋4＋5＋6＋7＋8＋9＋10，把和存放在 R1 中。

第4章 单片机的 C51 语言程序设计

本章目标

- 掌握 C51 数据类型、存储器类型与存储模式等
- 掌握 C51 程序设计的基本方法
- 掌握 C51 中断函数的使用方法
- 掌握 Keil 软件的使用方法

在单片机应用系统开发过程中,应用程序设计是整个应用系统开发的重要组成部分。目前,单片机应用系统一般不采用"操作系统＋应用程序"的模式,而是主要以应用程序直接管理硬件资源的方式进行开发,这种方式又被称为"裸机"开发模式。

单片机应用程序以往主要是采用汇编语言编写的。采用汇编语言编写的应用程序可直接使用系统的硬件资源,运行速度快,代码存储空间小,程序效率较高。但汇编语言难学、可读性差、修改调试困难,且编写比较复杂的程序有一定的难度,开发周期长。

应用开发要求编程人员在短时间内编写出执行效率高、运行可靠的程序代码;同时,实际系统日趋复杂,为方便多个工程师协同开发,对程序的可读性、升级与维护以及模块化的要求也越来越高。为了适应上述需求,现多采用 C51 语言编写单片机应用程序。

C51 语言是近年来在 51 单片机开发中普遍使用的一种程序设计语言,是在标准 C(ANSI C)基础上为满足单片机应用程序开发而发展来的。C51 能直接对单片机硬件进行操作,既有高级语言的特点,又有汇编语言的特点,因此在单片机应用程序设计中,得到非常广泛的使用。C51 在数据类型、变量存储模式、输入/输出处理、函数等方面与标准的 C 语言有一定的区别,而在语法规则、程序结构及程序设计方法方面与标准的 C 语言相同,学习时要注意其中的差别。

本章主要介绍 C51 语言的基础知识以及 C51 集成开发环境 Keil μVision 的使用。

4.1 C51 语言概述

4.1.1 C51 语言与 C 语言

C 语言是由早期的 BCP1 语言发展而来的。1967 年,剑桥大学的理查兹

（Martin Richards）在对 CP1 语言进行简化的基础上设计了 BCP1（Basic Combined Programming Language）语言。1970 年，美国贝尔实验室的汤普森（Ken Thompson）以 BCP1 语言为基础，设计出简单且接近硬件的 B 语言。1972 年，美国电话电报公司（AT&T）贝尔实验室的里奇（D. M. Ritchie）又以 B 语言为基础，最终设计出了 C 语言，1978 年，美国贝尔实验室正式发表了 C 语言。同时由 B. W. Kernighan 和 D. M. Ritchie 合著了著名的《THE C PROGRAMMING LANGUAGE》一书。通常简称为《K&R》，也有人称之为《K&R 标准》。但是，在《K&R》中并没有定义一个完整的标准 C 语言。后来，美国国家标准协会（American National Standards Institute）在此基础上制定了一个 C 语言标准，于 1983 年发表。人们通常称之为 "ANSI C"。ANSI C 在被国际标准化组织 ISO 所接受后，又经过多次修正，形成了目前的 C 语言标准。

C51 语言是在标准 C 的基础上针对 51 单片机的硬件特点进行的扩展，经多年努力，C51 语言已成为公认的高效、简洁的 51 单片机的实用高级编程语言。为了和 ANSI C 区别，把 51 单片机 C 语言称为 "C51 语言"。

C51 的基本语法与标准 C 相同，C51 在标准 C 的基础上进行了适合于 51 系列单片机硬件的扩展。深入理解 C51 对标准 C 的扩展部分以及二者的不同之处，是掌握 C51 语言的关键。

C51 与标准 C 的主要区别如下：

① 库函数不同。标准 C 中的部分库函数不适合于嵌入式控制器系统，被排除在 C51 之外，如字符屏幕和图形函数。有些库函数可继续使用，但这些库函数都必须针对 51 单片机的硬件特点做出相应的开发。例如，库函数 printf 和 scanf，在标准 C 中，这两个函数通常被用于屏幕打印和接收字符；而在 C51 中，它们主要被用于串行口数据的收发。

② 数据类型有一定的区别。在 C51 中，增加了几种针对 51 单片机特有的数据类型。例如，51 单片机包含位操作空间和丰富的位操作指令，因此，C51 语言与标准 C 相比就要增加位类型。

③ C51 的变量存储模式与标准 C 中的变量存储模式数据不一样。标准 C 是为通用计算机设计的，计算机中只有一个程序和数据统一寻址的内存空间，而 C51 中变量的存储模式与 51 单片机的存储器紧密相关。

④ 数据存储类型的不同。51 单片机存储区可分为内部数据存储区、外部数据存储区以及程序存储区。内部数据存储区可分为 3 个不同的 C51 存储类型：data、idata 和 bdata。外部数据存储区分为 2 个不同的 C51 存储类型：xdata 和 pdata。程序存储区只能读不能写，C51 提供了 code 存储类型来访问程序存储区。

⑤ 标准 C 语言没有处理单片机中断的定义。C51 中有专门的中断函数。

⑥ C51 语言与标准 C 语言的输入/输出处理不一样。C51 语言中的输入/输出是通过 51 单片机的串行口来完成的,输入/输出指令执行前必须对串行口进行初始化。

⑦ 头文件的不同。C51 语言与标准 C 头文件的差异是,C51 头文件必须把 51 单片机内部的外设硬件资源,如定时器、中断、I/O 等,所相应的功能寄存器写入头文件内。

⑧ 程序结构的差异。由于 51 单片机硬件资源有限,因此它的编译系统不允许太多的程序嵌套。其次,标准 C 所具备的递归特性不被 C51 语言支持。

但是从数据运算操作、程序控制语句以及函数的使用上来说,C51 与标准 C 几乎没有什么明显的差别。如果程序设计者具备了有关标准 C 的编程基础,只要注意 C51 与标准 C 的不同之处,并熟悉 51 单片机的硬件结构,就能够较快地掌握 C51 的编程。

4.1.2　C51 语言与汇编语言

与汇编语言相比,用 C51 语言进行单片机应用系统开发,有如下优点:

① 可读性好。C51 语言程序比汇编语言程序的可读性好,因而编程效率高,程序便于修改、维护以及程序升级。

② 模块化开发与资源共享。C51 开发的模块可直接被其他项目所用,能很好地利用已有的标准 C 程序资源与丰富的库函数,减少重复劳动,也有利于多个工程师的协同开发。

③ 可移植性好。为某种类型单片机开发的 C51 程序,只需将与硬件相关之处和编译链接的参数进行适当修改,就可方便地移植到其他型号的单片机上。例如,为 51 单片机编写的程序通过改写头文件以及少量的程序行,就可以方便地移植到 PIC 单片机上。

4.2　C51 数据类型、存储器类型及存储模式

4.2.1　C51 数据类型

数据是单片机操作的对象,是具有一定格式的数字或数值。数据的不同格式被称为"数据类型"。C51 常用的基本数据类型有无符号字符型、有符号字符型、无符号整型、有符号整型、无符号长整型、有符号长整型、浮点型、指针型,这些类型和标准 C 相同。需注意在 C51 编译器中 int 和 short 相同,float 和 double 相同,针对 51 单片机的硬件特点,C51 在标准 C 的基础上,扩展了 4 种数据类型:

bit、sbit、sfr、sfr16（见表 4-1）。

表 4-1　C51 编译器能够识别的基本数据类型

数据类型	长度（byte）	数据表示域
unsigned char	1	0～255
signed char	1	−128～+127
unsigned int	2	0～65535
signed int	2	−32768～+32768
unsigned long	4	0～4294967295
signed long	4	−2147483648～+2147483647
float	4	$\pm 1.17549E-38$～$\pm 3.402823E-38$
＊（指针型）	1～3	对象地址
bit	1	0 或 1
sbit	1	0 或 1
sfr	1	0～255
sfr16	2	0～65535

C51 编译器除了能支持以上这些基本数据类型之外，还能支持一些复杂的组合数据类型，如数组类型、指针类型、结构类型和联合类型等。

（1）char 字符类型

char 类型的长度是一个字节，通常用于定义处理字符数据的变量或常量。字符类型分无符号字符类型 unsigned char 和有符号字符类型 signed char，默认值为 signed char 类型。

（2）int 整型

int 整型长度为 2 个字节，用于存放一个双字节数据。整型分有符号整型 signed int 和无符号整型 unsigned int，默认值为 signed int 类型。

（3）long 长整型

long 长整型长度为 4 个字节，用于存放一个 4 字节数据。长整型分有符号长整型 signed long 和无符号长整型 unsigned long，默认值为 signed long 类型。

（4）float 浮点型

float 浮点型在十进制中具有 7 位有效数字，是符合 IEEE-754 标准的单精度浮点型数据，占用 4 个字节。

（5）指针型

指针型本身就是一个变量，在这个变量中存放的是另一个数据的地址。这个指针变量要占据一定的内存单元，对不同的处理器长度也不尽相同。

(6) bit

bit 位变量是 C51 编译器的一种扩充数据类型,利用它可定义一个位变量。它的值是一个二进制位,不是 0 就是 1。它的声明与别的 C 数据类型的声明相似。

例如:

```
bit flag=0;              //定义位变量 flag,其初值为 0。
```

定义的 bit 变量都放在 51 单片机内部数据存储区的可位寻址区,该区域只有 16 字节长,128 位,所以最多只能声明 128 个位变量。

C51 编译器对 bit 变量的声明及使用有如下限制:

① 禁止中断的函数和使用一个明确寄存器组声明的函数返回一个位值。

② 一个位不能被声明为一个指针。

例如:

```
bit *ptr;                //无效的
```

③ 不能声明一个 bit 类型的数组。

例如:

```
bit ab[5];               //无效的
```

(7) sbit

sbit 是 C51 中的一种扩充数据类型,利用它可以按名称(不是按地址)来访问芯片内部的 RAM 中的可寻址位或特殊功能寄存器中的可寻址位。

当用 sbit 访问内部数据存储区的可位寻址区,则必须要有用 bdata 存储类型声明的变量并且是全局的,即必须有如下变量声明:

```
int bdata ibase;         //可位寻址的整型变量
```

变量 ibase 是可位寻址的,因此这些变量的每个位是可以直接访问和修改的,故可以用 sbit 关键字声明新的位变量,来访问它们的各个位,例如:

```
sbit ib0=ibase^0;        //ibase 的第 0 位
```

这样定义后,可以用 ib0 访问 ibase 的第 0 位。上面的例子只是声明并不分配位空间。例子中"^"符号后的表达式用来指定位的位置,此表达式必须是常数。bdata 是存储类型定义,这方面的知识在下节介绍。

对 SFR 中的可寻址位的访问共有 3 种方法:

① sbit 位名=特殊功能寄存器^位置

例如:

```
sfr PSW=0xD0;            /*定义 PSW 寄存器的字节地址 0xD0H*/
sbit CY=PSW^7;          /*定义 CY 位为 PSW.7,地址为 0xD0H*/
sbit OV=PSW^2;          /*定义 OV 位为 PSW.2,地址为 0xD2H*/
```

② sbit 位名＝字节地址^位置

例如：

```
sbit CY=0xD0^7;            /*CY 位地址为 0xD7H*/
sbit OV=0xD0^2;            /*OV 位地址为 0xD2H*/
```

③ sbit 位名＝位地址

这种方法将位的绝对地址赋给变量，位地址必须在 0x80～0xFF 之间。

例如：

```
sbit CY=0xD7;             /*CY 位地址为 0xD7H*/
sbit OV=0xD2;             /*OV 位地址为 0xD2H*/
```

(8) sfr

sfr 也是一种扩充数据类型，占用一个内存单元，值域为 0～255。利用它可以访问 51 单片机内部所有特殊功能寄存器。

特殊功能寄存器(SFR)是控制单片机如何工作的重要资源，每个 SFR 都有一个地址。这个地址是用来访问 SFR 的。但用地址访问需记住每个 SFR 的地址。为了能按名称(不是按地址)直接访问特殊功能寄存器 SFR，C51 语言提供了一种定义方法，即引入关键字 sfr，语法如下：

sfr 特殊功能寄存器名字＝特殊功能寄存器地址

例如：

```
sfr P1=0x90
```

这样定义以后，就可以用 P1 来访问并行口 P1，在程序后续的语句中可以用"P1=0xff"使 P1 的所有引脚输出为高电平之类的语句来操作特殊功能寄存器。

为了用户处理方便，C51 语言把 51 单片机(或 52 单片机)的常用的特殊功能寄存器和其中的可寻址位进行了定义，放在一个名为 reg51.h(或 reg52.h)的头文件中。当用户要使用时，只需在使用之前用一条预处理命令 ♯include＜reg51.h＞(或 ♯include＜reg52.h＞)把这个头文件包含到程序中，就可以使用特殊功能寄存器名和其中的可寻址位名称了。用户也可以通过文本编辑器对头文件进行增减。

头文件引用举例如下：

```
♯include<reg51.h>        /*头文件为 51 型单片机的头文件*/
void main(void)
{   TL0=0x3A;            /*给定时器 T0 低字节 TL0 设置时间常数*/
    TH0=0x3F;            /*给 T0 高字节 TH0 设时间常数*/
    TR0=1;               /*启动定时器 0*/
    …
}
```

(9) sfr16

sfr16 占用 2 个内存单元，值域为 0～65535。sfr16 和 sfr 一样用于操作特殊功能寄存器,所不同的是它用于操作占 2 个字节的寄存器。

例如,访问 16 位 SFR,可使用关键字 sfr16。16 位 SFR 的低字节地址必须作为"sfr16"的定义地址,例如:

```
sfr16 DPTR＝0x82H;        /＊数据指针 DPTR 的低 8 位地址为 82H,高 8 位地址为 83H＊/
```

4.2.2　C51 存储器类型

在讨论 C51 的数据类型时,必须同时提及它的存储器类型,以及它与 51 单片机存储器结构的关系,因为 C51 定义的任何数据类型必须以一定的方式定位在 51 单片机的某一存储区中,否则没有任何实际意义。

51 单片机有片内、外数据存储区,还有程序存储区。51 单片机片内的数据存储区是可读写的,51 单片机的衍生系列最多可有 256 B 的内部数据存储区,其中低 128 B 可直接寻址,高 128 B(80H～FFH)只能间接寻址,从 20H 开始的 16 B 可位寻址。内部数据存储区可分为 3 个不同的数据存储类型:data、idata 和 bdata。

访问片外数据存储区比访问片内数据存储区慢,因为片外数据存储区是通过数据指针加载地址来间接寻址访问的。C51 提供两种不同数据存储类型 xdata 和 pdata 来访问片外数据存储区。

程序存储区只能读不能写,可能在 51 单片机内部或者外部,或者外部和内部都有,位置由 51 单片机的硬件决定。C51 提供了 code 存储类型来访问程序存储区。

表 4-2　C51 的存储器类型

存储器类型	对应存储区域	描述
data	内部 RAM 的 0～7FH 区域	直接寻址的内部 RAM 区,速度最快(128 B)
bdata	内部 RAM 的 20H～2FH 区域	允许位与字节直接访问(16 B)
idata	内部 RAM 的 00H～FFH 区域	间接寻址,可访问全部内部地址空间(256 B)
pdata	外部 RAM 某一页 0～FFH 区域	分页(256 B)外部数据存储区,由操作码 MOVX@Ri 间接访问
xdata	外部 64K RAM 0～FFFFH 区域	由操作码 MOVX@Ri 间接访问
code	64 KB 程序存储器区域	用 MOVC 指令访问

下面对表 4-2 中的各种存储区进行说明。

(1) data 区

寻址是最快的,应该把经常使用的变量放在 data 区,但是 data 区的存储空间是有限的,data 区除了包含程序变量外,还包含了堆栈和寄存器组。data 区声明中的存储类型标识符为 data,通常指片内 RAM 的 128 字节的内部数据存储的变量,可直接寻址。

声明举例如下：

```
unsigned char data c1=0;
unsigned int data unit_id[8];
```

标准变量和用户自声明变量都可存储在 data 区中,只要不超过 data 区的范围即可。由于 C51 使用默认的寄存器组来传递参数,这样 data 区至少失去了 8 B 的空间。

（2）bdata 区

bdata 区是 data 中的位寻址区,在这个区中声明变量就可进行位寻址。bdata 区声明中的存储类型标识符为 bdata,指的是内部 RAM 可位寻址的 16 B 存储区（字节地址为 20H～2FH）中的 128 b。

下面是在 bdata 区中声明的变量和使用位变量的例子：

```
unsigned char bdata status_byte;
sbit stat_flag=status_byte^4;
```

C51 编译器不允许在 bdata 区中声明 float 和 double 型变量。

（3）idata 区

idata 区使用寄存器作为指针来进行间接寻址,常用来存放使用比较频繁的变量。与外部存储器寻址相比,它的指令执行周期和代码长度相对较短。idata 区声明中的存储类型标识符为 idata,指的是片内 RAM 的 256 B 的存储区,只能间接寻址,速度比直接寻址慢。

声明举例如下：

```
unsigned char idata system_status=0;
unsigned int idata unit_id[8];
char idata inp_string[16];
float idata out_value;
```

（4）pdata 区和 xdata 区

pdata 区和 xdata 区位于片外存储区,pdata 区和 xdata 区声明中的存储类型标识符分别为 pdata 和 xdata。

pdata 区只有 256 B,仅指定 256 B 的外部数据存储区。但 xdata 区最多可达 64 KB,对应的 xdata 存储类型标识符可以指定外部数据区 64 KB 内的任何地址。对 pdata 区的寻址要比对 xdata 区寻址快,因为对 pdata 区寻址,只需要装入 8 位地址,而对 xdata 区寻址要装入 16 位地址,所以要尽量把外部数据存储在 pdata 区中。

对 xdata 区和 pdate 区的声明举例如下：

```
unsigned char xdata system_status=0;
unsigned int pdata unit_id[8];
```

由于外部数据存储器与外部 I/O 口是统一编址的,外部数据存储器地址段中除了包含存储器地址外,还包含外部 I/O 口的地址。对外部数据存储器及外部 I/O 口的寻址将在后面的绝对地址寻址中详细介绍。

(5) code 区

程序存储区 code 声明的标识符为 code,存储的数据是不可改变的。在 C51 编译器中可以用存储区类型标识符 code 来访问程序存储区。

声明举例如下:

unsigned char code a[ ]={0x00, 0x01, 0x02, 0x03, 0x04, 0x05, 0x06, 0x07, 0x08};

单片机访问片内 RAM 比访问片外 RAM 相对快一些,所以应当尽量把频繁使用的变量置于片内 RAM,即采用 data、bdata 或 idata 存储类型,而将容量较大的或使用不太频繁的那些变量置于片外 RAM,即采用 pdata 或 xdata 存储类型。常量最好采用 code 存储类型,存放在 ROM 区,从而节约 RAM 空间。

4.2.3　C51 数据存储模式

如果在变量定义时略去存储类型标识符,编译器会自动默认存储类型。默认的存储类型进一步由 SMALL、COMPACT 和 LARGE 存储模式指令限制(在进行编译时,可在开发环境中设置)。

例如,若声明 char varl,则在使用 SMALL 存储模式下,varl 被定位在 data 存储区;在使用 COMPACT 存储模式下,varl 被定位在 idata 存储区;在 LARGE 存储模式下,varl 被定位在 xdata 存储区中。

下面对存储模式做进一步的说明。

(1) SMALL 模式

在 SMALL 模式下,所有变量都默认位于 51 单片机内部的数据存储器,这与使用 data 指定存储器类型的方式一样。此时变量访问的效率高,但所有数据对象和堆栈必须使用内部 RAM。

(2) COMPACT 模式

在该模式下,所有变量都默认在外部数据存储器的 1 页内,这与使用 pdata 指定存储器类型是一样的。该存储器类型适用于变量不超过 256 B 的情况,此限制是由寻址方式决定的,相当于用数据指针@Ri 进行寻址。与 SMALL 模式相比,该存储模式的效率比较低,对变量访问的速度也慢一些,但比 LARGE 模式快。

(3) LARGE 模式

在 LARGE 模式中,所有变量都默认位于外部数据存储器,相当于使用数据指针@DPTR 进行寻址。通过数据指针访问外部数据存储器的效率较低,特别是当变量为 2 字节或更多字节时,该模式要比 SMALL 和 COMPACT 产生更多的代码。

4.2.4 C51 语言中的绝对地址访问

在 C51 中,可以通过变量的形式访问 51 单片机的存储器,也可以通过绝对地址来访问存储器。

(1) 绝对宏

C51 编译器提供了一组宏定义来对 51 系列单片机的 code、data、pdata 和 xdata 空间进行绝对寻址。规定只能以无符号数方式访问,定义了 8 个宏定义,其函数原型如下:

```
#define CBYTE ((unsigned char volatile *)0x5000L)
#define DBYTE ((unsigned char volatile *)0x4000L)
#define PBYTE ((unsigned char volatile *)0x3000L)
#define XBYTE ((unsigned char volatile *)0x2000L)
#define CWORD ((unsigned char volatile *)0x5000L)
#define DWORD ((unsigned char volatile *)0x5000L)
#define PWORD ((unsigned char volatile *)0x3000L)
#define XWORD ((unsigned char volatile *)0x2000L)
```

这些函数原型放在 absacc.h 文件中。使用时需用预处理命令把该头文件包含到文件中,形式为:

```
#include<absacc.h>
```

其中:CBYTE 以字形式对 code 区寻址,DBYTE 以字形式对 data 区寻址, PBYTE 以字形式对 pdata 区寻址,XBYTE 以字形式对 xdata 区寻址,CWORD 以字形式对 code 区寻址,DWORD 以字形式对 data 区寻址,PWORD 以字形式对 pdata 区寻址,XWORD 以字形式对 xdata 区寻址,访问形式如下:

```
宏名[地址];
```

宏名为 CBYTE、DBYTE、PBYTE、XBYTE、CWORD、DWORD、PWORD 或 XWORD。地址为存储单元的绝对地址,一般用十六进制形式表示。例如:

```
#include<absacc.h>
#define PORTA XBYTE[0xFFC0]        /* 将 PORTA 定义为外部 I/O 口,地址为 0xFFC0 */
#define NRAM DBYTE[0x40]           /* 将 NRAM 定义为片内 RAM,地址为 0x40 */
main( )
{PORTA=0x3D;                       /* 数据 3DH 写入地址 0xFFC0 的外部 I/O 端口 PORTA */
NRAM=0x01;                         /* 将数据 01H 写入片内 RAM 的 40H 单元 */
}
```

(2) _at_关键字

使用关键字_at_可对指定的存储器空间的绝对地址进行访问,格式如下:

```
[存储器类型]  数据类型说明符 变量名_at_地址常数
```

其中,存储器类型为 C51 语言能识别的数据类型,数据类型为 C51 支持的数据类型,地址常数用于指定变量的绝对地址,必须位于有效的存储器空间之内,使用_at_定义的变量必须为全局变量。

例如,使用关键字_at_实现绝对地址的访问:

```
void main(void)
{ data unsigned char y1_at_0x50; /* 在 data 区定义字节变量 y1,它的地址为 50H */
  xdata unsigned int y2_at_0x4000;/* 在 xdata 区定义字变量 y2,地址为 4000H */
  y1=0xff;
  y2=0x1234;
  …
  while(1);
}
```

4.3 C51 中的运算量

C51 中的运算量主要有常量和变量两种。

4.3.1 常量

常量是指在程序执行过程中其值不能改变的量。C51 支持整型常量、浮点型常量、字符型常量、字符串型常量等。

(1) 整型常量

整型常量既可以表示为十进制,如 123、0、−66 等;也可以表示为十六进制,以 0x 开头,如 0x12、0xf4 等。长整型在数字后面加字母 L,如 100L、36L 等。

(2) 浮点型常量

浮点型常量可分为十进制和指数表示形式。十进制由数字和小数点组成,如 0.456、0.10 等。指数表示形式为:[±]数字[. 数字]E[±]数字,[]中的内容为可选项,如 123e4、82e−3 等。

(3) 字符型常量

字符型常量是用单引号引起的字符,如′a′、′1′、′E′等。它既可以是可显示的 ASCII 字符,也可以是不可显示的控制字符。对不可显示的控制字符须在前面加上反斜杠"\"组成转义字符。利用它可以完成一些特殊功能和输出时的格式控制。

(4) 字符串型常量

字符串型常量由双引号(″ ″)括起来的字符组成,如″123″、″abc″。字符串常量与字符常量的区别是:一个字符常量在计算机内只用一个字节存放,而一个字符串常量在内存中存放时不仅双引号内的一个字符占一个字节，而且系统会自动在后面加一转义字符"\0"作为字符串结束符。

4.3.2　变量

变量是在程序运行过程中其值可以改变的量。一个变量由两部分组成：变量名和变量值。每个变量都有一个变量名，且在存储器中占有一定的存储单元，变量的数据类型不同，占用的存储单元数也不一样。

在C51中，使用变量前必须对其进行定义，指出变量的数据类型和存储器类型，以便编译系统为它分配相应的存储单元。其格式如下：

　　［存储种类］数据类型说明符［存储器类型］变量名1［＝初值］，变量名2［＝初值］…；

(1) 数据类型说明符

在定义变量时，必须通过数据类型说明符来指明变量的数据类型，指明变量在存储器中占用的字节数。既可以是基本数据类型说明符，也可以是组合数据类型说明符，还可以用typedef或者♯define起别名。格式如下：

　　typedef C51固有的数据类型说明符 别名；

　　或

　　♯define别名 C51固有的数据类型说明符；

定义别名后，就可以用别名代替数据类型说明符对变量进行定义。别名可以用大写也可以用小写，习惯用大写。

例如，typedef或♯define的使用：

　　typedef unsigned int WORD；

　　♯define BYTE unsigned char；

　　WORD a＝0x54；

　　BYTE b＝0x12；

(2) 变量名

变量名是C51为区别不同变量，为不同的变量取的名称。在C51中规定变量名可以由字母、数字和下划线3种字符组成，且第一字符必须为字母或者下划线。变量名有普通变量名和指针变量名，它们的区别是指针变量名前面要加"＊"号。

(3) 存储种类

存储种类是指变量在程序执行过程中的作用范围。C51变量的存储种类有4种，分别是自动（auto）、外部（extern）、静态（static）和寄存器（register）。

① auto。使用auto定义的变量称为"自动变量"，其作用范围在定义它的函数体或复合语句内部，当定义它的函数体或复合语句执行时，C51才为该变量分配内存空间，结束时占用的内存空间释放。定义变量时，如果省略存储类型，则该变量默认为自动变量。

② extern。使用 extern 定义的变量称为"外部变量"。在一个函数体内,当要使用一个已在该函数体外或者其他程序中定义过的变量时,该变量在该函数体内要用 extern 说明,且该变量在另一程序文件中被定义为全局变量。外部变量被定义后分配固定的内存空间,在程序整个执行时间内都有效,直到程序结束才释放。

③ static。使用 static 定义的变量称为"静态变量",可以分为内部静态变量(又称"局部静态变量")和外部静态变量(又称"全局静态变量")。在函数体内部定义的静态变量称为"内部静态变量",它在对应的函数体(或复合语句)内部有效,一直存在,但在函数体外不可见。这样不仅使变量在定义它的函数体外可以被保护,还可以实现当离开函数体时值不被改变,外部静态变量是在函数体外部定义的静态变量,它在程序中一直存在,但是定义的范围之外是不可见的。

④ register。使用 register 定义的变量称为"寄存器变量"。它定义的变量存放在 CPU 内部的寄存器中,处理速度快,但数目少。C51 编译器编译时能自动识别程序中使用频率最高的变量,并自动将其作为寄存器变量,用户无需专门声明。

(4) 存储器类型

存储器类型用于指明变量所在单片机的存储区域情况,如表 4-2 所示。

4.4　C51 的运算符与表达式

C51 有很强的数据处理能力,具有十分丰富的运算符,利用这些运算符可以组成各种表达式及语句。在 C51 中,运算符按其在表达式中所起的作用,可分为赋值运算符、算术运算符、自增与自减运算符、关系运算符、逻辑运算符、位运算符、复合赋值运算符、逗号运算符、条件运算符、指针和地址运算符以及强制类型转换运算符等。另外,运算符按其在表达式中与运算对象的关系,又可分为单目运算符、双目运算符和三目运算符等。

(1) 赋值运算符

在 C51 中,赋值运算符"="的功能是将一个数据的值赋给一个变量,如 x=4。利用赋值运算符将一个变量与一个表达式连接起来的式子称为"赋值表达式"。在赋值表达式的后面加一个分号";"就构成了赋值语句,一个赋值语句的格式如下:

变量=表达式;

执行时先计算出右边表达式的值,然后赋值给左边的变量。例如:

x=1+2;　　　　　　　/ * 将 1+2 的值赋给变量 x * /

a=b=c=1;　　　　　　/ * 将常量 1 同时赋值给变量 c、b 和 a * /

在 C51 中,允许在一个语句中同时给多个变量赋值,赋值顺序由右向左。

（2）算术运算符

C51 中支持的算术运算符有：

+ 　　　　加或取正值运算符
— 　　　　减或取负值运算符
* 　　　　乘运算符
/ 　　　　除运算符
% 　　　　取余运算符

加、减、乘运算相对比较简单，例如，3+2 结果为 5，3—2 结果为 1，3 * 2 结果为 6。

对于除运算，如相除的两个数为浮点数，则运算的结果也为浮点数；如相除的两个数为整数，则运算的结果也为整数，即为整除。例如，5.0/2.0 结果为 2.5，而 5/2 结果为 2。

对于取余运算，则要求参加运算的两个数必须为整数，运算结果为它们的余数。例如，a=3%2，结果 a 的值为 1。

（3）关系运算符

C51 中有 6 种关系运算符：

> 　　　　大于
< 　　　　小于
>= 　　　　大于等于
<= 　　　　小于等于
== 　　　　等于
! = 　　　　不等于

关系运算符用于比较两个数的大小，用关系运算符将两个表达式连接起来形成的式子称为"关系表达式"。它通常用来作为判别条件构造分支或循环程序。其一般形式如下：

　　表达式 1　关系运算符　表达式 2

关系运算符的结果为逻辑量，成立为真（1），不成立为假（0）。其结果可以作为一个逻辑量参与逻辑运算。其功能如表 4-3 所示。

表 4-3　关系运算符

运算符	名称	示例	功能
<	小于	a<b	a 小于 b 时返回真；否则返回假
<=	小于等于	a<=b	a 小于等于 b 时返回真；否则返回假
>	大于	a>b	a 大于 b 时返回真；否则返回假
>=	大于等于	a>=b	a 大于等于 b 时返回真；否则返回假
==	等于	a==b	a 等于 b 时返回真；否则返回假
! =	不等于	a != b	a 不等于 b 时返回真；否则返回假

(4) 逻辑运算符

C51 有 3 种逻辑运算符:

|| 逻辑或

&& 逻辑与

! 逻辑非

关系运算符用于反映两个表达式之间的大小关系,逻辑运算符则用于求条件式的逻辑值,用逻辑运算符将关系表达式或逻辑量连接起来的式子就是逻辑表达式。

逻辑与的格式:

条件式 1 && 条件式 2

当条件式 1 与条件式 2 都为真时,结果为真(非 0 值),否则为假(0 值)。

逻辑或的格式:

条件式 1 || 条件式 2

当条件式 1 与条件式 2 都为假时,结果为假(0 值),否则为真(非 0 值)。

逻辑非的格式:

! 条件式

当条件式原来为真(非 0 值),逻辑非后结果为假(0 值)。当条件式原来为假(0 值),逻辑非后结果为真(非 0 值)。其功能如表 4-4 所示:

表 4-4 逻辑运算符

运算符	名称	格式	功能
||	逻辑或	a || b	如果 a 或 b 任一为真,则结果为真
&&	逻辑与	a&&b	如果 a 与 b 都为真,则结果为真
!	逻辑非	!a	如果 a 不为真,则结果为真

例如,若 a=7,b=4,c=0,则!a 为假,a&&b 为真,b&&c 为假。

(5) 位运算符

C51 语言能对位运算对象按位进行操作,它与汇编语言的使用一样方便。位运算只能对整数进行操作,不能对浮点数进行操作。C51 中的位运算符有:

& 按位与

| 按位或

^ 按位异或

~ 按位取反

<< 左移

>> 右移

例如,设 a=0x54=01010100B, b=0x3b=00111011B,则 a&b、a|b、a^b、~a、

a≪2、b≫2分别为多少？

解：

a&b＝00010000B＝0x10

a|b＝01111111B＝0x7f

a^b＝01101111B＝0x6f

～a＝10101011B＝0xab

a≪2＝01010000B＝0x50

b≫2＝00001110B＝0x0e

（6）复合赋值运算符

C51语言中支持在赋值运算符"＝"的前面加上其他运算符，组成复合赋值运算符。

复合赋值运算的一般格式如下：

变量　复合运算赋值符　表达式

它的处理过程为，先把变量和后面的表达式进行某种运算，然后将运算的结果赋值给前面的变量。其实这是C51语言中简化程序的一种方法，大多数二目运算都可以用复合赋值运算符来简化表示。

几种常见的复合赋值运算符如表4-5所示。

表 4-5　几种常见的复合赋值运算符

类型	格式	举例
/＝除后赋值	变量/＝表达式	a/＝3，即a＝a/3
＊＝乘后赋值	变量＊＝表达式	a＊＝3，即a＝a＊3
%＝取模后赋值	变量%＝表达式	a%＝3，即a＝a%3
＋＝加后赋值	变量＋＝表达式	a＋＝3，即a＝a＋3
－＝减后赋值	变量－＝表达式	a－＝3，即a＝a－3
≪＝左移后赋值	变量≪＝表达式	a≪＝3，即a＝a≪3
≫＝右移后赋值	变量≫＝表达式	a≫＝3，即a＝a≫3
&＝按位与后赋值	变量&＝表达式	a&＝3，即a＝a&3
^＝按位异或后赋值	变量^＝表达式	a^＝3，即a＝a^3
|＝按位或后赋值	变量|＝表达式	a|＝3，即a＝a|3

（7）逗号运算符

在C51语言中，逗号"，"是一种特殊的运算符，可以用它将两个或两个以上的表达式连接起来，称为"逗号表达式"。逗号表达式的一般格式为：

表达式1，表达式2，…，表达式n

程序执行时对逗号表达式的处理过程为：按从左到右的顺序依次计算出各个

表达式的值,而整个逗号表达式的值是最右边的表达式(表达式 n)的值。

例如,a＝(z＝6,7＋8,2＊5),结果 a 的值为 10。

(8) 条件表达式

条件运算符"?"是 C51 语言中唯一的一个三目运算符,它要求有 3 个运算对象,用它可以将 3 个表达式连接在一起构成一个条件表达式。条件表达式的一般格式为:

逻辑表达式? 表达式 1∶表达式 2

其功能是先计算逻辑表达式的值,当逻辑表达式的值为真(非 0 值)时,将计算的表达式 1 值作为整个条件表达式的值;当逻辑表达式的值为假(0 值)时,将计算的表达式 2 的值作为整个条件表达式的值。例如,条件表达式 max＝(a＞b)? a∶b 的执行结果是将 a 和 b 中较大的数赋值给变量 max。

(9) 指针和地址运算符

指针是 C51 语言中的一个十分重要的概念,在 C51 的数据类型中专门有一种指针类型。指针为变量的访问提供了另一种方式,变量的指针就是该变量的地址,还可以定义一个专门指向某个变量的地址的指针变量。为了表示指针变量和它所指向的变量地址之间的关系,C51 中提供了两个专门的运算符:

＊ 指针运算符

& 取地址运算符

指针运算符"＊"放在指针变量前面,通过它实现访问以指针变量的内容为地址所指向的存储单元。例如,指针变量 p 中的地址为 2000H,则＊p 所访问的是地址为 2000H 存储单元,x＝＊p,实现把地址为 2000H 的存储单元的内容送给变量 x。

取地址运算符"&"放在变量的前面,通过它取得变量的地址,变量的地址通过它送给指针变量。

例如,设变量 x 的内容为 12H,地址为 2000H,则 &x 的值为 2000H。如有一指针变量 p,则通常用 p＝&x,实现将 x 变量的地址送给指针变量 p,指针变量 p 指向变量 x,以后可以通过＊p 访问变量 x。

(10) 运算符的优先级与结合性

C51 语言规定了运算符的优先次序,即优先级。当一个表达式中有多个运算符参与运算时,将按优先级高低的顺序进行运算。不同的运算符的结合性又不一样。按优先级从高到低分 15 级,规则如下:

① 单目运算符优先级高,双目运算符其次,三目运算符较低。

② 双目运算符中,算术运算符较高,关系运算符其次,逻辑运算符较低。位运算符中,移位运算符高于关系运算符,位逻辑运算符低于关系运算符。

③ 圆括号运算符优先级最高，逗号运算符优先级最低。赋值运算符和复合赋值运算符优先级仅高于逗号运算符。

④ 当同时有多个优先级相同的运算符时，按结合性从左至右或从右至左依次运算。

4.5 C51 的语句与结构化程序设计

4.5.1 表达式语句与复合语句

1. 表达式语句

C51 语言是一种结构化的程序设计语言，它提供了十分丰富的程序控制语句，其中表达式语句是最基本的一种语句。在表达式的后边加一个分号";"，就构成了表达式语句。

在编写程序时，可以一行放一个表达式形成表达式语句，也可以一行放多个表达式形成表达式语句，这时每个表达式后面都必须带";"号。另外，还可以仅由一个分号";"占一行形成一个表达式语句，这种语句称为"空语句"。空语句是表达式语句中的一个特例，空语句在语法上是一个语句，但在语义上它并不做具体的操作。

空语句在程序设计中通常用于以下两种情况：

① 在程序中为有关语句提供标号，用以标记程序执行的位置。例如，采用下面的语句可以构成一个循环：

```
Repeat:;
;
goto repeat;
```

② 在用 while 语句构成循环语句后面加一个分号，形成一个不执行其他操作的空循环体。这种结构通常用于对某位进行判断，若不满足条件则等待，若满足条件则执行。

2. 复合语句

复合语句是由若干条语句组合而成的一种语句。在 C51 中，用一个大括号"{}"将若干条语句括在一起就形成了一个复合语句。复合语句最后不需要以分号";"结束，但它内部的各条语句仍需以分号";"结束。复合语句的一般形式为：

```
{
局部变量定义；
语句 1；
语句 2；

}
```

复合语句在执行时,其中的各条单语句按顺序依次执行,整个复合语句在语法上等价于一条语句,因此在 C51 中可以将复合语句视为一条简单句。通常复合语句出现在函数中,实际上,函数的执行部分(即函数体)就是一个复合语句。复合语句中的单语句一般是可执行语句,此外还可以是变量的定义语句(说明变量的数据类型)。在复合语句内部语句所定义的变量,称为"该复合语句中的局部变量",它仅在当前这个复合语句中有效。利用复合语句将多条单语句组合在一起,以及在复合句中进行局部变量定义是 C51 语言的一个重要特征。

4.5.2　C51 的分支结构控制语句

在 C51 的程序结构上可以把程序分为顺序、分支和循环结构。顺序结构是程序的基本结构,程序自上而下,从 main() 函数开始一直到程序运行结束,程序只有一条路径可走,没有其他路径可以选择。顺序结构比较简单,这里仅介绍分支结构和循环结构。

实现分支控制的语句有 if 语句和 switch 语句。

(1) if 语句

if 语句用来判定所给定的条件是否满足,根据判定结果决定执行哪种操作。

if 语句的基本结构如下:

```
if(表达式){语句}
```

当括号中的表达式成立时,程序执行大括号内的语句,否则程序跳过大括号中的语句,直接执行下面其他语句。

C51 语言提供 3 种形式的 if 语句:

① 形式 1:

```
if(表达式){语句;}
```

例如:

```
if(x>y){max=x; min=y;}
```

即如果 x>y,则 x 赋给 max,y 赋给 min;如果 x>y 不成立,则不执行大括号中的赋值运算。

② 形式 2:

```
if(表达式){语句 1;}
else{语句 2;}
```

例如:

```
if(x>y)
{max=x;}
else {min=y;}
```

③ 形式 3：

if(表达式 1){语句 1;}

else if(表达式 2){语句 2;}

else if(表达式 3){语句 3;}

…

else {语句 n;}

例如：

if (x>100){y=1;}

else if(x>50) {y=2;}

else if(x>30) {y=3;}

else if(x>20){y=4;}

else {y=5;}

在 if 语句中又含有一个或多个 if 语句，称为"if 语句的嵌套"。应当注意 if 与 else 的对应关系，else 总是与它前面最近的一个 if 语句相对应。

（2）switch 语句

switch 语句的一般形式如下：

switch(表达式 1)

{case 常量表达式 1:{语句 1;}break;

　case 常量表达式 2:{语句 2;}break;

　…

　case 常量表达式 n:{语句 n;}break;

　default:{语句 n+1;}

　}

上述 switch 语句的说明如下：

① 每一个 case 的常量表达式必须是互不相同的，否则将出现混乱。

② 各个 case 和 default 出现的次序，不影响程序执行的结果。

③ 当 switch 括号内的表达式的值与某 case 后面常量表达式的值相同时，就执行它后面的语句；若遇到 break 语句则退出 switch 语句。若所有的 case 中的常量表达式的值都没有与 switch 语句表达式的值相匹配，则执行 default 后面的语句。

④ 如果在 case 语句后没有写 break 语句，则程序执行了本行之后，不会按规定退出 switch 语句，而是执行后续的 case 语句。switch 语句的最后一个分支可以不加 break 语句，结束后直接退出 switch 结构。

4.5.3　循环结构控制语句

许多的实用程序都包含循环结构，熟练地掌握和运用循环结构的程序设计是

C51 语言程序设计的基本要求。

实现循环结构的语句有 3 种：while 语句、do-while 语句和 for 语句。

(1) while 语句

while 语句的语法形式为：

```
while(表达式)
｛循环体语句；
｝
```

表达式是 while 循环能否继续的条件，如果表达式为真，就重复执行循环体语句；反之，则终止循环体内的语句。

while 循环结构的特点在于，循环条件的测试在循环体的开头，要想执行重复操作，首先必须进行循环条件的测试，若条件不成立，则循环体内的重复操作一次也不能执行。

例如：

```
While((P1&0x80)==0)
｛；｝
```

while 中的条件语句对 51 单片机的 P1 口 P1.7 进行测试，如果 P1.7 为低电平(0)，则由于循环体无实际操作语句，故继续测试下去(等待)；一旦 P1.7 的电平变高(1)，则循环终止。

(2) do-while 语句

do while 语句的语法形式为：

```
do
｛循环体语句；
｝ while(表达式)；
```

do-while 语句的特点是先执行内嵌的循环体语句，再计算表达式，如果表达式的值为非 0，则继续执行循环体语句，直到表达式的值为 0 时结束循环。

由 do-while 构成的循环与 while 循环十分相似，它们之间的重要区别是：while 循环的控制出现在循环体之前，只有当 while 后面表达式的值非 0 时，才可能执行循环体，在 do-while 构成的循环中，总是先执行一次循环体，然后再求表达式的值，因此无论表达式的值是 0 还是非 0，循环体至少要被执行一次。

和 while 循环一样，在 do-while 循环体中，要有能使 while 后表达式的值变为 0 的操作，否则，循环会无限制地进行下去。根据经验，do-while 循环用的并不多，大多数的循环用 while 实现更直观。

(3) for 语句

在 3 种循环中，经常使用的是 for 语句构成的循环。它不仅可以用于循环次数已知的情况，还可用于循环次数不确定而只给出循环条件的情况。它完全可以替代 while 语句。

for 循环的一般格式为：

```
for(表达式1;表达式2;表达式3)
{循环体语句;
}
```

for 的执行过程如下：

① 计算"表达式1"，表达式1通常称为"初值设定表达式"。

② 计算"表达式2"，表达式2通常称为"终值条件表达式"，若满足条件，则转下一步；若不满足条件，则转到步骤⑤。

③ 执行一次 for 循环体。

④ 计算"表达式3"，"表达式3"通常称为"更新表达式"，转向步骤②。

⑤ 结束循环，执行 for 循环之后的语句。

下面对 for 语句的几个特例进行说明。

① for 语句中小括号内的3个表达式全部为空。

例如：

```
for(;;)
{循环体语句;
}
```

在小括号内只有两个分号，无表达式，这意味着没有设初值，无判断条件，循环变量无增值，它的作用相当于 while (1)，这将导致一个无限循环。一般在编程时，需要无限循环时，可采用这种形式的 for 循环语句。

② for 语句的3个表达式中，表达式1缺省。

例如：

```
for(;i<=100;i++) sum=sum+i;
```

即不对 i 设初值。

③ for 语句的3个表达式中，表达式2缺省。

例如：

```
for (i=1;;i++) sum=sum+i;
```

即不判断循环条件，认为表达式始终为真，循环将无休止地进行下去。

④ for 语句的3个表达式中，表达式1、表达式3省略。

例如：

```
for (;i<=100;)
{ sum=sum+i;
  i++;
}
```

⑤ 没有循环体的 for 语句。

例如：

```
int a=1000;
for(t=0;t<a;t ++)
{;}
```

（4）break 与 continue 语句

在循环体语句执行中，如果在满足循环判定条件的情况下跳出代码段，可以使用 break 语句或 continue 语句。

① break 语句。在循环结构中，可应用 break 语句跳出本层循环体，从而马上结束本层循环。

一般形式为：

```
break;
```

② continue 语句。其作用及用法与 break 语句类似。二者的区别在于，当前循环若遇到 break，会直接结束循环；若遇上 continue，则停止当前这一层循环，然后直接尝试下一层循环。

一般形式为：

```
continue;
```

4.6　C51 构造数据类型

4.6.1　数组

数组是一种构造类型的数据，常用来处理具有相同属性的一批数据。数组中各元素的数据类型必须相同，数组中的元素按顺序存放，每个元素对应于一个序号（称"下标"），各元素按下标存取。一维数组有一个下标，二维数组有两个下标。

（1）一维数组的定义

C51 数组定义与标准 C 相比，增加了存储器类型选项，定义的格式如下：

数据类型　［存储器类型］　数组名　［常量表达式］；

数据类型指定数组中元素的基本类型；［存储器类型］选项指定存放数组的存储器类型；数组名是一个标识符；其后的［］是数组的标志；方括号中的常量表达式指定数组元素的个数，不能包含变量，即不允许对数组的大小做动态定义。

例如，在内部 RAM 中定义一个包含 5 个数组元素的数组，数组元素的类型为无符号字符型：

```
unsigned char data key[5];
```

(2) 一维数组的引用与初始化

数组必须先定义，再引用，并且只能逐个引用数组中的元素，不能一次引用整个数组。

在定义数组时，如果给所有元素赋值，可以不指定数组元素的个数，例如，char b[]={0,1,2,3,4}，注意数组标志括号不可省。

在定义数组时可只给部分元素赋初值，例如，

```
unsigned char a[10]={9,8,7,6};
```

初始化数组时全部元素初值为 0，例如，

```
char b[5]={0,0,0,0,0}或char b[5]={0};
```

(3) 二维数组和多维数组

具有两个或两个以上下标的数组，称为"二维数组"或"多维数组"。定义二维数组的一般形式如下：

```
数据类型 ［存储器类型］ 数组名[行数][列数];
```

其中，数组名是一个标识符；行数和列数都是常量表达式。例如：

```
float array2[4][3];          /＊array2 数组，有 4 行 3 列共 12 个浮点型元素＊/
```

二维数组可以在定义时进行整体初始化，也可在定义后单个地进行赋值。例如：

```
int a[3][4]={1,2,3,4},{5,6,7,8},{9,10,11,12};   /＊a 数组全部初始化＊/
int b[3][4]={1,3,5,7},{2,4,6,8},{};   /＊b 数组部分初始化，未初始化的元素为 0＊/
```

(4) 字符数组

若一个数组的元素是字符型的，则该数组就是一个字符数组。例如：

```
char a[8]={´S´,´T´,´U´,´D´,´E´,´N´,´T´,´\0´};          /＊字符串数组＊/
```

定义了一个字符型数组 a[]，有 8 个数组元素，并且将 8 个字符（其中包括一个字符串结束标志´\0´）分别赋给了 a[0]~a[7]。

C51 还允许用字符串直接给字符数组置初值，例如：

```
char a[8]={´´STUDENT´´};
```

用双引号括起来的一串字符，成为字符串常量，C51 编译器会自动地在字符串末尾加上结束符´\0´。

用单引号括起来的字符为字符的 ASCII 码值，而不是字符串。例如，´a´表示 a 的 ASCII 码值 61H，而´´a´´表示一个字符串，由两个字符 a 和\0 组成。

一个字符串可以用一维数组来装入，但数组的元素数目一定要比字符多一个，以便 C51 编译器自动在其后面加入结束符´\0´。

4.6.2　指针

在汇编语言程序中，要取某个存储单元的内容，既可用直接寻址方式，也可用

寄存器间接寻址方式。若用 R1 寄存器指示该存储单元的地址,则用@R1 取该单元的内容。对应地,在 C 语言中,用变量名表示要取变量的值(相当于直接寻址),也可用另一个变量 p 存放该存储单元地址,p 相当于 R1 寄存器。用 * p 取得存储单元的内容(相当于汇编中的间接寻址方式),此处 p 为指针型变量。

C51 编译器支持两种类型的指针:通用指针和指定存储区的指针。下面将具体介绍这些指针类型。

(1) 通用指针

通用指针的声明和使用均与标准 C 指针相同,只不过同时还可以说明指针的存储类型。

例如:

```
char * str;
int * ptr;
long * lptr;
```

上述例子中分别声明了指向 char 型、int 型和 long 型数据的指针,而各指针 str、ptr、lptr 本身则缺省依照存储模式存放。当然也可以显式定义指针本身存放的存储区,例如:

```
char * data str;              /* 指针 str 存放在内部直接寻址区 */
int * idata ptr;              /* 指针 ptr 存放于内部间接寻址区 */
long * xdata lptr;            /* 指针 lptr 存放于外部数据区 */
```

通用指针用 3 个字节保存:第一个字节是存储类型,第二个是偏移的高地址字节,第三个是偏移的低地址字节。通用指针指向的变量可以存放在 51 单片机存储空间的任何区域。

(2) 指定存储区的指针

指定存储区的指针在指针的声明中经常包含一个存储类型标识符指向一个确定的存储区。例如:

```
char data * str;              /* 指针 str 指向位于 data 区的 char 型变量 */
int xdata * ptr;              /* 指针 ptr 指向位于 xdata 区的 int 型变量 */
long code * tab;              /* 指针 tab 指向位于 code 区的 long 型数据 */
```

可见,指定存储区的指针的存储类型是经过显式定义的,在编译时是确定的。指定存储区指针存放时不再像通用指针那样需要保存存储类型,指向 idata、data、bdata 和 pdata 存储区的指针只需要一个字节存放,而 code 和 xdata 指针也才需要两字节存放,从而减少了指针长度,节省了存储空间。

指定存储区的指针只用来访问声明在 51 单片机存储区的变量,提供了更有效的方法访问数据目标。

像通用指针一样,可以指定一个指定存储区的指针的保存存储区。只需在指

针声明前加一个存储类型标识符即可,例如:

```
char data * xdata str;        /*指针本身位于 xdata 区,指向 data 区的 char 型变量*/
int xdata * data ptr;         /*指针本身位于 data 区,指向 xdata 区的 int 型变量*/
long code * idata tab;        /*指针本身位于 idata 区,指向 code 区的 long 型数据*/
```

说明：一个指定存储区指针产生的代码比一个通用指针产生的代码运行速度快,因为存储区在编译时就知道了指针指向的对象的存储空间位置,编译器可以用这些信息优化存储区访问。而通用指针的存储区在运行前是未知的,编译器不能优化存储区访问,必须产生可以访问任何存储区的通用代码。

当需要用到指针变量时,可以根据需要选择。如果运行速度优先就应尽可能地用指定存储区指针;如果想使指针能适用于指向任何存储空间,则可以定义指针为通用型。

总之,同标准 C 一样,不管使用哪种指针,一个指针变量只能指向同一类型(包括变量的数据类型和存储类型)的变量,否则将不能通过正确的方式访问所指向的对象所在的存储空间。

4.6.3　结构体

结构体,也叫结构,是另一种构造类型数据。结构是由基本数据类型构成的并用一个标识符来命名的各种变量的组合。结构中可以使用不同的数据类型。

(1) 结构变量的定义

在 C51 定义中,结构也是一种数据类型,可以使用结构变量,因此,像其他类型的变量一样,在使用结构变量时先对其进行定义。

定义一个结构类型的一般形式为:

```
struct 结构类型名
{
    成员表列;                    /*对每个成员进行类型说明*/
};
```

成员表由若干个成员组成,每个成员都是该结构的一个组成部分,对每个成员也必须作类型说明,格式为:

```
类型说明符　成员名;
```

定义一个结构变量的一般格式为:

```
struct 结构类型名
{
    类型 变量名;
    …
}结构变量名表列;
```

结构名是结构的标识符,不是变量名。构成结构的每一个类型变量称为"结构成员"，它像数组的元素一样，但数组中元素是以下标来访问的，而结构是按变量名字来访问成员的。

结构的成员类型既可以是 4 种基本数据类型（整型、浮点型、字符型、指针型），也可以是结构类型。例如：

```
struct stu
｛ int num；
  char name［20］；
  char sex；
  float score；
｝stu_1，stu_2；
```

也可以先定义结构类型，再定义结构类型变量。若如上已经定义一个结构名为 stu 的结构，则结构变量可按如下形式定义：

struct　stu　stu_1，stu_2；

（2）结构变量的引用

结构可以像其他类型的变量一样赋值、运算，不同的是结构变量以成员作为基本变量，对结构变量的成员只能一个一个引用。引用结构变量成员的方法有两种：

① 用结构变量名引用结构成员，格式如下：

结构变量名.成员名

例如：

stu_1.score＝85；

② 用指向结构的指针引用成员，格式如下：

指针变量名－＞成员名

例如：

```
struct stu ＊p；     /＊定义指向结构体类型数据的指针 p＊/
p＝&stu_1；          /＊指向结构体变量 stu_1＊/
p－＞score＝85；      /＊结构变量 stu_1中成员 score 的值赋为 89.5＊/
```

C51 中的构造数据类型还有联合体。读者可以查阅相关 C 语言书籍，在此不再详述。

4.7　C51 函数

4.7.1　函数的定义与调用

C51 提供丰富的库函数（如前面所用到的头文件 reg51. h、absacc. h 等），只要在源文件开头用♯include包含相应的头文件，就可以调用库函数，同时允许用户根据任务自定义函数。函数从参数形式上可分为无参函数和有参函数。有参函数在调用时，调用函数用实际参数代替形式参数，调用完后返回结果给调用函数。

函数定义的一般形式如下：

```
返回值类型    函数名(类型说明形参表列)
{
    局部变量声明；
    执行语句；
    return(返回形参名)；
}
```

其中形参表列的各项要用"，"隔开。函数的返回值通过return语句返回给调用函数，若函数没有返回值，则可以将返回值类型设为void或缺省不写。

函数调用的一般形式：

```
函数名(实参表列)
```

实参与形参的数目、顺序、数据类型必须一一对应。若没有参数传递，参数可略，但函数标志括号不能省。

若要调用自定义函数且被调用函数出现在主调用函数之后，则在主调用函数前应对被调用函数予以声明，若主调用函数与被调用函数不在同一文件中，则需要在声明中加关键字extern（表示调用外部函数），函数声明的一般形式如下：

```
[extern]返回值类型 被调函数名(形参列表)；
```

若被调用函数出现在主调用函数之前，则可以不对被调用函数说明。

4.7.2　中断函数

C51函数声明对ANSI C做了扩展，提供以调用中断函数的方法处理中断。编译器在中断入口产生中断向量。当中断发生时，跳转到中断函数，中断函数以RETI指令返回。

C51用关键字interrupt和中断号定义中断函数，一般形式如下：

```
[void]中断函数名()interrupt 中断号[using n]
{
    声明部分；
    执行语句；
}
```

说明：

① 中断函数无返回值，数据类型以void表示，也可以省略。

② 中断函数名为标识符，一般以中断名称表示，力求简明易懂，如timer0。

③ interrupt为中断函数的关键字。

④ 中断号为 51 单片机各中断源所规定的编号,如外部中断 0 的中断号为 0,定时/计数器 0 的中断号为 1。

⑤ 选项[using n],指定中断函数使用的工作寄存器组号,n＝0～3。如果使用[using n]选项,编译器不产生保护和恢复 R0～R7 的代码,执行速度会快些。如果不使用[using n]选项,中断函数和主程序使用同一组寄存器,在中断函数中编译器自动产生保护和恢复 R0～R7 现场,执行速度慢些。

4.7.3　预处理命令、库函数

1. 预处理命令

预处理命令是在编译前预先处理的命令,编译器不能直接对它们处理。

(1) 不带参数的宏定义

不带参数的宏定义是指用指定的标识符来代表一个字符序列。

```
#define 宏替换名 宏替换体
```

#define 是宏定义指令的关键词,宏替换名一般用大写字母来表示,而宏替换体可以是常数、算术表达式、字符和字符串等。宏定义可以出现在程序的任何地方,例如,宏定义:

```
#define uchar unsigned char
```

在编译时可由 C51 编译器把“unsigned char”用“uchar”来替代。

例如,在某程序的开头处,进行了 3 个宏定义:

```
#define uchar unsigned char        /*宏定义无符号字符型变量方便书写*/
#define uint unsigned int          /*宏定义无符号整型变量方便书写*/
```

宏定义后,程序中可以使用宏名。

(2) 带参数的宏定义

在带参数的宏定义中,在预处理时不但进行字符替换,而且替换字符序列中的形参。

一般定义形式如下:

```
#define 标识符(形参) 字符列表
```

2. 类型定义 typedef

在使用基本类型定义后声明变量时,用数据类型关键字指明变量的数据类型;而在用结构、联合等定义变量时,先定义结构、联合的类型,再使用关键字和类型名定义变量。如果用 typedef 定义新的类型名后,只要用类型名就可定义新的变量。例如:

```
typedef struct { int num;
              char * name;
              float score;}std;   /*定义结构类型 std*/
```

之后即可以定义这种类型的结构变量，例如：

　　std stu1，stu2；

3. 文件包含（引用）♯include

文件包含命令是将另外的文件插入到本文件中，作为一个整体文件编译。只有用♯include命令包含了相应头文件，才可以调用库中的函数。包含命令的一般使用形式为：

　　♯include″文件名″或♯include＜文件名＞

上述两种格式的差别是：采用"文件名"格式时，应当在当前的目录中查找指定文件；采用＜文件名＞格式时，在头文件目录中查找指定文件。例如：

　　♯include＜reg51.h＞　　　　/＊将特殊功能寄存器包含文件包含到程序中来＊/

4. 库函数

C51语言的强大功能及其高效率在于提供了丰富的可直接调用的库函数。库函数可以使程序代码简单、结构清晰、易于调试和维护。当程序中需要调用C51语言编译器提供的各种库函数时，必须在文件的开头使用♯include命令将相应函数的说明文件包含进来。

（1）本征函数头文件 intrins.h

intrins.h含有常用的本征函数，本征函数也称"内联函数"，这种函数不采用调用形式，编译时直接将代码插入当前行。几个常用的本征函数如下：

```
_nop_()          //空操作
_cror_(a,n)      //将字符变量a循环右移n位
_crol_(a,n)      //将字符变量a循环左移n位
```

（2）SFR定义的头文件 regxx.h

其中包含各种型号单片机中特殊功能寄存器及特殊功能寄存器中特定位的定义，是用C51语言对单片机编程时最为常用的头文件。

（3）绝对地址访问宏定义头文件 absacc.h

此头文件定义了几个宏，以确定各存储空间的绝对地址。通过包含此头文件，可以定义直接访问扩展存储器的变量。

常用的库函数头文件还有：stdlib.h（标准函数）、string.h（字符串函数）、stdio.h（一般I/O函数）、math.h（数学运算）等。

4.7.4　C51语言结构

```
♯include″reg51.h″            //51单片机资源定义
char i，j；                   //全局变量定义
void funchar()；             //函数申明
void main()                  //主函数
```

```
{
   int k=0;                    //局部变量定义
   P1=0xFF;                    //初始化 P1 口
   While(1)                    //周而复始地工作
   { …;
      …;
      …;
   }
}
   funchar()                   //函数体
   {
      …;
      …;
   }
```

4.8 Keil 软件的使用

随着单片机应用开发技术的不断发展,目前已有越来越多的人从普遍使用汇编语言到逐渐使用高级语言开发,其中主要是以 C51 语言为主。Keil C51 是美国 Keil Software 公司出品的 51 系列兼容单片机 C 语言软件开发系统,提供丰富的库函数和功能强大的集成开发调试工具,全 Windows 界面。另外重要的一点,只要看一下编译后生成的汇编代码,就能体会到 Keil C51 生成的目标代码效率非常之高,多数语句生成的汇编代码很紧凑,容易理解。在开发大型软件时更能体现高级语言的优势。

Keil 提供了包括编辑、C 编译器、宏汇编、连接器、库管理和一个功能强大的仿真调试器等在内的完整开发方案,通过一个集成开发环境(μVision)将这些部分组合在一起。

目前常使用的 Keil C51 开发系统是 uVersion IDE 版本,可以完成编辑、编译、连接、调试、仿真等整个开发流程。开发人员可用 IDE 本身或其他编辑器编辑 C 或汇编源文件。然后分别由 C51 及 A51 编译器编译生成目标文件(.OBJ)。目标文件可由 LIB51 创建生成库文件,也可以与库文件一起经 L51 连接定位生成绝对目标文件(.ABS)。ABS 文件由 OH51 转换成标准的 Hex 文件,以供调试器 dScope51 或 tScope51 使用进行源代码级调试,可由仿真器使用直接对目标板进行调试,也可以直接写入程序存储器中。

掌握 Keil 软件的使用方法对于学习 51 单片机应用系统开发是十分必要的。如果使用 C51 语言编程,Keil 软件几乎是首选;如果采用汇编语言编程,其方便易用的集成环境、强大的软件调试工具也会带来很多方便。

4.8.1 Keil 软件下单片机应用程序开发步骤

使用 Keil 进行单片机应用程序开发一般需经过 5 个步骤，分别为：新建工程、添加代码文件、配置工程、编译连接、调试。程序调试相对要复杂一些，下一节单独介绍。本节以一个简单的流水灯实验来介绍。

(1) 新建工程

双击桌面上的图标，启动 Keil 软件，屏幕上就会出现如图 4-1 所示界面。

图 4-1　Keil 软件启动时界面

稍后进入初始化界面，μVision集成开发环境编辑操作界面主要包括 3 个窗口：工程项目窗口、编辑窗口和输出窗口。如图 4-2 所示，图上的汉字是标识，实际软件的初始化界面没有。μVision启动时，总是打开最近使用的工程，单击 Project 菜单中的 Close Project 项可以关闭该工程。

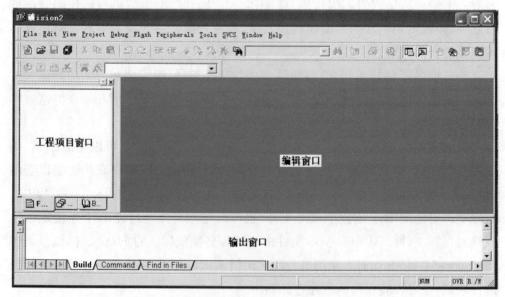

图 4-2　Keil 的初始化界面

新建工程具体操作步骤如下：

① 单击 Project 菜单，在弹出的下拉菜单中选中 New Project 选项。

② 输入工程文件的名字，不需要输入扩展名。

③ 为工程取一个名字，工程名应便于记忆且不宜太长。

④ 工程默认扩展名.uv2。

⑤ 选择要保存的路径，然后单击"保存"按钮。

⑥ 建议为每个工程单独建立一个目录，并且将工程中需要的所有文件都放在这个目录下。

⑦ 单击"保存"后弹出"器件选择对话框"，如图 4-3 所示。

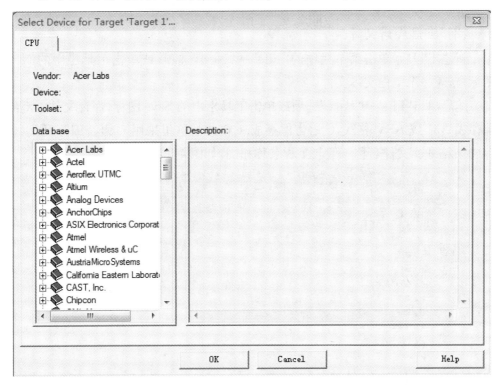

图4-3　器件选择对话框

工程建立完毕，μVision2 会立即弹出一个对话框，要求选择单片机的型号。器件选择的目的是告诉μVision2 最终使用的单片机芯片的型号是哪一个公司的哪一个型号，因为不同型号的芯片内部资源是不同的。μVision2 可根据选择进行 SFR 的预定义，在软硬件仿真中提供易于操作的外设浮动窗口等。

μVision2 支持的所有 CPU 器件的型号根据生产厂家形成器件组。用户可根据需要选择相应的器件组并选择相应的器件型号。通过滚动条，选择生产厂商、目标 CPU。如选择 Atmel 器件组内的 AT89C51 单片机。首先找到 Atmel 公司，然后单击左边的"＋"号展开该组。选择 AT89C51 之后，单击"确定"。

选择完器件后，单击"确定"，弹出询问"是否添加标准 8051 启动代码到工程"对话框，如图 4-4 所示。选择"是"建立工程完毕，至此可以从工程管理窗口中看到建立的工程。

图 4-4　添加标准 8051 启动代码询问对话框

(2) 添加代码文件

新建工程后，单击菜单栏中的"File"→"New"选项，或单击工具栏中的 New 图标，新建一个空白文本文件。

然后单击"File"→"Save"选项或单击工具栏中的 Save 图标，保存文件。汇编保存成 A51 或 ASM 格式，C 语言保存成.c 格式。这里采用 C 语言编写，所以保存成.c 格式。文件名称一般与工程名称相同，如图 4-5 所示。

图 4-5　文件保存窗口

添加代码文件，右键单击"工程管理窗口"中的"Source Group 1"，从弹出的快捷菜单中选择"Add Files to Group 'Source Group l…'",如图 4-6 所示。

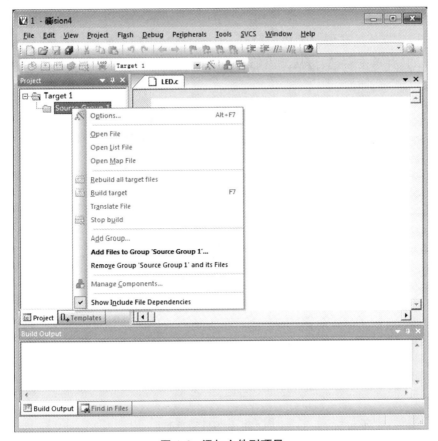

图 4-6　添加文件到项目

单击弹出添加文件对话框,如图 4-7 所示。弹出添加文件对话框,要求寻找源文件。通过"查找范围"列表栏找到文件所在的文件夹,再单击"文件类型"中下拉列表框,从中选取合适的文件类型。

默认的"文件类型"为 C Source file(＊.c),也就是以.c 为扩展名的 C51 文件。

在列表中找到需要的文件,然后选中刚建立的空白文件"LED.c",单击"Add",再单击"Close"关闭对话框。添加成功后会在"工程管理窗口"看到添加的文件"LED.c"。

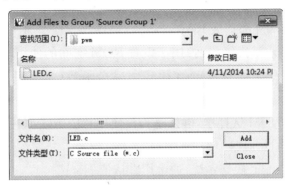

图 4-7　添加文件对话框

最后在文本编译窗口内输入要编写的程序。

(3) 配置工程

项目建立好后还要对工程进行进一步的设置，以满足要求。将鼠标指针指向"Target 1"并单击右键，再从弹出的右键菜单中单击"Options for Target"选项，打开工程设置对话框。

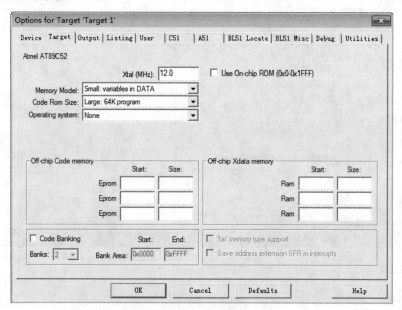

图 4-8　Target 选项卡

① 设置"Target"项目选项卡。

"Xtal(MHz)"后面的数值是晶振频率值，默认值是所选目标 CPU 的最高可用频率值。该数值与最终产生的目标代码无关，仅用于软件模拟调试时显示程序执行时间。正确设置该数值可使显示时间与实际所用时间一致。如果没必要了解程序执行的时间，也可以不设。

"Memory Model"（存储模式）用于设置 RAM 使用情况，有 3 个选择项：Small 指所有变量都在单片机的内部 RAM 中；Compact 可使用一页外部扩展 RAM；Large 则可使用全部外部扩展 RAM。

"Code Rom Size"（代码空间）用于设置 ROM 空间的使用类别：Small 模式只用小于 2 KB 的程序空间；Compact 模式中单个函数（子程序）代码量不能超过 2 KB；Large 模式可用全部 64 KB 空间。

Use On-chip ROM 选择项，确认是否仅使用片内 ROM（注意：选中该项并不会影响最终生成的目标代码量）。

Operating System（操作系统）通常用默认值 None。

其余选项必须根据所用的硬件来决定，如单片应用，未进行任何扩展，均按默认值设置即可。

② 设置"Output"选项卡。

设置对话框中的"Output"输出选项卡：

"Create HEX File"（产生 HEX 文件）选项用于生成可执行代码文件（可用编程器写入单片机芯片的扩展名为 HEX 的文件），默认情况该项未被选中，如要做向单片机芯片写程序的硬件实验，必须选中该项。这一点是初学者易疏忽的，在此特别提醒注意。

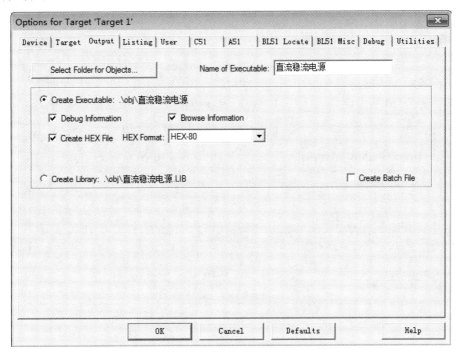

图 4-9　Output 选项卡

选中 Debug Information 将会产生调试信息，这些信息用于调试，如果需要对程序进行调试，应当选中该项。

Browse Information 是产生浏览信息，该信息可以用菜单"View"→"Browse"来查看，这里取默认值。

按钮 Select Folder for Objects 用来选择最终目标文件所在的文件夹，默认是与工程文件在同一个文件夹中。Name of Executable 用于指定最终生成的目标文件的名字，默认与工程的名字相同，这两项一般不需要更改。

③ 设置"Debug"选项卡。

"Debug"页面用于设置用户程序的调试方式。

单击"Debug"仿真选项卡，既可以选择软件仿真，也可以选择硬件仿真。软件仿真是在μVision2 环境中仅用软件方式完成对用户程序的调试；硬件仿真需要硬件目标板或相应硬件虚拟仿真环境的支持。对于软件仿真,选择左侧的"Use Simulator"即可。这也是系统的默认设置。对于硬件仿真器仿真设置,请单击靠右侧的"Use:"项,在其右侧的列表栏中选取一个仿真目标即可。

另外,Listing 页面用于调整生成的列表文件选项。在汇编或编译完成后将产生(* . lst)的列表文件,在连接完成后也将产生(* . m51)的列表文件,该页用于对列表文件的内容形式进行细致的调节,其中比较常见的选项是 C Compile Listing 下的 Assembly Code 项,选中该项可以在列表文件中生成 C 语言源程序所对应的汇编代码。

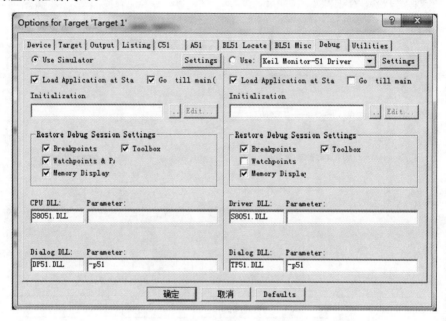

图 4-10　Debug 选项卡

(4) 编译连接

在主窗口中单击"Project"菜单,选中"Build target"选项进行编译连接;或者使用快捷键 F7;或者单击工具栏的快捷图标。

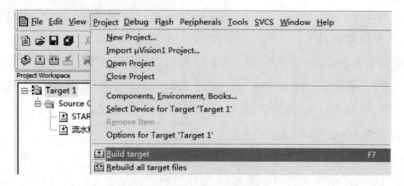

图 4-11　编译界面

选择"Build target"选项,如果当前文件已修改,软件会先对该文件进行编译,然后再连接以产生目标代码。

选择"Rebuild all target files"将会对当前工程中的所有文件重新进行编译,然后再连接,以确保最终生产的目标代码是最新的。

以上操作均可以通过工具栏按钮直接进行。

编译过程中的信息将会在主窗口下部的输出窗口显示出来(如错误、警告等信息)。

"assembling…"表示此时正在编译源程序。

"linking…"表示此时正在连接工程项目文件。

如果有错误,系统会提示所有错误所在的位置和错误的原因,以方便用户查找与修改,并有"Target not created"的提示。在错误提示行上双击鼠标,即可定位到编辑窗口中的错误所在行,并在错误指令左面出现蓝色箭头提示,可根据此提示找出错误并修改。修改后再次进行编译,反复进行,直至编译完全通过,即系统提示为出现"0 Error(s)"。

"Creating hex file from…",说明已生成目标文件(hex),此文件格式可通过下载器写入单片机的程序存储器。

"…0 Error(s),0 Warning(s)."说明项目在编译过程中不存在错误和警告,编译链接成功。

编译异常一般有两种提示,警告(Warning)和错误(Error)。警告一般不影响程序的执行,而错误是产生不了目标代码的,当然就不能被计算机正常执行了。

注意:错误修改一般从第一个错误开始,每修改一个错误后,可以立即编译。这样该错误引起的一系列错误就可以消失。

图 4-12　编译成功界面

4.8.2　Keil 软件的调试方法

1. 单片机应用程序调试

使用 Keil 软件可以有两种编程调试方法：一种是使用带有仿真器的方法，另一种是不使用仿真器的纯软件调试。使用仿真器时，仿真器连接到目标板代替单片机，通过 Keil 或其自带的软件来编程和调试，这样可以通过仿真器实现单片机的功能，并控制目标板的执行。调试时各种变量参数都可以观察和修改，给调试带来很大的方便。不使用仿真器的情况下，Keil 软件无法连接目标电路板，因此调试是在完全"模拟"的情况下进行的，主要是调试程序的一些逻辑错误，这需要调试人员具有一定的经验才可以进行。完成调试的程序还需要下载到单片机中（通过 ISP 方式下载），然后在目标电路板上真实运行才能进一步验证是否有问题。通过反复的验证和修改，最后完成程序的调试。

2. 常用的调试方式

(1) 单步运行

单击"单步运行"按钮，每按一次该按钮，机器会执行一条指令，在执行下一条指令前，可以观察寄存器、变量、RAM 内容的变化情况。

(2) 单步调用

单步调用是指把一个子程序当作一条指令来调用（执行），即一次执行完被调用子程序内部的所有指令。例如，用单步调步执行 LCALL 指令，LCALL 所调用的子程序就是一次执行完毕，即 LCALL 是当作一条指令来执行的。单步调用在执行循环、延时子程序时，一次执行完毕可以不影响调试时主要关注的问题，这样可以方便调试程序。

(3) 全速运行

单击"全速运行"按钮，程序从当前位置开始连续运行，直到遇到断点处停止，没有断点则一直运行。一般来说，全速运行的速度比下载到单片机中运行要慢一些，因为毕竟是在仿真环境中运行。

(4) 设置断点

设置断点是为了使程序在全速运行到这一指令时可以暂时停止下来，以便观察变量、寄存器当前值，因此设置断点是一个很好的调试方法。断点可以设置在任何一个有效的指令处，当程序运行到此处时，停止运行，程序员可以通过窗口观察相关的变化。

3. 常用调试命令

在 Keil μVision集成开发环境下有两种方法执行调试命令：一种是选择主菜单 Debug 下的子菜单；另一种是用主界面下工具栏中的调试工具。在对工程成功地进行编译、连接以后，使用菜单"Debug"→"Start/Stop Debug Session"，或按"Ctrl＋F5"，或单击工具条上的按钮，均可进入调试状态。

进入调试状态后，界面与编辑状态相比有明显的变化，Debug 菜单项中原来不能用的命令现在已可以使用了。

工具栏会多出一个用于运行和调试的工具条，如图 4-13 所示。

图 4-13　调试工具条

从左到右依次是复位、运行、暂停、单步、过程单步、执行完当前子程序、运行到当前行、下一状态、打开跟踪、观察跟踪、反汇编窗口、观察窗口、代码作用范围分析、串行窗口、内存窗口、性能分析、工具按钮等命令。

(1) 复位 CPU

单击工具栏的"Reset CPU"命令按钮可以复位 CPU。在不改变程序的情况下，若想使程序重新开始运行，执行此命令即可。执行此命令后程序指针返回到0000H 地址单元。另外，一些内部特殊功能寄存器在复位期间也将重新赋值。例如，A 将变为 00H，DPTR 变为 0000H，SP 变为 07H，I/O 口变为 0FFH。

(2) 全速运行(F5)

用"Debug"工具栏的"Go"或快捷命令"Run"按钮，即可实现全速运行程序。当然若程序中已经设置断点，程序将执行到断点处，并等待调试指令。μVision2 处于全速运行期间，不允许查看任何资源，也不接受其他命令。

在程序行设置/移除断点的方法是将光标定位于需要设置断点的程序行，使用菜单"Debug"→"Insert/Remove BreakPoint"设置或移除断点。用鼠标在该行左侧双击也可以实现设置或移除断点。

(3) 单步跟踪(F11)

用"Debug"工具栏的"Step"或快捷命令"Step"按钮，可以单步跟踪程序。每执行一次此命令，程序将运行一条指令(以指令为基本执行单元)。当前的指令用黄色箭头标出，每执行一步箭头都会移动，已执行过的语言呈绿色。在汇编语言调试下，可以跟踪到每一个汇编指令的执行。

(4) 单步运行(F10)

用"Debug"工具栏的"Step Over"或快捷命令"Step Over"按钮，可以以过程单步形式执行命令。所谓"过程单步"，是指将汇编语言中的子程序或高级语言中的函数作为一个语句来全速执行。它以语句（该语句不管是单一命令行还是函数调用）为基本执行单元。

（5）执行返回（"Ctrl+F11"）

在用单步跟踪命令跟踪到子函数或子程序内部时，使用"Debug"菜单栏中的"Step Out of Current Function"或快捷命令按钮"Step Out"，即可将程序的PC指针返回到调用此子程序或函数的下一条语句。

4. 调试观察窗口

Keil软件在调试程序时提供了多个窗口，主要包括输出窗口（Output Window）、观察窗口（Watch&Call Stack Windows）、存储器窗口（Memory Window）、反汇编窗口（Disassembly Window）和串行窗口（Serial Window）等。

进入调试模式后，可以通过菜单View下的相应命令打开或关闭这些窗口，各窗口的大小可以使用鼠标调整。程序调试过程中可借助于各种窗口观察程序运行的状态，以便于分析程序运行的正确性。

（1）工程项目窗口（Project Window）

在调试状态下，选择主菜单"View"下的"Project Window"选项，可打开或关闭工程项目窗口，如图4-14所示。

工程项目窗口中的寄存器页（Regs）给出了当前的工作寄存器组（r0～r7）和系统寄存器的值。系统寄存器组有一些是实际存在的寄存器，如a、b、sp、dptr、psw等特殊寄存器，有一些是虽然存在却不能对其操作的，如PC、States等。

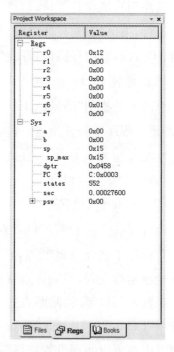

图4-14　工程项目窗口中的寄存器页

每当程序中执行到对某寄存器的操作时，该寄存器会以反色（蓝底白字）显示。用鼠标单击，然后按下F2键，即可修改该值。在执行程序的过程中可以看到，这些值会随着程序的执行发生相应的变化。

（2）存储器观察窗口（Memory Window）

在调试状态下，选择主菜单"View"下的"Memory Window"选项，可打开或关闭存储器观察窗口,如图 4-15 所示。

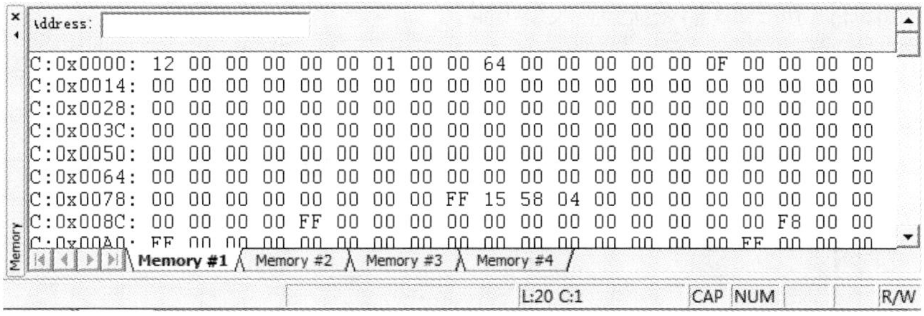

图 4-15 存储器窗口

存储器观察窗口分 4 页,分别是 Memory♯1～Memory♯4。每一页都可以显示程序存储器、内部数据存储器和外部数据存储器的值。通过在 Address 后的编辑框内输入"字母:数字"即可显示相应内存值,其中,字母可以是 C、D、I、X、S。各字母的含义如表 4-6 所示。

表 4-6 存储器窗口中各字母的含义

字符	存储空间
C	片内及片外 ROM
D	直接寻址的片内 RAM
I	间接寻址的片内 RAM
X	片外 RAM
S	系统占用空间

如果在存储器窗口的地址栏处输入"D:30H"后回车,则可以观看单片机片内数据存储器 30H 单元开始的内容。如果在存储器窗口的地址栏处输入"I:10"后回车,显示 10 号单元开始的内部数据存储器的内容。该部分是间接寻址方式。

这些窗口的显示值可以以各种形式显示,如十进制、十六进制、字符型等,改变显示方式的方法是单击鼠标右键,在弹出的快捷菜单中选择。默认以十六进制方式显示。

(3) 变量观察窗口(Watch&Call Stack Windows)

如果需要观察其他的寄存器的值或者在高级语言编程时需要直接观察变量,就要借助于观察窗口。在调试状态下,选择主菜单"View"下的"Watch&Call Stack Windows"选项,可打开或关闭变量观察窗口,如图 4-16 所示。变量观察窗口由 4 页组成,分别是 Locals、Watch♯1、Watch♯2 和 Call Stack。

Locals 页用于自动显示程序运行过程中局部变量的值,这些局部变量只有在有效区域时才被显示。

Watch♯1、Watch♯2页既可显示局部变量的值，也可显示全局变量的值，使用时在 name 区按 F2 键，然后输入变量名。

Call Stack 页主要用于显示子程序调用过程中的相关信息。

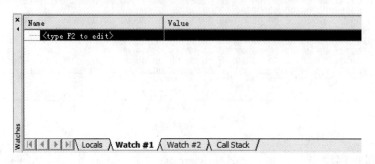

图 4-16　变量观察窗口

（4）命令窗口(Output Window/Command)

通过"View"菜单"Output Window/Command"标签页打开命令窗口，如图 4-17所示。窗口中有一个显示提示符">"的命令行输入，其中可以输入各种命令字，如装入用户程序的目标文件、运行、设置观察点或断点等。在命令输入行中键入命令字并回车，该命令将立即被执行，执行结果也显示在输出窗口中；若命令输入错误，窗口中将显示错误信息。Keil 在输入命令时自动将所有可选的命令字、命令所需的参数等显示在窗口下边的命令提示行上。用户可以根据提示输入命令，避免错误出现。

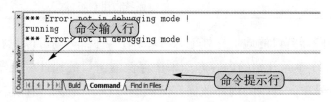

图 4-17　命令窗口

（5）反汇编窗口(Disassembly Window)

单击"View"→"Disassembly Window"可以打开反汇编窗口，如图 4-18 所示。该窗口可以显示反汇编后的代码、源程序和相应反汇编代码的混合代码，可以在该窗口进行在线汇编、利用该窗口跟踪已找行的代码、在该窗口按汇编代码的方式单步执行。

Keil 提供了跟踪功能，在运行程序之前打开调试工具条上的允许跟踪代码开关，然后全速运行程序，当程序停止运行后，单击查看跟踪代码按钮，自动切换到反汇编窗口，其中前面标有"—"号的行就是中断以前执行的代码，可以按窗口边的上卷按钮向上翻查看代码执行记录。

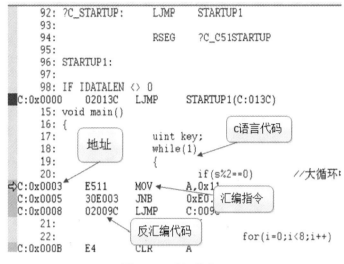

图 4-18 反汇编窗口

(6) 外围接口观察窗口

① 并行口观察窗口。选择主菜单"Peripherals"下的"I/O-Port"子菜单下的 Port 0、Port 1 等,可以观察并行口的值和各位的状态。并行口的数量根据芯片型号而定。

图 4-19 是 P1 口的值,其中位状态中的"√"表示该位为 1,空白表示该位为 0。

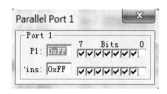

图 4-19 P1 并行口观察窗口

② 串行口观察窗口。在调试状态下,选择主菜单"Peripherals"下的"Serial"项,可以观察选定环境下串行口的工作方法、控制字格式、波特率等,如图 4-20 所示。

③ 定时器观察窗口。在调试状态下,选择主菜单"Peripherals"下的"Timer"子菜单下的 Timer 0、Timer 1 等项,可以观察选定环境下定时/计数器的工作方式、控制字格式、计数初值等。定时器的数量根据芯片型号而定。如图 4-21 所示。

图 4-20 串行口观察窗口

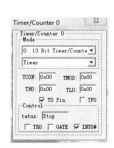

图 4-21 定时器观察窗口

④ 中断系统观察窗口。在调试状态下，选择主菜单"Peripherals"下的"Interrupt"项，可以观察选定环境下中断系统中的中断个数、每个中断的中断矢量、状态、优先级等，如图 4-22 所示。

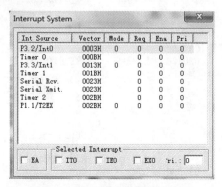

图 4-22　中断系统观察窗口

4.8.3　实验例题

通过下面几个实验例题，初步掌握 C51 编程、Keil 软件的使用方法及单片机并口的应用。

例 4.1　点亮连接在 P0.0 口的一个 LED 灯。设 LED 灯为共阳极连接方式。

C51 源程序如下：

```
#include<reg51.h>            /*包含 51 单片机资源定义引用到程序中来*/
  sbit D0=P0^0;              /*定义位变量 D0，使它等价于 P0^0 位*/
void main()
{
  while(1)
    {D0=0;}                  /*D0=0，LED 灯亮*/
}
```

例 4.2　让 P0.0 口的 LED 灯闪烁。

C51 源程序如下：

```
#include<reg51.h>            /*包含 51 单片机资源定义引用到程序中来*/
sbit D0=P0^0;
unsigned int i;
void main()
{
  whlie(1)
  {
    D0=0;                    /*D0=0，LED 灯亮*/
    for(i=0;i<=55000;i++);   /*延迟一段时间*/
    D0=1;                    /*D0=1，LED 灯灭*/
```

```
        for(i=0;i<=55000;i++);          /*延迟一段时间*/
    }
}
```

例 4.3　在 P0 口连接的 8 个灯上实现流水灯效果。

C51 源程序如下：

```
# include<reg51.h>
# include <intrins.h>                   /*文件中包含循环左移和循环右移的函数*/
# define uchar unsigned char
void delay (uchar k);
void main()
{
    uchar aa;
    aa=0xfe;
    while(1)
    {
        P0=aa;
        delay(200);
        aa= _crol_ (aa,1);              /*将 aa 循环左移 1 位后再赋值给 aa*/
    }
}
    void delay(uchar k)                 /*带参延迟程序*/
    {
        uchar i,j;
        for(i=k;i>0;i--)
            for(j=200;j>0;j--);
    }
```

说明：循环左移和循环右移在 C51 中没有专门的运算符，intrins.h 头文件中包含循环左移和循环右移的函数分别为：

```
    _crol_(unsigned char a, unsigned char b)        /*将 a 循环左移 b 位*/
    _cror_(unsigned char a, unsigned char b)        /*将 a 循环右移 b 位*/
```

例 4.4　依次点亮 P0 口连接的 8 个灯（从 P0.0 至 P0.7），然后依次熄灭 P0 口连接的 8 个灯（从 P0.7 至 P0.0）。

C51 源程序如下：

```
# include <reg51.h>
# define uchar unsigned char
void delay (uchar k);
void main()
{
    uchar j;
    while(1)
```

```
    {  P0=0xfe;
        for(j=0;j<7;j++)
        {  P0=P0≪1;                              /* 左移后,空缺位补 0 */
            delay(150); }
        char i;
        i=0x80;
        P0=i;
        for(j=0;j<7;j++)
        {
            i=i≫1;                               /* 有符号数右移,高位补 1 */
            P0=i;
            delay(150);
        }
    }
}
void delay(uchar k)
{
    uchar i,j;
    for(i=k;i>0;i--)
        for(j=200;j>0;j--);
}
```

例 4.5　在 P0 口连接的 LED 灯上实现如下花样流水灯效果（循环显示）。

灭灭灭亮亮灭灭灭－＞灭灭亮灭灭亮灭灭－＞灭亮灭灭灭灭亮灭－＞亮灭灭灭灭灭灭亮－＞灭灭灭灭灭灭灭灭

C51 源程序如下：

```
#include <reg51.h>
#define uchar unsigned char
uchar code led[ ]={0xe7,0xdb,0xbd,0x7e,0xff};        /* 花样数据 */
void delay(uchar k);
void main()
{
    uchar j;
    while(1)
    {  for(j=0;j<5;j++)
        { P0=led[j];
            delay(150);}
    }
}
```

```
void delay(uchar k)
{
    uchar i,j;
    for(i=k;i>0;i——)
        for(j=200;j>0;j——);
}
```

本章小结

C51 语言是近年来在 51 单片机开发中普遍使用的一种高级程序设计语言。它能提供编程人员在短时间内编写出执行效率高、可读性强、易于升级与维护以及模块化的程序代码所需的条件。C51 能直接对单片机硬件进行操作,既有高级语言的特点,又有汇编语言的特点,因此在单片机应用开发中得到非常广泛的使用。

C51 语言是在标准 C(ANSI C)基础上为满足单片机应用程序开发而发展起来的。C51 包含的数据类型、存储器模式、输入/输出处理等方面与标准的 C 语言有一定的区别,其他的语法规则及程序设计方法与标准的 C 语言相同。

C51 的学习要侧重 C51 对单片机片内外资源的编程控制方法,要注意语言要素与硬件资源的对应关系,其他的语言要素按标准使用即可。

Keil 是 Keil Software 公司出品的 51 系列兼容单片机 C51 语言软件开发系统。Keil 提供了包括编辑、C 编译器、宏汇编、连接器、库管理和一个功能强大的仿真调试器等在内的完整开发方案,通过一个集成开发环境(μVision)将这些组合在一起。

熟练掌握 Keil 软件的使用方法以及掌握 Keil 软件的调试方法与技巧,是学习 C51 单片机应用程序开发的重要环节。

本章习题

1. C51 有哪些特有的数据类型?

2. C51 中的存储器类型有几种,它们分别表示的存储器区域是什么?

3. 在 C51 中,bit 位与 sbit 位有什么区别?

4. C51 的存储器模式有哪些?

5. 函数定义由哪两部分组成?

6. C51 中"!"运算符的作用是什么?

7. 举例说明 & 和 && 运算的差异。

8. 说明全局变量和局部变量的差异。

9. 说明 C51 中变量的存储器类型及其特点。

10. 什么是函数声明? 如何进行函数声明?

第 5 章　显示、键盘、I/O 接口

本章目标

- 掌握 7 段 LED 数码管的工作原理及应用
- 掌握 LED 点阵显示器的工作原理与应用
- 掌握 LCD1602 液晶显示器的工作原理与应用
- 了解 TFT LCD 液晶显示器的工作原理
- 掌握非标准键盘按键的识别方法

常用的单片机应用系统,除单片机本身外(即单片机最小系统),都要用到一些外围设备(简称"外设"),以实现人机接口,便于人们操作和掌握单片机的运行。在单片机应用系统中,键盘和显示器是两类很重要的外设,例如,电子秤、多功能数字闹钟等。学习和掌握它们的使用是开发单片机应用系统的基础。

5.1　显示器接口原理与应用

在单片机应用系统中,显示器是最常用的输出设备。常用的显示器有 7 段 LED 数码管及液晶显示器(LCD)等。

5.1.1　7 段 LED 数码管

在专用的微型计算机系统中,特别是在微型机控制系统和测量系统中,往往使用 7 段发光二极管 LED 构成数字显示器就能满足工作要求。该显示器价格低廉、体积小、功耗低、可靠性好,因此,得到广泛使用。

1. 7 段 LED 数码管结构原理

单片机中通常使用 7 段 LED 构成字形"8",加上一个小数点发光二极管,用来显示数字、符号及小数点。这种显示器有共阴极和共阳极两种,如图 5-1 所示。

发光二极管的阴极连在一起(如 5-1(a)图中公共段 K0)称为"共阴极",发光二极管的阳极连在一起(如 5-1(b)图中公共段 K0)称为"共阳极"。图 5-1 (c)中 a～g 为 7 个发光二极管,小数点为 dp 发光二极管。二极管具有单向导电特性,当在某段二极管上加上一定的正向电压时,该段就被点亮,如不加电压则暗。为了保护各段 LED 不被损坏,需外加限流电阻。在数字系统或微型计算

机电路里,限流电阻可使用 200 到 330Ω。电阻值越大,亮度越弱;电阻值越小,亮度越强。LED 正常发光时电流一般在 10 mA,可以根据供电电压选择适当限流电阻的阻值。

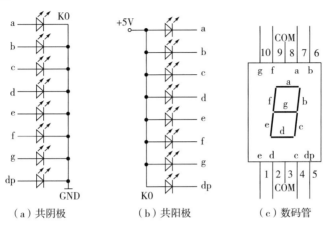

（a）共阴极　　　（b）共阳极　　　（c）数码管

图 5-1　7 段 LED 数码管显示器

注意: 7 段 LED 限流电阻,一般每段使用一个独立的限流电阻,不采用在公共段加一个限流电阻的方法,因为这种方法在显示不同数据时会有不同的亮度,所以不合适。

若共阳极 7 段 LED 数码管的 a 连接 51 单片机某并口的最低位,dp 连接某并口的最高位,且小数点不亮,则 0~9 的驱动信号如表 5-1 所示。

表 5-1　共阳极 7 段 LED 数码管驱动信号编码

数字	二进制	十六进制	显示
0	11000000	0xc0	0
1	11111001	0xf9	1
2	10100100	0xa4	2
3	10110000	0xb0	3
4	10011001	0x99	4
5	10010010	0x92	5
6	10000010	0x82	6
7	11111000	0xf8	7
8	10000000	0x80	8
9	10010000	0x90	9

若共阴极 7 段 LED 数码管的 a 连接 51 单片机某并口的最低位,dp 连接某并口的最高位,且小数点不亮,则 0~9 的驱动信号如表 5-2 所示。

表 5-2　共阴极 7 段 LED 数码管驱动信号编码

数字	二进制	十六进制	显示
0	00111111	0x3f	0
1	00000110	0x06	1
2	01011011	0x5b	2
3	01001111	0x4f	3
4	01100110	0x66	4
5	01101101	0x6d	5
6	01111101	0x7d	6
7	00000111	0x07	7
8	01111111	0x7f	8
9	01101111	0x6f	9

例如，若要显示"7"，共阴极数码管，公共端（COM）接地，则 dp、g、…、b、a 各段应送入 00000111。共阳极数码管，公共端（COM）接电源，则 dp、g、…、b、a 各段应送入 11111000。

这种显示方式是软件译码，即利用查表法，将段码数码管（驱动信号编码）做成一个表（数组），以 0～9 字符值为索引，查出不同字符的相应段码并显示。7 段 LED 也可显示 a～f，从而可以显示十六进制数。

LED 显示器有静态显示和动态显示两种方式。

2. LED 数码管静态显示方式

静态显示就是当显示器显示某些字符时，相应的段（发光二极管）恒定地导通或截止，直到显示另外一个字符为止。

LED 显示器工作于静态显示方式时，各位的共阴极（公共端 COM）接地，若为共阳极（公共端 COM），则接＋5 V 电源。每位的段选线（a～dp）分别与 8 位的输出口相连，相互独立，字符一经确定，相应锁存的输出维持不变。可用单片机 P0～P3 口自带的锁存器，也可使用 8D 锁存器（如 74LS273）或带锁存的译码器（如 CD4511）等。静态显示器的亮度较高，编程容易，管理也较简单，但占用 I/O 口线资源较多。

在显示位数较多的情况下，可以采用动态显示方式，或者使用硬件接口电路来完成，比如，使用 74LS164/74HC164 串转并移位寄存器来实现，如图 5-2 所示。

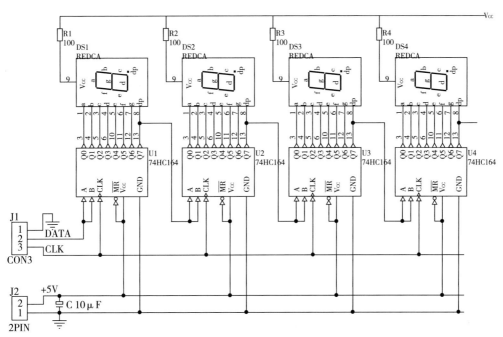

图 5-2 串转并移位寄存器驱动 4 位 LED 数码管

```
/ * ————————74LS164/74HC164 串转并数据发送———————— * /
#include<reg51.h>
#define uchar unsigned char
sbit clk=P2^6;                //时钟
sbit dat=P2^7;                //数据
void sdata(uchar n)
{
    uchar i;
    for(i=0;i<8;i++)          //发送 8 个位数据
    {
        dat=(bit)(n&0x80);    //最高位位数据发送
        clk=0;
        clk=1;                //时钟脉冲
        n<<=1;                //数据移位
    }
}
main()                        //主程序开始
{ …
    sdata(0x80);              //显示 8
    sdata(0x82);              //显示 6
    sdata(0x90);              //显示 9
    sdata(0xf9);              //显示 1
} / * 4 位数码管显示"1968" * /
```

当第一个数据送出到 U1 进行移位到数码管 DS1，DS1 显示该数据，当第二个数据送出到 U1 进行移位到数码管 DS1，这时的第一个数据被 U1 移出，U2 的数据输入连接在 U1 的 Q7 脚上，U1 移出的数据被 U2 移入，这时的 DS2 显示 U2 接收的数据，由此类推，按照上面的连接方式，要显示"1968"，要先送"8"，再送"6"，再送"9"，最后送"1"。74LS164/74HC164 有数据锁存功能，由此，数据一旦输入，就可以保持。

例 5.1 设计数码管显示电路，显示数字从 0 开始，每隔约 0.5 s 增加 1，直到 9 之后，再从 0 开始，如此循环不停。

解析：电路设计如图 5-3 所示，选用共阳极数码管，通过 P0 口驱动数码管显示，程序流程图如图 5-4 所示。

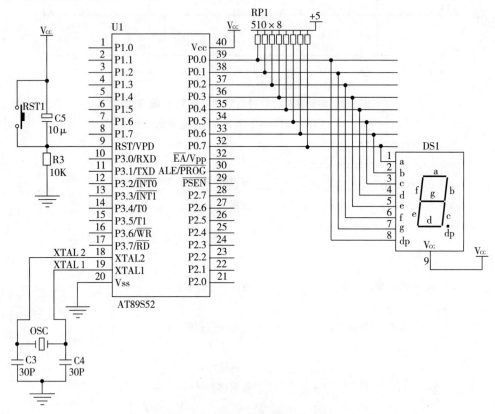

图 5-3　P0 口驱动数码管显示电路

```
/*7 段数码管显示器实验程序*/
#include <reg51.h>              //定义 51 单片机特殊功能寄存器的头文件
#define SEG P0                   //定义 7 段 LED 数码管接至 Port 0
/*声明 7 段 LED 数码管驱动信号阵列(共阳极);数字 0~9*/
unsigned char code tab[10]={0xc0,0xf9,0xa4,0xb0,0x99,0x92,0x82,0xf8,0x80,0x90};
void delay(int);                 //声明延迟函数
```

```
main()                      //主程序开始
{
unsigned char i;            //声明无符号数字变量i
  while(1)                  //无穷循环,程序一直跑
  {
    for(i=0;i<10;i++)       //显示0~9
    {
    SEG=tab[i];            //显示数字
    delay(500);           //延迟500个1ms(=0.5s)
    }
  }
}                           //主程序结束
/*延迟函数,延迟约1ms*/
void delay(int x)           //延迟函数开始
{
    int i,j;                //声明整型变量i,j
    for(i=0;i<x;i++)        //计数x次,延迟1ms
    for(j=0;j<120;j++);     //计数120次,延迟1ms
}                           //延迟函数结束
```

3. LED数码管动态显示方式

静态显示软件控制简单,但占用口线较多,一个7段LED就需一个8位并口,往往造成并口资源缺乏。实际上,在需多个7段LED显示器的应用场合,一般都采用LED数码管动态显示方式。

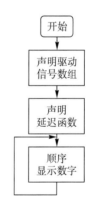

图5-4　数码管静态显示流程图

在多位LED数码管显示时,将所有位的段选线并联在一起,由一个8位I/O口控制。共阴(或共阳)极公共端K分别由相应的I/O线控制,实现各位的分时选通。图5-5所示为4位共阳极LED数码管动态显示接口电路,信号包括显示数据与扫描信号,"显示数据"是所要显示的驱动信号编码,与驱动单个7段LED数码管一样;"扫描信号"就像开关,用以决定驱动哪个LED数码管。扫描信号也分高电平扫描与低电平扫描两种,与电路结构有关,图5-5中扫描信号分别接入Q0~Q3的PNP晶体管的基极,得到低电平者将使其所连接的晶体管导通,其所驱动的位数才会显示,称之为"低电平扫描";若把Q0~Q3改为NPN晶体管,且将其E、C对调,则需要高电平信号才能使晶体管导通,称之为"高电平扫描"。一般都用低电平扫描,扫

描位数越多，限流电阻越小。

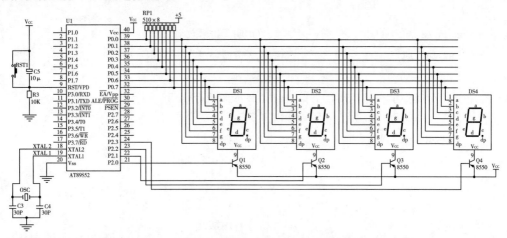

图 5-5　4 位共阳极 LED 数码管动态显示电路

在程序中，软件按一定频率循环输出位选择信号和对应的显示数据，利用眼睛的视觉惯性，从 LED 数码管上便可见到相当稳定的数字显示。

例 5.2　设计一个 8 位共阳数码管的显示电路，单片机的 P0 端口作为段码的输出，单片机的 P2 端口作为位选的输出。编写 C 程序在数码管上稳定显示 01234567。

解析：按照图 5-6 所示进行硬件电路设计，选取 2 个 4 位一体的共阳数码管 DS1 和 DS2 组成 8 位数码管，采用低电平扫描的方式实现对数码管位选的控制，其实物如图 5-7 所示。

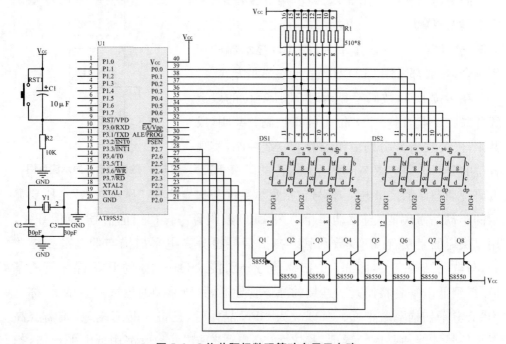

图 5-6　8 位共阳极数码管动态显示电路

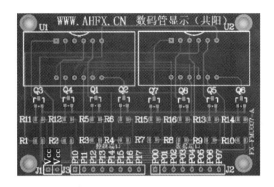

图 5-7 8 位共阳极数码管实物图

C51 源程序如下：

```
#include<reg51.h>              //包含头文件,一般情况下不需要改动
#define uchar unsigned char   //定义数据类型,程序中遇到 unsigned char 则用 uchar 代替
uchar code codeduanma[]={0xc0,0xf9,0xa4,0xb0,0x99,0x92,0x82,0xf8,0x80,0x90};
                              //共阳极数码管段码值 0~9
uchar code codeweima[]={0xfe,0xfd,0xfb,0xf7,0xef,0xdf,0xbf,0x7f};
                              //定义点亮的数码管与数组的关系
/*1ms 为单位的延时程序*/
void delay(uchar x)
{
    uchar j;
    while(x——)
      {
      for(j=0;j<125;j++)
      {;}
      }
}
/*主函数*/
void main()
{
    uchar i;
    for(i=0;i<8;i++)
    {
    P2=codeweima[i];       //取位码 i,显示数字 i
    P0=codeduanma[i];      //取段码 i,显示数字 i
    delay(2);
    }
}
```

说明：读者若将 delay(2)改成 delay(20)，数码管上将会出现 01234567 流动显示的效果。从这个现象可看出数码管动态显示的原理，即快速重复显示。当频率达到一定值时，由于人眼的视觉惯性，看上去就像是稳定显示了。

5.1.2 LED 点阵显示及其接口电路

1. 认识 LED 点阵

所谓"LED 点阵"是将多个 LED 以矩阵方式排列而成为一个元件，其中各 LED 的引脚规律性连接。图 5-8 所示为共阳极型 5×7 LED 点阵内部电路结构，即 5 列（纵向）×7 行（横向），图 5-8(a)为电路内部连接关系。通常是站在列的角度来区分共阳极或共阴极，所谓"LED 共阳极"(Common Anode，简称"CA")，即每列 LED 的阳极连接在一起，称之为"列引脚"(Column)，若连接到列引脚的是 LED 的阴极，则称为"共阴极"(Common Cathode，简称"CC")。每行 LED 的阴极连接在一起，即为行引脚(Row)。图 5-8(b)为驱动电路，若要点亮其中的 LED，则列的信号与行的信号要能形成一个电流的正向回路，该 LED 才会亮。

LED 点阵显示使用动态扫描方式，在任一时刻，只有一列 LED 可能会亮，只是当扫描信号切换速度比较快时，利用人眼的视觉惯性，将感觉到整个 LED 点阵是亮的，而不是一列一列地亮，其原理同多位 LED 的动态显示。

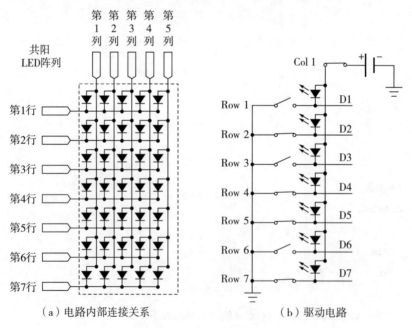

（a）电路内部连接关系   （b）驱动电路

图 5-8　5×7 LED 点阵结构

2. LED 点阵驱动

由于 LED 点阵的种类繁多,在此介绍常用的 8×8 LED 点阵,常用 1.2 英寸和 2.3 英寸两种,使用时可参阅产品相关说明。若要正向点亮一个 LED,至少也得 10 至 20 mA。如果电流不够大,LED 就不够亮。而单片机的输入/输出端口,其高电平输出电流很小(数十到数百微安),很难直接驱动 LED。

这时就需要额外的驱动电路,一般地,LED 点阵驱动电路包括两组信号,即扫描信号和显示信号。在此以共阳极介绍驱动电路。如图 5-9 所示,扫描信号连接到一个 NPN 晶体管的基极,这个晶体管可能要提供 7 个 LED 同时亮,即需要 150 mA 左右的驱动电流。因此,必须在 51 单片机的输出口上连接 10 kΩ 的上拉电阻,而所使用的 NPN 晶体管可选用 CS9013、2SC1384、8050 等。当高电平的扫描信号输入后,即可产生晶体管的 i_b,放大后的 i_e 流入 LED 的阳极,该列中的 LED 将具有点亮的条件。

显示信号各经一个反相驱动器,常用 ULN2003/ULN2803,再经限流电阻接到 LED 点阵的行引脚。对于高电平的显示信号,经反相器变为低电平,吸取 LED 所连接的驱动电流,从而形成正向回路以点亮 LED。

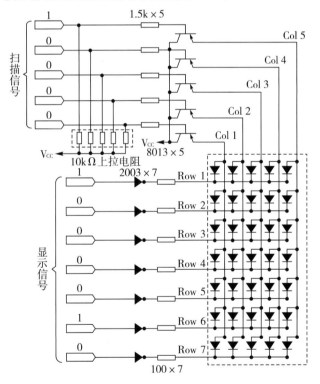

图 5-9　共阳型低电平扫描—高电平显示信号驱动电路

LED点阵的显示采用扫描的方式,首先将所要显示的文字按每列拆解成多组显示信号,如图5-10所示,对于一个8×8 LED点阵而言,若要显示"公"字,则可将各列显示数据输出。

若LED点阵显示数据第1行为D0,第8行为D7,则可列出这个字的显示数据编码,如图5-10和表5-3所示。

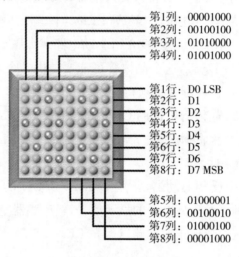

第1列: 00001000
第2列: 00100100
第3列: 01010000
第4列: 01001000

第1行: D0 LSB
第2行: D1
第3行: D2
第4行: D3
第5行: D4
第6行: D5
第7行: D6
第8行: D7 MSB

第5列: 01000001
第6列: 00100010
第7列: 01000100
第8列: 00001000

图 5-10   文字编码

编码必须与实际线路相符,若把第1行改为MSB(最高有效位),第8行改为LSB(最低有效位),则编码也要跟着调整。

表 5-3   编码对照表

扫描顺序	显示数据(二进制)	显示数据(十六进制)
第 1 列	00001000	0x08
第 2 列	00100100	0x24
第 3 列	01010010	0x52
第 4 列	01001000	0x48
第 5 列	01000001	0x41
第 6 列	00100010	0x22
第 7 列	01000100	0x44
第 8 列	00001000	0x08

LED显示驱动电路如图5-11所示,以高电平信号扫描,送第1列扫描信号"10000000"到点阵的列引脚,再送第1列的显示数据"00001000"到LED点阵的行引脚,然后依次送出各列的扫描信号和对应列的显示数据。每列的显示时间约2 ms。由于人类视觉暂留现象,将感觉像8列LED同时显示的样子。若显示时间太短,则亮度不够;若显示时间太长,将会感觉到闪烁。

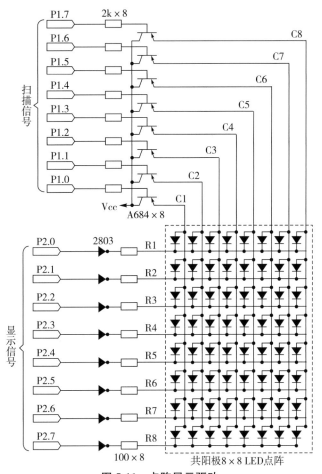

图 5-11 点阵显示驱动

例 5.3 8×8点阵静态显示。

解析:如图5-9所示,使用8×8共阳极LED点阵,硬件设计中使用P1口输出扫描信号,P2口输出显示信号,显示数据"0~9",每个字符显示30次,约0.5 s增加1。0到9的编码如表5-4所示。

表 5-4 0~9 的编码

数字	1	2	3	4	5	6	7	8
0	0x00	0x1c	0x22	0x41	0x41	0x22	0x1c	0x00
1	0x00	0x40	0x44	0x7e	0x7f	0x40	0x40	0x00
2	0x00	0x00	0x66	0x51	0x49	0x46	0x00	0x00
3	0x00	0x00	0x22	0x41	0x49	0x36	0x00	0x00
4	0x00	0x10	0x1c	0x13	0x7c	0x7c	0x10	0x00
5	0x00	0x00	0x27	0x45	0x45	0x45	0x39	0x00
6	0x00	0x00	0x3e	0x49	0x49	0x32	0x00	0x00
7	0x00	0x03	0x01	0x71	0x79	0x07	0x03	0x00
8	0x00	0x00	0x36	0x49	0x49	0x36	0x00	0x00
9	0x00	0x00	0x26	0x49	0x49	0x3e	0x00	0x00

流程图设计如图 5-12 所示。

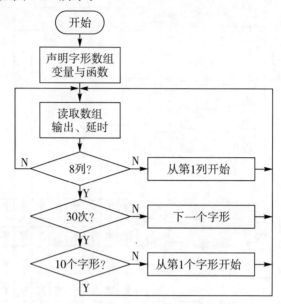

图 5-12　8×8 点阵静态显示流程图

程序如下：

```
/ * 8×8 LED 点阵实验显示数据"0～9" * /
#include <reg51.h>
#define ROWP P2                    //输出行接至 P2
#define COLP P1                    //扫描列接至 P1
#define repeat 30                  //扫描 30 周,约 2 ms * 8 * 30＝0.48 s
unsigned char code disp[10][8]=    //=======字形=======
{  {0x00, 0x1c, 0x22, 0x41, 0x41, 0x22, 0x1c, 0x00},   //0
   {0x00, 0x40, 0x44, 0x7e, 0x7f, 0x40, 0x40, 0x00},   //1
   {0x00, 0x00, 0x66, 0x51, 0x49, 0x46, 0x00, 0x00},   //2
   {0x00, 0x00, 0x22, 0x41, 0x49, 0x36, 0x00, 0x00},   //3
   {0x00, 0x10, 0x1c, 0x13, 0x7c, 0x7c, 0x10, 0x00},   //4
   {0x00, 0x00, 0x27, 0x45, 0x45, 0x45, 0x39, 0x00},   //5
   {0x00, 0x00, 0x3e, 0x49, 0x49, 0x32, 0x00, 0x00},   //6
   {0x03, 0x01, 0x71, 0x79, 0x07, 0x03, 0x00},         //7
   {0x00, 0x00, 0x36, 0x49, 0x49, 0x36, 0x00, 0x00},   //8
   {0x00, 0x00, 0x26, 0x49, 0x49, 0x3e, 0x00, 0x00}};  //9
void delay1ms(int);                //声明延迟函数
//==================主程序==================
main()                             //主程序开始
```

```
{
    unsigned char i,j,k,scan;                    //声明变量
    while(1)                                      //无穷尽循环
    for(i=0;i<10;i++)                             //字形 0~9
    for(k=0;k<repeat;k++)                         //重复执行 repeat 次
    {
        scan=0x01;                               //初始扫描信号
        for(j=0;j<8;j++)                         //扫描 8 行
        {
            ROWP=0x00;                           //关闭 LED
            COLP=scan;                           //输出扫描信号
            ROWP=disp[i][j];                     //输出显示信号
            delaylms(2);                         //延迟 2 ms
            scan<<=1;                            //下一个扫描信号
    }                                            //扫描 8 行(j 循环)结束
    }                                            //执行 repeat 次(k 循环)结束
    }                                            //主程序结束
//===============延迟函数===============
void delaylms(intx);
{
    int i,j;                                      //声明变量
    for(i=0;i<x;i++)                              //外循环 x ms
        for(j=0;j<120;j++);                       //内循环 1 ms
}                                                 //延迟函数结束
```

例 5.4　8×8 点阵平移显示。

解析:如图 5-13 所示,使用 8×8 共阳极 LED 点阵,硬件设计中使用 P1 口输出扫描信号,P2 口输出显示信号。显示信号为左右方向箭头符合,当按下 PB0 键后,向右箭头字形将右移 3 圈;当按下 PB1 键后,向左箭头字形将左移 3 圈。图 5-14 为左右箭头编码。

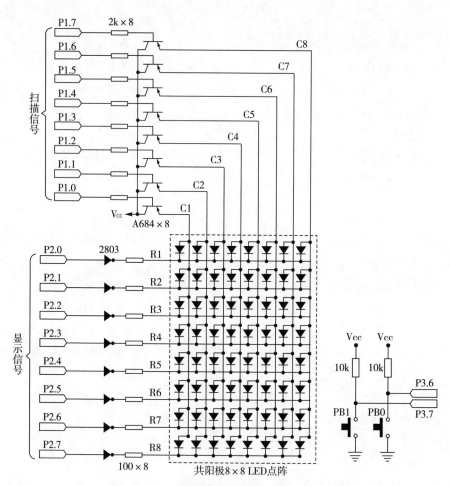

图 5-13　8×8 共阳极 LED 点阵动态平移电路

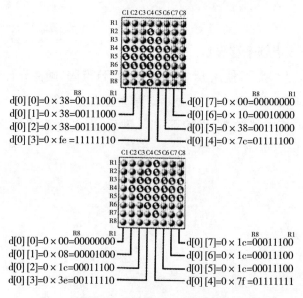

图 5-14　向右与向左箭头编码

流程图设计如图 5-15 所示：

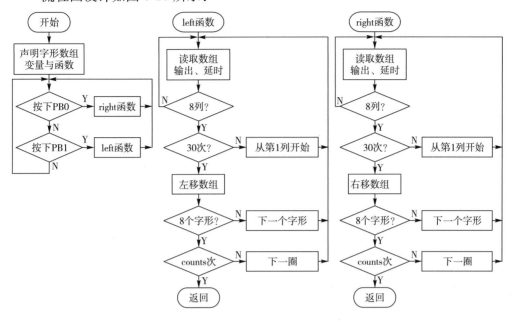

图 5-15　8×8 点阵平移显示流程图

程序如下：

```
/* 8×8 LED点阵平移实验参考程序,显示箭头左右移动参考程序 */
#include <reg51.h>
#define ROWP P2                              //输出行接至 P2
#define COLP P1                              //扫描列接至 P1
#define repeat 30                            //扫描 30 周,约 2 ms * 8 * 30=0.48 s
#define counts 3                             //旋转 3 次
sbit PB0=P3^6;                               //声明左移按钮
sbit PB1=P3^7;                               //声明右移按钮
//=================字形=================
unsigned char code d[2][8]={
  { 0x38, 0x38, 0x38, 0xfe, 0x7c, 0x38, 0x10, 0x00 },   //向右箭头编码
  { 0x00, 0x08, 0x1c, 0x3e, 0x7f, 0x1c, 0x1c, 0x1c }};  //向左箭头编码
unsigned char scan;                          //声明行扫描变量
void RO_RL(bit);                             //声明左/右转函数(0:右/1:左)
void delaylms(int);                          //声明延迟函数
//=================主程序=================
main()                                       //主程序开始
{
  PB0=PB1=1;                                 //设定输入
  while(1)                                   //无穷尽循环
```

```
    {
        if (PB0==0) RO_RL(0);              //按下 PB0,—>右转 3 圈
        if (PB1==0) RO_RL(1);              //PB1,<—左转 3 圈
        COLP=0xFF;                         //关闭 LED
    }                                      //while 结束
}                                          //主程序结束
//===============左/右转函数===============
void RO_RL(bit RL)                         //RL:控制左右(0:右/1:左)
{
    int i,j,k,l;                           //声明变量
    for (l=0;l<counts;l++)                 //转 counts 次
    for(j=0;j<8;j++)                       //移动 j 行
    { for (k=0;k<repeat;k++)               //扫描 repeat 周
    {
        ROWP=0x00;                         //关闭 LED(防残影)
        COLP=~scan;                        //输出扫描信号
        if(RL==0)                          //按下 PB0 右转
            ROWP=d[0][(8+i-j)%8];
        else                               //按下 PB1 左转
            ROWP=d[0][(i+j)%8];
        delaylms(2);                       //延迟 2 ms
        scan<<=1;                          //下个扫描信号
    }                                      //行扫描(变量 i)结束
    }                                      //扫描 repeat 次
}                                          //结束左/右转函数
//===============延迟函数===============
void delaylms( int X)
{
    int i,j;                               //声明变量
    for(i=0;i<x;i++)                       //外循环,延迟 x ms
        for(j=0;j<120;j++);                //内循环,延迟 1 ms
}                                          //延迟函数结束
```

例 5.5　8×8 点阵垂直移动显示。

解析:电路依然使用 5-9 图,使用 8×8 共阳极 LED 点阵,硬件设计中使用 P1 口输出扫描信号,P2 口输出显示信号。显示信号为上下方向箭头符合,当按下 PB0 键后,向上箭头字形将上移 3 圈;当按下 PB1 键后,向下箭头字形将下移 3 圈。图 5-16 为上下箭头编码。

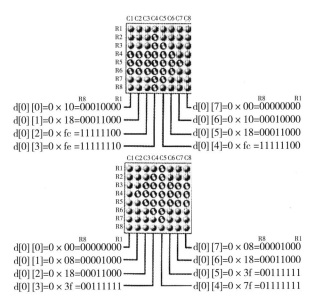

图 5-16 向上与向下箭头编码

流程图设计如图 5-17 所示。

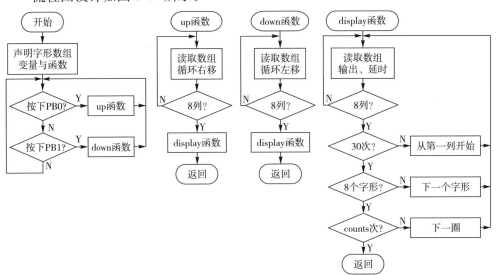

图 5-17 8×8 点阵垂直移动显示流程图

```
/*8×8 LED点阵箭头垂直移动显示参考程序*/
#include <reg51.h>
#define ROWP P2                    //输出行接至 P2
#define COLP P1                    //扫描列接至 P1
#define repeat 30                  //扫描 30 周,约 2m*8*30=0.48 秒
#define counts 3                   //旋转 3 次
sbit PB0=P3^6;                     //声明上移按钮
```

```
sbit PB1=P3^7;                          //声明下移按钮
//==================字形==================
unsigned char code d[2][8]={
{ 0x10, 0x18, 0xfc, 0xfe, 0xfc, 0x18, 0x10, 0x00};        //上
{ 0x00, 0x08, 0x18, 0x3f, 0x7f, 0x3f, 0x18, 0x08}};       //下
unsigned char scan;                     //声明行扫描变量
void RO_UD(bit);                        //声明上/下转函数(0:上/1:下)
void delay1ms(int);                     //声明延迟函数 */
//==================主程序==================
main()                                  //主程序开始
{
PB0=PB1=1;                              //设定输入埠
  while (1)                             //无穷尽循环
  {if (PB0==0) RO_UD(0);                //按下 PB0,上转 3 圈
    if (PB1==0) RO_UD(1);               //按下 PB1,下转 3 圈
    COLP=0xff;                          //关闭 LED
  }                                     //while 结束
}                                       //主程序结束
//==================上/下转函数==================
void RO_UD(bit UD)                      //UD:控制上下(0:上/1:下)
{
int i,j,k,l;                            //声明变量
  for (l=0;l<counts;l++)                //转 counts 次
    for (j=0;j<8;j++)                   //移动上下 j 列
      for (k=0;k<repeat;k++)            //扫描 repeat 周
      {
        scan=0x01;                      //初始扫描信号
        for (i=0;i<8;i++)               //扫描第 i 行
        {
          ROWP=0x00;                    //关闭 LED(防残影)
          COLP=~scan;                   //输出扫描信号
          if(UD==0)                     //按下 PB0 上转
            ROWP=d[1][i]>>j | d[1][i]<<(8-j);
          else                          //按下 PB1 下转
            ROWP=d[0][i]<<j | d[0][i]>>(8-j);
          delay1ms(2);                  //延迟 2 ms
          scan<<=1;                     //下个扫描信号
        }                               //行扫描(变量 i)结束
      }                                 //扫描 repeat 次
```

```
    }                               //结束左/右转函数
//=================延迟函数=================
void delay1ms(int x)
{
int i,j;                            //声明变量
    for(i=0;i<x;i++)                //外循环,延迟 x ms
for(j=0;j<120;j++);                 //内循环,延迟 1 ms
    }                               //延迟函数结束
```

5.1.3　LCD 显示接口电路

1. 认识 LCD 模块

液晶显示器是单片机应用系统中一种常用的人机接口形式。液晶显示器具有体积小、重量轻、功耗极低、显示内容丰富等特点。

液晶显示器(LCD)的主要原理是以电流刺激液晶分子产生点、线、面并配合背部灯管构成画面。由于 LCD 的控制需要专用的驱动电路,且 LCD 面板的接线需要特殊的技巧,加上 LCD 板结构比较脆弱,通常不会单独使用,而是将 LCD 面板、驱动与控制电路组合而成一个 LCD 模块(LCD Module),简称"LCM"。

使用 LCD 显示器,必须有相应的 LCD 控制器、驱动器来对 LCD 显示器进行扫描、驱动,以及一定空间的 ROM 和 RAM 来存储写入的命令和显示字符的点阵。使用时只要往 LCM 送入相应的命令和数据就可以实现显示所需的信息。

各种型号的液晶通常是按显示字符的行数或液晶点阵的行、列数来命名。例如,1602 为每行可显示 16 个字符,可以显示 2 行。类似的命名有 0802、1601。例如,12232 液晶属于图形液晶,该液晶由 122×32 个点来显示各种图形。通过程序可以控制每个点显示或不显示。类似的命名有 12864。根据客户需要,厂家可以设计出任意数组合的点阵显示。

液晶显示器可分为字段式、字符点阵式和点阵图形式液晶显示器。

2. LCD1602 的外形及引脚

LCD1602 是单片机应用系统中广泛使用的字符点阵式液晶显示器。它的外形如图 5-18 所示。

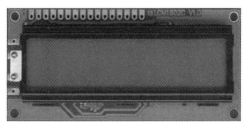

图 5-18　LCD1602 的外形

LCD1602 共 16 根引脚。各引脚功能如下：

① 引脚 01：V_{SS}，接地引脚。

② 引脚 02：V_{DD}，接+5V 电源。

③ 引脚 03：VL，对比度调整端。

④ 引脚 04：RS，数据/命令寄存器选择端，1 为数据，0 为命令。

⑤ 引脚 05：RW，读/写选择端，1 为读，0 为写。

⑥ 引脚 06：E，使能端，高电平跳变成低电平时，液晶模块执行命令。

⑦ 引脚 07～14：D0～D7，8 位双向数据总线。

⑧ 引脚 15：BLA，背光正极。

⑨ 引脚 16：BLK，背光负极。

3. LCD1602 结构

LCD1602 结构图如图 5-19 所示。HD44780 是典型的液晶显示控制器，集控制与驱动于一体，本身可以驱动单行 16 字符或 2 行 8 字符，对于 2 行 16 字符的显示要增加 HD44100 驱动器。

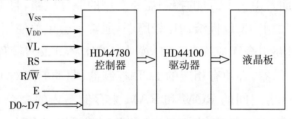

图 5-19 LCD1602 结构示意图

HD44780 包括一个字符发生器 CGROM、自定义字符发生器 CGRAM 和显示缓冲区 DDRAM。

字符发生器 CGROM 的 ROM 中存放已经固化好的字符库，包括数字、英文字母的大小写、常用的符号等，每一个字符都有一个固定的代码（数字、英文字母的大小写为其 ASCII 码）。

CGRAM 字符产生器的 RAM 可存放 8 个用户设计的 5×8 点阵图形。

DDRAM 单元存放的是要显示字符的编码（ASCII 码），控制器 HD44780 以该编码为索引，到 CGROM（或 CGRAM）中取点阵字形送液晶板显示。DDRAM 有 80 个单元，但第 1 行仅用 00H～0FH 单元，第 2 行仅用 40H～4FH 单元。DDRAM 单元与屏幕显示位置关系如图 5-20 所示。

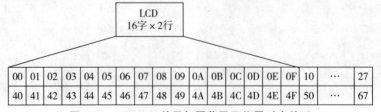

图 5-20 DDRAM 单元与屏幕显示位置对应关系

4. LCD1602 的指令

用户通过 LCD1602 的指令来使用 LCD1602。表 5-5 给出了 LCD1602 指令速查表。

5. LCD1602 的初始化

LCD 使用之前必须对它进行初始化,初始化过程如下:

① 清屏。

② 功能设置。

③ 开/关显示设置。

④ 输入方式设置。

表 5-5　LCD1602 指令速查表

指令名称	控制信号		控制代码							
	RS	R/W	D7	D6	D5	D4	D3	D2	D1	D0
清除屏幕	0	0	0	0	0	0	0	0	0	1
光标归位(清屏光标移至左上角)	0	0	0	0	0	0	0	0	1	*
输入方式:I/D＝1 地址递增,I/D＝0 地址递减;S＝1 显示屏移位,S＝0 显示屏不移位	0	0	0	0	0	0	0	1	I/D	S
显示状态:D＝1 开启显示屏,D＝0 关闭显示屏;C＝1 开启光标,C＝0 关闭光标;B＝1 光标所在位置字符反白,B＝0 光标所在位置字符不反白	0	0	0	0	0	0	1	D	C	B
光标/画面移位:S/C＝1 显示屏移位,S/C＝1 光标移位;R/L＝1 向右移,R/L＝0 向左移	0	0	0	0	0	1	S/C	R/L	*	*
功能设置:DL＝1 数据长度为8,DL＝0 数据长度为 4;N＝0 单行显示,N＝1 双行显示;F＝0:5＊7 点阵,F＝1:5＊10 点阵	0	0	0	0	1	DL	N	F	*	*
CGRAM 地址设置	0	0	0	1	A5	A4	A3	A2	A1	A0
DDRAM 地址设置	0	0	1	A6	A5	A4	A3	A2	A1	A0
标志/地址计数器	0	1	BF	A6	A5	A4	A3	A2	A1	A0
写数据	1	0	数据							
读数据	1	1	数据							

例 5.6 在 LCD1602 第一行上显示"I am a student",第二行上显示"I like studying"。

C51 程序如下:

```
#include<reg51.h>
#define uchar unsigned char
#define uint unsigned int
sbit rs=P2^7;                    //数据/命令寄存器选择端
sbit lcden=P2^5;                 //使能端
sbit lcdrw=P2^6;
```
//读/写选择端。若 LCD1602 的这 3 个引脚连接的不是单片机的这些端口,则按实际连接重新定义
```
uchar table1[]="I am a student";
uchar table2[]="I like studying";
void delay(uint x)               //延迟函数
{
  uint a,b;
  for(a=x;a>0;a--)
    for(b=10;b>0;b--);
}
void write_com(uchar com)        //写 LCD1602 命令函数
{
  P0=com;
  rs=0;                          //选择命令寄存器
  lcden=0;
  delay(10);
  lcden=1;
  delay(10);
  lcden=0;
}
void write_date(uchar date)      //写 LCD1602 数据函数
{
  P0=date;
  rs=1;                          //选择数据寄存器
  lcden=0;
  delay(10);
  lcden=1;
  delay(10);
  lcden=0;
}
void init()                      //LCD1602 初始函数
{
  lcdrw=0;                       //写端为 0
  write_com(0x01);               //清屏
```

```
    delay(20);                        //写一命令或数据后要延迟,等待命令或数据写入
    write_com(0x38);                  //功能设置
    delay(20);
    write_com(0x0e);                  //开/关显示设置
    delay(20);
    write_com(0x06);                  //输入方式设置
    delay(20);
}
void main()
{
    uchar a;
    init( );
    write_com(0x80);                  //确定写入数据在 DDRAM 中的位置
    delay(20);
    for(a=0;a<14;a++)                 //显示 I am a student
    {
        write_date(tablel[a]);
        delay(20);
    }
    write_com(0xc0);                  //确定写入数据在 DDRAM 中的位置,即在屏幕上的显示位置
    delay(20);
    for(a=0;a<15;a++)                 //显示 I am studying
    {
        write_date(table2[a]);
        delay(20);
    }
    while(1);
}
```

说明:

① 将命令或数据写入 LCD1602 时,RS 端为数据/命令选择端,rs=0,写命令;rs=1,写数据。同时使能端 E 及 RW 读写控制端要接受到满足一定时序的信号时,数据/命令才能写入 LCD1602,写命令函数及写数据函数中的信号变化及延迟就是为满足 LCD1602 写时序而设计的。

② 在 LCD1602 初始化的程序中的延迟程序,也是为了满足 LCD1602 的工作时序要求。

③ LCD12864 为点阵图形式液晶显示器。它的使用方法类似于 LCD1602。具体使用方法可查阅相关资料。

例 5.7   在 LCD1602 第一行上向左移动显示"I am a student"，第二行上向左移动显示"I like studying"。

解析：只要将例 5.6 的主函数改成下面的主函数，其他函数保持不变，就可实现移动效果。

主函数 C51 程序如下：

```
void main( )
{
    uchar a;
    init( );
    //需移动时，先将显示内容存入 DDRAM 右边单元，即从 10H(第一行)开始的单元
    write_com(0x80+16);
    delay(20);
    for(a=0;a<14;a ++)
    {
    write_date(table1[a]);
    delay(20);
    }

    //需移动时，先将显示内容存入 DDRAM 右边单元，即从 50H(第二行)开始的单元
    write_com(0xc0+16);
    delay(20);
    for(a=0;a<15;a ++)
    {
    write_date(table2[a]);
    delay(20);
    }

    for(a=0;a<16;a ++)            //移动控制
    {
    write_com(0x18);             //移动屏幕内容,左移
    delay1(300);
    }
    while(1);
}
```

5.1.4   TFT LCD 显示模块

TFT LCD 液晶显示屏是薄膜晶体管型液晶显示屏，也就是"真彩"（TFT），属于有源矩阵液晶显示器。TFT（Thin Film Transistor）即薄膜场效应晶体管。

所谓"薄膜晶体管",是指液晶显示器上的每个液晶像素点都是由集成在其后的薄膜晶体管来驱动,从而可以做到高速度、高亮度、高对比度显示屏幕信息,被广泛应用在手机、仪器仪表、电视、平面显示屏及投影机上。图 5-21 为一款可以在单片机应用系统设计中使用的 2.4 英寸 TFT LCD。

图 5-21　2.4 英寸 TFT LCD

该模块实际上就是将 TFT LCD 显示器连接在 PCB 电路板上,并在 PCB 电路板上加入背光限流电阻,将显示器不便于与开发板连接的软 PCB 连接接口引出,并以 DIP 的双排插针(板上保留有 FPC20/1.0 间距的 FPC 座)引出模块以便于用户连接。

为了方便用户的扩展使用,模块将显示器主供电源和显示器背光电源分开供电,这样,如果用户有需要的话,可以单独给背光提供合适的电源以获取合适的背光亮度。一般情况下,可以将显示器主供电源和背光电源都接上 3.3 V 电压,但需要注意,在使用模组时,这两个电源是都要接的。模块接口如图 5-22 所示。

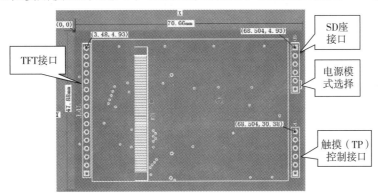

图 5-22　2.4 英寸 TFT LCD 模块接口

引脚说明如表 5-6 所示。

2.4 英寸彩色 TFT LCD 显示模块的 LCD 驱动控制 IC 为 SPFD5408,用户在对模块进行操作时,实际上是对 SPFD5408 进行相关的控制寄存器、显示数据存储器进行操作的。模块的 2.4 英寸 TFT LCD 显示面板上,共分布着 240×320 个像素点,而模块内部的驱动控制芯片内置有与这些像素点对应的显示数据 RAM(简称"显存")。模块中每个像素点需要 16 位的数据(即 2 字节长度)来表示该点的 RGB 颜色信息,所以模块内置的显存共有 240×320×16 bits 的空间,通常以字节(byte)来描述其大小。

表 5-6　2.4 英寸 TFT LCD 模块接口说明

接口引脚	说明
Vcc	TFT LCD 显示板电源（推荐 3.0V）
Vled	背光灯电源
D0～D7	8 位数据总线
CS	片选（低电平有效）
RST	Reset 复位（低电平复位）
RS	控制寄存器/数据寄存器选择（低电平选择控制寄存器）
RW	写信号（低电平有效）
RD	读信号（低电平有效）
GND	接地

　　模块的显示操作非常简便，需要改变某一个像素点的颜色时，只需要对该点所对应的 2 个字节的显存进行操作即可。而为了便于索引操作，模块将所有的显存地址分为 X 轴地址（X Address）和 Y 轴地址（Y Address），分别可以寻址的范围为 X Address＝0～239，Y Address＝0～319，X Address 和 Y Address 交叉对应着一个显存单元（2 bytes）。这样只要索引到了某一个 X、Y 轴地址时，并对该地址的寄存器进行操作，便可对 TFT LCD 显示器上对应的像素点进行操作了。这些描述意味着，当对某一个地址上的显示进行操作时，需要对该地址进行连续 2 次的 8 位数据写入或读出的操作，方可完成对一个显存单元的操作。

　　模块的像素点与显存对应关系如图 5-23 所示。

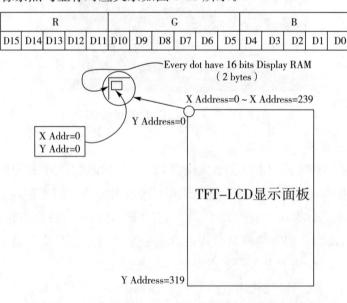

R					G						B				
D15	D14	D13	D12	D11	D10	D9	D8	D7	D6	D5	D4	D3	D2	D1	D0

Every dot have 16 bits Display RAM
（2 bytes）

X Address=0 ~ X Address=239

Y Address=0

X Addr=0
Y Addr=0

TFT–LCD显示面板

Y Address=319

图 5-23　2.4 英寸 TFT LCD 模块的像素点与显存对应关系

　　模块内部有一个显存地址累加器 Ac。它用于在读写显存时对显存地址进行自动地累加,这在连续对屏幕显示数据操作时非常有用,特别是应用在图形、视频显示时。此外,Ac 累加器可以设置为各种方向的累加方式,如通常情况下为 X Address 累加方式,具体为当累加到一行的尽头时,会切换到下一行的开始累加;还可以为 Y Address 累加方式,具体为当累加到一列(垂直方向)的尽头时,会切换到下一个 X Address 所对应的列开始累加。另外,模块还提供了窗口操作的功能,可以对显示屏上的某一个矩形区域进行连续操作。具体 TFT LCD 的使用方法可查阅相关资料。

5.2　键盘接口电路

键盘是一组按键的集合,它是最常用的单片机输入设备,可实现简单的人机通信。键盘分编码键盘和非编码键盘。键盘上闭合键的识别由专用的硬件译码器实现,并产生键编号或键值的称为"编码键盘",PC 机中使用的键盘即为编码键盘;靠软件识别的称为"非编码键盘"。在单片机组成的测控系统及智能化仪器中,用得最多的是非编码键盘,本节着重讨论非编码键盘的原理、接口技术和程序设计。

5.2.1　独立式键盘

1. 按钮开关与拨动开关

对于数字电路而言,最基本的输入器件就是开关,而开关分为按钮开关和拨动开关。

按钮开关的特色就是具有自动恢复(弹回)功能,当按下按钮时,其中的接点接通(或切断),放开按钮后,接点恢复为切断(或接通)。在电子电路方面,最典型的按钮开关就是 Tack Switch,如图 5-24 (a)所示。当然,在同时需要多个按钮的键盘组时,常用导电橡皮来制作按钮开关,以降低成本。

（a）Tack Switch按钮开关　　　　　　　　　　（b）拨动开关

图 5-24　按钮开关和拨动开关

键盘上按键是一种常开型按钮开关,即按键的两个触点处于断开状态,按下键时才闭合。

拨动开关,又称"闸刀开关"(Knife Switch),具有保持功能,也就是不会自动恢复（弹回）。当拨动一下开关时,其中的接点接通（或断开）,若要恢复接点状态,则需要再拨动一下开关。在电子电路方面,单个的拨动开关,如图 5-24（b）,多路拨码开关（DIP Switch）如图 5-25 所示。

另外,电路板上也常用跳线开关（Jumper Switch）来设置电路板的工作组态,也就是在电路板上放置两个引脚的排针,以跳线帽（短路帽）作为接通的组件。

图 5-25　8P 拨码开关

2. 按钮开关与拨动开关的输入电路

当要设计数字电路或微处理器电路的输入电路时,一定不要有不确定的状态。比如,输入端一般不要悬空,一方面输入端悬空会产生不确定的状态,另一方面还可能接收噪声干扰,使电路误动作。以下针对按钮开关和拨动开关说明输入电路的设计。

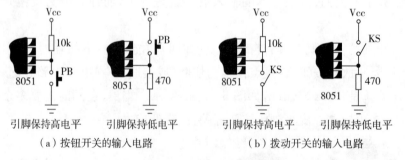

（a）按钮开关的输入电路　　　　（b）拨动开关的输入电路

图 5-26　开关输入电路

图 5-26 所示为数字电路或微型计算机的输入电路,通常开关会接一个电阻到电源 Vcc 或者地 GND,正常情况下开关（PB 或 KS）为开路状态,引脚保持电平由电路连接方式确定。通常按钮开关使用在边沿触发的场合,图 5-26（a）左图产生负脉冲,右图产生正脉冲;拨动开关使用在电平触发的场合,图 5-26（b）左图产生低电平,右图产生高电平。

3. 按键抖动与去抖动

不管是按钮开关还是拨动开关,当用手按下一个键时,往往会出现所按键在闭合位置和断开位置之间跳几下才能稳定到闭合状态的情况。在释放一个键时，也会出现类似情况，这就是"抖动"。抖动的持续时间通常总不大于 10 ms。

因此，CPU 在按键抖动期间扫描键盘必然会得到错误的值，或引起一次按键被误读多次，因此必须去除键抖动。去除抖动可用硬件或软件两种方法。为节省成本，减少硬件，常用的办法是使 CPU 在检测到有键按下时，延时 20 ms 再进行扫描确定哪一个键按下。

(1) 硬件方法去抖动

如果用硬件电路去避免抖动，可使用图 5-27 所示的互锁电路。此电路为数字电路中的基本 RS 触发电路，虽然电路简单，可以降低抖动所产生的噪声，但所需的元件较多，所占的电路面积较大，增加了成本，已很少使用。使用一个简单 RC 电路来抑制抖动，利用的是电容两端电压不能突变，而且放电电阻为 0，可以实现快速放电，充电则要通过电阻 R，速度较慢，电路如图5-28所示。充电时，电容两端的电压变化 $V_c = V_{cc}(1 - e^{-t/\tau})$。当放开按钮开关时，开关弹开时即将电容两端开路，使电容开始充电，但当开关再弹回（短路）时，又将充了电的电容两端短路。因此，电容两端电压在抖动期间电平保持，不随抖动而变化，基本解决了此困扰。直到抖动期间过后，两端的电压才稳定上升。这种方式简单又有效，所增加的成本与电路复杂度都不高，称得上是实用的硬件去抖动电路。

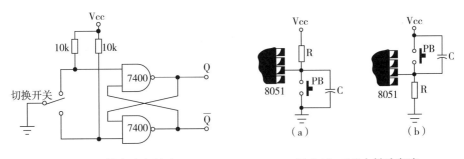

图 5-27　互锁电路去抖动　　　　　图 5-28　RC 去抖动电路

(2) 软件去抖动

硬件去抖动无论如何都增加了硬件成本和复杂性。软件方法去抖动，即检测出键闭合后执行一个 10～20 ms 延迟程序（如设计一个延迟函数），再一次检测。如果仍保持闭合，则确认为真正按下。而当检测到按键释放后，只要给 20 ms 的延时，待后沿抖动消失后，再次检测。如果仍保持释放，才能转入该键的处理程序。

解析：如图 5-29 所示，以产生负脉冲开关为例，当按下按钮，单片机检测到第一个低电平信号时，随即调用延迟函数。延迟了 20 ms，以避开按钮开关不稳定的状态，然后才响应该按钮被按下应该执行的动作。同样的，当放开按钮，检测到第一个高电平信号时，也调用延迟函数，待按钮稳定后，程序响应放开按钮应执行的动作。

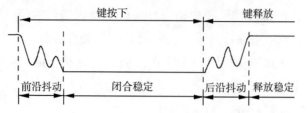

图 5-29　按钮开关动作中的抖动

例 5.8　按钮开关控制。

解析：如图 5-30 所示，若按下 PB1，则 P0.0 所连接的 LED 亮；若按下 PB2，则关闭 P0.0 所连接的 LED，使之熄灭。

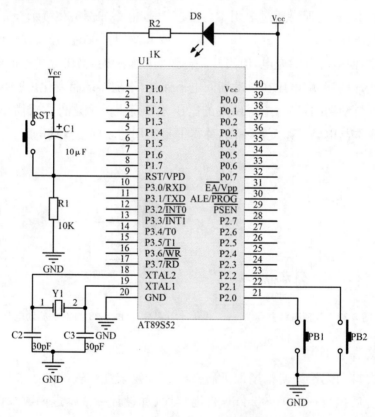

图 5-30　按钮开关控制电路图

通过前面的学习，我们了解到编写程序时软硬件必须相辅相成，在设计电路（如图 5-30 所示）后，必须先声明图中使用的管脚。这样编写的程序便于修改，通用性强。图中 P0.0 输出低电平时 LED 灯点亮，程序中循环检测两个按键 PB1（管脚 P2.0）、PB2（管脚 P2.1）是否被按下。若 PB2＝0，则关闭 LED；若 PB1＝0，则点亮 LED。按钮开关控制流程图如图 5-31 所示。

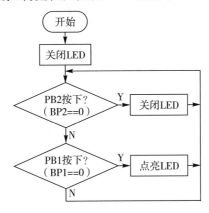

图 5-31 按钮开关控制流程图

程序如下：

```
/*基本按钮 ON-OFF 控制*/
//========声明区========
#include <reg52.h>           //定义 AT89S52 的头文件
sbit PB1=P2^0;              //声明按钮 1 接至 P2.0
sbit PB2=P2^1;              //声明按钮 2 接至 P2.1
sbit LED=P1^0;             //声明 LED 为 P1.0
//============主程序============
main()                     //主程序开始
{
  LED=1;                   //关闭 LED
  PB1=PB2=1;               //设置为输入端口,并行口用作输入时,应先写入 1
  while(1)                 //无穷循环,程序一直运行
  {
    if(PB2==0) LED=1;       //若按下 PB2,则关闭 LED
    else if(PB1==0) LED=0;  //若按下 PB1,则点亮 LED
  }                        //while 循环结束
}                          //结束程序
```

本例中没有去抖动,但有抖动的困扰,由于按键按下后状态始终保持,抖动时间短,所以现象不明显。

例 5.9 按钮切换式控制。

解析:在图 5-32 电路中,实现每按一次按钮 PB1,LED 灯亮灭变换一次,当按住不放时,状态不变。按钮切换式控制流程图如图 5-33 所示。

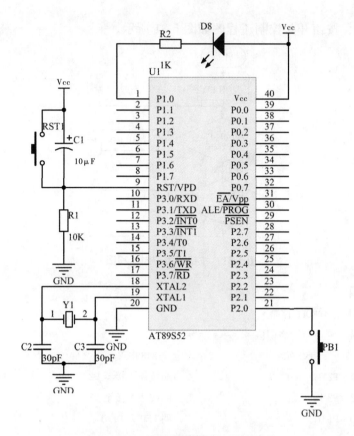

图 5-32　按钮切换式控制电路图

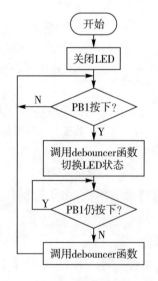

图 5-33　按钮切换式控制流程图

程序如下：

```
/*按钮切换式控制程序 */
//==================声明区==================
#include<reg52.h>          //定义 AT89S52 特殊功能寄存器的头文件
sbit PB1=P2^0;             //声明 PB1 接至 P2.0
sbit LED=P1^0;             //声明 LED 接至 P1.0
void debouncer(void);      //声明防抖动函数
//==================主程序==================
main()                     //主程序
{
  LED=1;                   //关闭 LED
  PB1=1;                   //设置 P2.0 为输入口
while(1)                   //无穷循环,程序一直运行
{
if(PB1==0)                 //若按下 PB1
  {
    debouncer();           //调用去抖动函数(按下时)
    LED=!LED;              //切换 LED 为反相
    while(PB1!=1);         //若仍按住 PB1,继续等
    debouncer();           //调用去抖动函数(松开时)
  }                        //if 叙述结束
}                          //while 循环结束
}                          //主程序结束
//==================子程序==================
/*去抖动函数,延迟约 20 ms */
void debouncer(void)       //去抖动函数开始
{
  int i;                   //声明整数变数 i
  for(i=0;i<2400;i++);     //12 Mhz,计数 2400 次,延迟约 20 ms
}                          //去抖动函数结束
```

例 5.10 按钮协同式控制。

解析：在图 5-34 电路中,实现按钮 PB1 按下时,LED 灯 D1 点亮；此时,每按一次 PB2 按钮,LED 灯从 D2 开始逐步增加点亮个数,每次增加 1 个；每按一次 PB3 按钮,LED 灯从亮灯的最高位开始逐步递减关闭 LED 灯；按钮 PB4 为恢复按钮,按下该按钮后,LED 灯均关闭；模块实物图如图 5-35 所示。

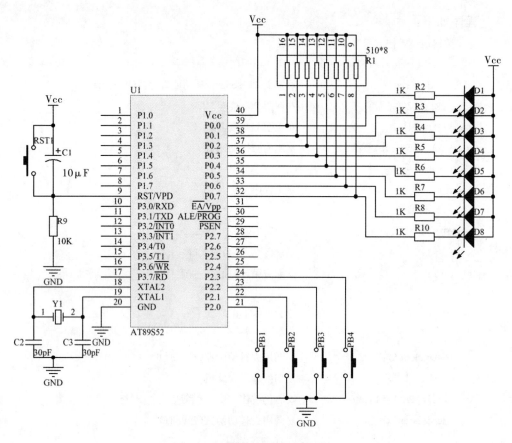

图 5-34　按钮协同式控制电路图

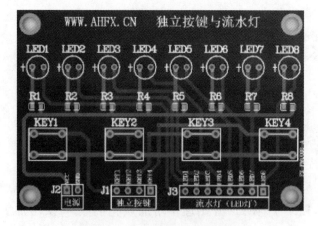

图 5-35　独立按键与流水灯模块

按钮协同式控制流程图如图 5-36 所示。

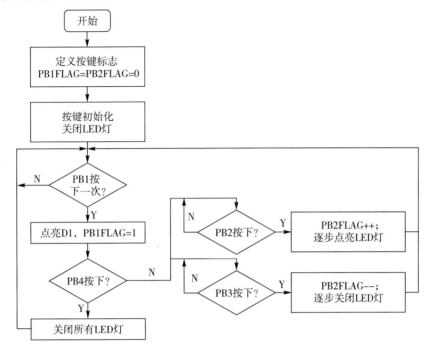

图 5-36 按钮协同式控制电路图

C51 程序源码：

```
/*按键协同式控制程序*/
#include<reg51.h>          //包含头文件,一般情况下不需要改动
#define uchar unsigned char //定义数据类型,程序中遇到 unsigned char 则用 uchar 代替
sbit PB1=P2^0;              //声明按键 PB1 接至 P2.0
sbit PB2=P2^1;              //声明按键 PB2 接至 P2.1
sbit PB3=P2^2;              //声明按键 PB3 接至 P2.2
sbit PB4=P2^3;              //声明按键 PB4 接至 P2.3
uchar PB1FLAG=0;            //定义 PB1 按键标志,初始值为 0
uchar PB2FLAG=0;            //定义 PB2 按键标志,初始值为 0
/*1 ms 为单位的延时程序*/
void delay(uchar x)
{
    uchar j;
    while(x——){
        for(j=0;j<125;j++)
            {;}
    }
}
```

```
/*主函数*/
void main()
{
PB1=PB2=PB3=PB4=1;          //按键初始化,单片机端口默认为高电平,可省略
P0=0xff;                    //LED初始化,LED灯均关闭
while(1)
{
if(PB1==0)                  //按键 PB1 按下
{
    while(PB1==0);          //等待按键松开
    PB1FLAG=1;              //置按键标志位
    P0=0xfe;                //点亮 D1
}
    if(PB1FLAG==1)          //按键 PB1 按下过一次
    {
        if(PB2==0)          //按键 PB1 按下
        {
            while(PB2==0);  //等待按键松开
            if(PB2FLAG<7)   //最多同时点亮 8 个 LED 灯
            PB2FLAG++;      //按键标志位自增
        }
        if(PB3==0)          //按键 PB1 按下
        {
            while(PB3==0);  //等待按键松开
            if(PB2FLAG>0)   //最少点亮 1 个 LED 灯 D1
            PB2FLAG--;      //按键标志位自减
        }
        if(PB2FLAG==1)
        P0=0xfc;            //点亮 D1—D2
        else if(PB2FLAG==2)
        P0=0xf8;            //点亮 D1—D3
        else if(PB2FLAG==3)
        P0=0xf0;            //点亮 D1—D4
        else if(PB2FLAG==4)
        P0=0xe0;            //点亮 D1—D5
        else if(PB2FLAG==5)
        P0=0xc0;            //点亮 D1—D6
        else if(PB2FLAG==6)
        P0=0x80;            //点亮 D1—D7
```

```
        else if(PB2FLAG==7)
            P0=0x00;                    //点亮 D1—D8
        else P0=0xfe;                   //点亮 D1
    }
        if(PB4==0)                      //按键 PB1 按下
        {
        while(PB4==0);                  //等待按键松开
        PB1FLAG=0;                      //置按键标志位
        PB2FLAG=0;                      //置按键标志位
        P0=0xff;                        //关闭 LED 灯
        }
        delay(20);
    }
}
```

说明： 协同式工作方式是在读取其他按键的状态下进行工作，读者需要学习按键标志位的应用。

5.2.2　矩阵式键盘

在图 5-30 和图 5-32 中，所用各按键相互独立地接通一条输入数据线，称为"独立连接式非编码键盘"。当一个键按下时，与之相连的输入数据线为低电平 0；平时松开，该线为高电平 1。要判别是否有键按下，用单片机的位处理指令十分方便。

独立式键盘电路简单，但占用 I/O 线多。为解决这个问题，微型计算机在键数较多时，通常会将这些按钮组成行列式阵列，即矩阵式键盘，从而减少键盘与单片机接口时所占用 I/O 线的数目。矩阵式键盘相对于独立式键盘来说，判别闭合键的位置要复杂一些。

1. 行扫描法识别闭合键

行扫描法识别闭合键的工作原理：使第 0 行为低电位，其余行为高电平，看第 0 行是否有闭合键，即检查列线电位是否有低电平。若有，则表示第 0 行和此列线相交位置上的键被按下，退出扫描。若没有，则第 1 行为低电位，其余行为高电平，然后检测列线中是否有变为低电平的线。如此往下扫描，直到最后一行。

对于图 5-37 所示的 4×4 矩阵式键盘来说，其扫描过程如下：将第 0 行输出低电平，其余行为高电平时，输出编码为 1110。然后读取列，判别第 0 行是否有键按下。若有键按下，则相应列被拉到低电平，表示第 0 行和此列相交位置上有按键按下。若没有任一条列线为低电平，则说明第 0 行上无键按下。

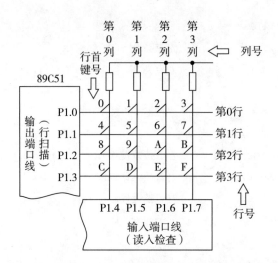

图 5-37　4×4 矩阵式键盘及接口

再将第 1 行变为低电平,其余行高电平时,输出编码为 1101。读取各列,判别是否有哪一列键按下。依次将第 2 行变为低电平,其余行为高电平时,输出编码为 1011。判别是否有哪一列键按下。直到扫描到第 3 行。

根据行线扫描值(行码)与列线输入值(列码)可确定按下的键的位置。

在实际中,要考虑按键抖动,一般常用的扫描过程如下:

① 判断有无按键,若有按键则转②。

② 延迟去抖动。

③ 扫描确定是哪一个按键。

④ 等待按键释放。

⑤ 延迟去抖动。

例 5.11　根据图 5-37 所示键盘连接,编写一按键识别程序,按键值 0～F 显示在 P0 口连接的共阳极 LED 上。

C51 程序如下:

```
#include<reg52.h>              //包含头文件,一般情况不需要改动
#define dataport P0            //定义数据端口 程序中遇到 dataport 则用 p0 替换
#define keyport P1
unsigned char code table[10]={0xc0,0xf9,0xa4,0xb0,0x99,0x92,0x82,0xf8,0x80,0x90,
                0x88,0x83,0xc6,0xa1,0x86,0x8e};      //段码表(共阳极)
unsigned char keyscan(void);   //键盘扫描函数
unsigned char keypro(void);    //按键值处理函数
void delay(unsigned char t)    //延迟函数
{
    while(--t);
}
```

```
void delayms(unsigned char t)          //延迟函数
{
  while(t——)
  {
    delay(245);                        //大致延时 0.5ms
    delay(245);                        //大致延时 0.5ms
  }
}


void main()
{
  whlie(1)
{
  dataport=table[keypro( )];
}
}


unsigned char keyscan(void)            //键盘扫描函数
{
  unsigned char val;
  keyport=0xf0;
            //高 4 位置高,为输入高 4 位引脚输入作准备,低 4 位拉低,使所有行全输出 0
if(keyport!=0xf0)                      //表示有按键按下
  {
    delayms(10);                       //去抖
    if(keyport!=0xf0)                  //表示按键已稳定按下
      { keyport=0xfe;                  //检测第 1 行
        if(keyport!=0xfe)              //第 1 行有按键按下
        {
          val=keyport;                 //从 val 值可知按键位置,val 值高 4 位 0 的位置说
                                       //  明按键所在的列,低 4 位 0 的位置反映了按键所在
                                       //  的行
          while(keyport!=0xfe) {;}//等待按键释放
          delayms(10);                 //去抖
          while(keyport!=0xfe);        //确认按键已释放
          return val;
        }
      keyport=0xfd;                    //检测第 2 行
```

```
        if(keyport!=0xfd)
          {
            val=keyport;
            while(keyport!=0xfd);
            delayms(10);
            while(keyport!=0xfd);
            return val;
          }
        keyport=0xfb;                    //检测第3行
        if(keyport!=0xfb)
          {
            val=keyport;
            while(keyport!=0xfb);
            delayms(10);
            while(keyport!=0xfb);
            return val;
          }
        keyport=0xf7;                    //检测第4行
        if(keyport!=0xf7)
          {
            val=keyport;
            while(keyport!=0xf7);
            delayms(10);
            while(keyport!=0xf7);
            return val;
          }
      }
    }
}


unsigned char keyprot(void)           //按键值处理函数,返回扫键值
{
  switch(keyscan( ))
{
  case 0xee:return 0;break;           //0 按下相应的键获得相对应的值
  case 0xde:return 1;break;           //1
  case 0xbe:return 2;break;           //2
  case 0x7e:return 3;break;           //3
```

```
    case 0xed:return 4;break;            //4
    case 0xdd:return 5;break;            //5
    case 0xbd:return 6;break;            //6
    case 0x7d:return 7;break;            //7
    case 0xeb:return 8;break;            //8
    case 0xdb:return 9;break;            //9
    case 0xbb:return 10;break;           //A
    case 0x7b:return 11;break;           //B
    case 0xe7:return 12;break;           //C
    case 0xd7:return 13;break;           //D
    case 0xb7:return 14;break;           //E
    case 0x77:return 15;break;           //F
    }
}
```

2. 行反转法识别闭合键

矩阵键盘的连接如图 5-38 所示,行反转法识别闭合键的工作原理是:先各行线输出低电平,然后读入列值,若某键被按下,则必定使某一列线值为 0。该例中(如图 5-38 所示),若按下键 5,其列值为 1011,列值反映了按键的列位置。将刚读入的列值输出,再读取行线的输入值,在闭合键所在的行线上的值必定为 0。该例中,按下的是 5,则行值为 1101,行值反映了按键的行位置。当某一键按下时,必定读入一对唯一的列值和行值,事先将各键对应值存放在一个表中,可查表确定按下的是哪一个键。

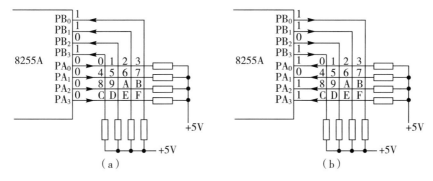

图 5-38　行反转法识别闭合键

考虑到去抖动等因素，一个较完整的行反转法识别闭合键的流程图如图5-39 所示。

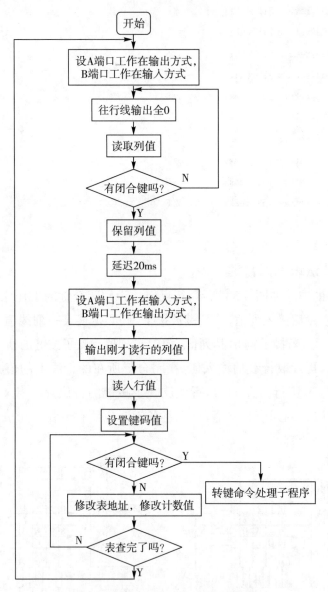

图 5-39　行反转法识别闭合键流程图

3. 中断扫描方式

为了提高 CPU 的效率，可以采用中断扫描工作方式，即只有在键盘有键按下时才产生中断申请。CPU 响应中断，进入中断服务程序进行键盘扫描，并做相应处理。中断扫描工作方式的键盘接口如图 5-40 所示，当有键按下时，外部中断 1 接收到低电平，向 CPU 发出中断请求。若 CPU 开放外部中断，则响应中断请求，进入中断服务程序。中断服务程序完成键识别、消除键抖动和键功能处理等功能。

在键盘扫描过程中,求得键值只是手段,最终的目的是使程序转移到相应的地址去完成该键所代表的操作。一般求出键号后,按不同类型进行处理。对数字键一般是直接将该键值送到显示缓冲区进行显示;对功能键则需找到功能键处理程序的入口地址,并转去执行该键的功能。因此,当求得键值后,还必须找到功能键处理程序入口。数字键具有存储、显示等功能;功能键则转向相应的功能处理程序。

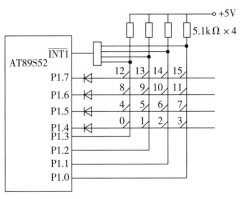

图 5-40 中断方式键盘接口

5.3 常用输入传感器

光电传感器是单片机控制系统常用的一种输入设备,它利用光的性质,检测物体的有无和表面状态的变化。由于光电式传感器具有非接触、响应快、性能可靠等特点,因此在工业自动化装置和机器人中获得广泛应用。光电传感器一般由光源、光学通路和光电元件三部分组成。把被测量的变化转换成光信号的变化,然后借助光电元件进一步将光信号转换成电信号。

图 5-41 光电传感器

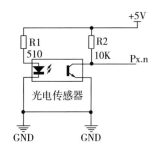

图 5-42 光电传感器电路图

例5.12 根据图5-42所示光电传感器连接,编写一传感器状态检测程序,使用LED点亮或熄灭来表示传感器是否被遮挡。

程序如下：

```
//=============传感器状态检测程序声明区=============
# include <reg52.h>              //定义 AT89S52 的头文件
sbit PBl=P2^0;                   //声明传感器接至 P2.0
sbit LED=P0^0;                   //声明 LED 为 P0.0
//==================主程式==================
main()                           //主程序开始
{
    LED=1;                       //关闭 LED
    PBl=1;                       //设置为输入端口
    while(1)                     //无穷循环,程序一直运行
    {
        if(PBl==0)               //如果传感器没有遮挡
        { LED=1; }               //则熄灭 LED
        if(PBl! =0)              //如果传感器被遮挡
        { LED=0; }               //则点亮 LED
    }                            //while 循环结束
}                                //结束程序
```

5.4　常用电机输出

1. 直流电机

　　直流电机作为单片机输出控制设备,具有良好的启动和制动性能,以及可在大范围内平滑调速,控制系统简单等特点,被广泛应用。因此,学习和掌握直流控制系统非常重要。

　　例 5.13　根据图 5-44 所示直流电机 1 连接,编写一直流电机正转控制程序。

图 5-43　直流电机

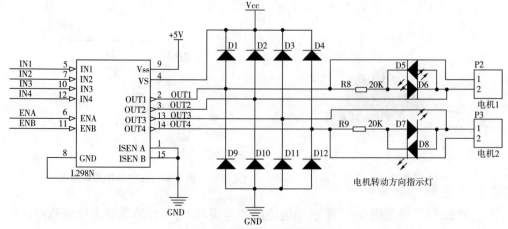

图 5-44　直流电机驱动电路图

表 5-7 直流电机驱动逻辑表

ENA	IN1	IN2	直流电机状态
0	X	X	停止
1	0	0	制动
1	0	1	正转
1	1	0	反转
1	1	1	制动

程序如下：

```c
//===============直流电机驱动程序===============
#include <reg52.h>              //定义 AT89S52 的头文件
sbit ENA=P0^0;                  //L298_ENA
sbit IN1=P0^1;                  //L298_IN1
sbit IN2=P0^2;                  //L298_IN2
void delay_us();                //微秒延迟子程序
//=================主程式=================
main()                          //主程序开始
{
    unsigned int i,t;
    while(1)                    //无穷循环,程序一直运行
    {
        {                       //直流电机正转 IN1=1;IN2=0; 反转 IN1=0;IN2=1
        IN1=1;
        IN2=0;
        for(i=0 ; i<200;i++)
        {
            ENA=1;
            delay(20+t);        //PWM 电机通电加速时间 20 μs
            ENA=0;
            delay(20+t);        //PWM 电机断电减速时间 20 μs
        }                       //改变延迟时间可以实现直流电机调速,或者变速
        }
    }                           //while 循环结束
}                               //结束程序
```

2. 步进电机

　　步进电机是数字控制电机，将脉冲信号转换成角位移，步进电机所转角度由所给脉冲信号决定，转速由所给脉冲信号频率决定。一般步进电机采用 5 线 4 相，单极性直流电源供电，一般驱动方式有双四拍、单四拍和单双八拍三种方式。

图 5-45　步进电机

　　例 5.14　根据图 5-46 所示步进电机连接，编写一步进电机正转控制程序。

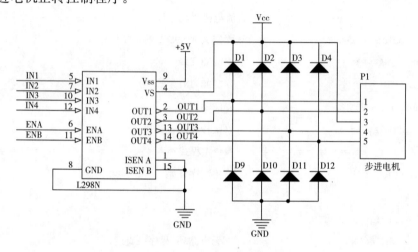

图 5-46　步进电机驱动电路图

表 5-8　步进电机相序表

序号	颜色	描述
1	橙	A
2	黄	B
3	红	+5V
4	粉	C
5	蓝	D

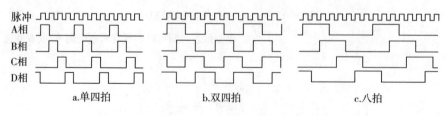

a.单四拍　　　　b.双四拍　　　　c.八拍

图 5-47　步进电机控制时序图

程序如下：

```c
//==============步进电机驱动程序==============
#include<reg52.h>
sbit a0=P1^0;                                    //a相0
sbit a1=P1^1;                                    //a相1
sbit en0=P1^2;                                   //使能1
sbit b0=P1^3;                                    //b相0
sbit b1=P1^4;                                    //b相1
sbit en1=P1^5;                                   //使能2
void delay(unsigned int n);                      //延时函数
void drive(unsigned int t, unsigned char j);     //整步走
void drive0.5(unsigned int t, unsigned char j1); //1/2步走
//=================主程式=================
void main()
{
    en0=1;                                       //驱动有效
    en1=1;                                       //驱动有效
    while(1)
    {
        drive05(10,100);
            //1/2步细分,延时10 ms,100个脉冲,步距角是0.9°,转动90°
        delay(4000);
        drive(15,50);
            //全步走,延时15 ms,50个脉冲,步距角是1.8°,转动90°
        delay(4000);
    }
}
```

双四拍驱动脉冲程序：

```c
void drive(unsigned char t, unsigned char j)     //全步距,t延时时间,j是脉冲数
{
    unsigned char b,num,n;
    b=j/4;                                       //一步要4个脉冲
    b=b+1;
    num=0;                                       //脉冲计数器
    for(b;b>0;b--)
    {
        if(num<j & n==0)                         //正向A-B+(反向A+B-,以下类推)
        {
```

```
            a0=0;a1=1;
            b0=1;b1=0;
            delay(t);
            num ++;
            n=1;
        }
        if(num<j & n==1)                    //A— B—
        {
            a0=0;a1=1;
            b0=0;b1=1;
            delay(t);
            num ++;
        n=2;
    }
    if(num<j & n==2)                        //A+ B—
    {
        a0=1;a1=0;
        b0=0;b1=1;
        delay(t);
        num ++;
        n=3;
    }
    if(num<j & n==3)                        //A+ B+
        {
            a0=1;a1=0;
            b0=1;b1=0;
            delay(t);
            num ++;
            n=0;
        }
    }
}
```

八拍驱动脉冲程序：

```
void drive05(unsigned int t, unsigned char j1)    //1/2 步距,t 延时时间,j 是脉冲数
{
    unsigned char b,num,n;
    b=j1/8;                                        //一步8个脉冲
    b=b+1;
```

```
num=0;                              //脉冲计数器
for(b;b>0;b——)
{
    if(num<j1 & n==0)               //A— B+
    {
        ca0=0;a1=1;
        b0=1;b1=0;
        delay(t);
        num ++;
        n=1;
    }
    if(num<j1 & n==1)               //A—
    {
        a0=0;a1=1;
        b0=0;b1=0;
        delay(t);
        num ++;
        n=2;
    }
    if(num<j1 & n==2)               //A— B—
    {
        a0=0;a1=1;
        b0=0;b1=1;
        delay(t);
        num ++;
        n=3;
    }
    if(num<j1 & n==3)               //B—
    {
        a0=0;a1=0;
        b0=0;b1=1;
        delay(t);
        num ++;
        n=4;
    }
    if(num<j1 & n==4)               //A+ B—
    {
        a0=1;a1=0;
        b0=0;b1=1;
        delay(t);
```

```
        num ++ ;
        n=5;
    }
    if(num<j1 & n==5)                    //A+
    {
        a0=1;a1=0;
        b0=0;b1=0;
        delay(t);
        num ++ ;
        n=6;
    }
    if(num<j1 & n==6)                    //A+ B+
    {
        a0=1;a1=0;
        b0=1;b1=0;
        delay(t);
        num ++ ;
        n=7;
    }
    if(num<j1 & n==7)                    //B+
    {
        a0=0;a1=0;
        b0=1;b1=0;
        delay(t);
        num ++ ;
        n=0;
    }
  }
}


//延时函数
void delay(unsigned int n)
{
    unsigned int x,y;
    for(x=n;x>0;x--)
    for(y=120;y>0;y--);
}
```

将脉冲程序顺序颠倒过来，便能够实现步进电机反向转动。将使能进行脉冲输出，调整脉冲频率实现步进电机调速。

本章小结

接口电路是单片机与外设之间进行数据传输的重要通道和桥梁。本章介绍了键盘接口电路、7 段 LED 显示接口电路、LED 点阵显示接口电路、LCD 显示接口电路，以及传感器、电机、步进电机等单片机系统常用的输入、输出设备的构成及其工作原理，并给出实例，介绍它们的使用方法。

LED 是一种能发光的半导体电子元件，常用的有 7 段 LED 和点阵式 LED 两类，用来显示文字、图形、图像、动画、视频等各种信息。7 段 LED 为常用显示数字的电子元件，主要由 7 个 LED 以不同组合来显示十进制 0 至 9 的数字，也可以显示英文字母，包括十六进制和英文 A 至 F(b、d、i 为小写，其他为大写)。

点阵式 LED 电子显示屏是由多个 LED 像素点均匀排列组成，用不同的材料可以制造不同色彩的 LED 像素点。点阵式 LED 显示屏显示画面色彩鲜艳，立体感强，静如油画，动如电影，广泛应用于车站、码头、机场、商场、医院、宾馆等公共场所。

LCD 为平面薄型的显示设备，由一定数量的彩色或黑白像素点组成，放置于光源或者反射面前方。单片机应用系统中常用的 LCD 有 LCD1602、LCD12864 以及 TFT LCD，可应用于对显示质量要求较高的场合。

键盘是一种重要的输入设备，包括开关和行列式(矩阵扫描)键盘。开关所用各按键相互独立地接通一条输入数据线，称为"独立连接式非编码键盘"，优点是电路简单，缺点是占用 I/O 线多。在键数较多时，通常会使用矩阵式键盘，从而减少键盘与单片机接口时所占用 I/O 线的数目。

非编码键盘的设计主要是如何确定按键的位置。独立连接式键盘按键位置判别简单。矩阵式键盘按键位置的确定主要有两种方法：行扫描法与行反转法。

传感器输入有多种形式，较为简单的就是开关量输入，可以直接使用指令读取端口的高低电平来获得传感器状态。

实现电机控制是单片机的一个重要控制功能，可以方便实现电机的正、反转和调速。步进电机作为电机的一种，控制上略微显得复杂，需要实现相位脉冲细分。

本章习题

1. 试分别写出共阴极和共阳极 7 段式 LED 的 0～3 的段码，设 7 段式 LED 的 a 端连接在并口的最低位。试分析两种情况下段码有无关系。

2. 试叙述多位 LED(7 段式)显示的工作原理。

3. 试述 LED 点阵显示的工作原理。

4. 若要 LED 点阵进行左移/右移显示，应如何处理？

5.若要 LED 点阵进行上移/下移显示,应如何处理?

6.LCD1602 有哪些引脚,各引脚的功能是什么?

7.若要对 LCD1602 写入指令,必须等它空闲下来,如何检测它是否空闲?

8.为什么要消除键盘的机械抖动? 有哪些消除方法?

9.设计一个 2×2 行列(同在 P1 口)式键盘电路并编写键扫描子程序。

10.用 8051 的 P1 口作 8 个按键的独立式键盘接口。试画出其中断方式的接口电路及相应的键盘处理程序。

第6章 中断系统与定时/计数器

本章目标

- 掌握 51 单片机中断系统结构与工作机制
- 理解 51 单片机中断系统中的相关概念
- 掌握 51 单片机中断系统的使用方法
- 掌握 51 单片机定时/计数器结构与工作机制
- 理解 51 单片机定时/计数器的相关概念
- 掌握 51 单片机定时/计数器的使用方法

本章主要讨论的是 51 单片机的中断系统及定时/计数器。中断系统及定时/计数器是单片机中重要的内部资源。在几乎所有的单片机应用场合都离不开中断与定时/计数器。掌握中断系统及定时/计数器系统的结构、工作机制及使用方法是学习单片机应用的关键之一。

6.1 中断技术概述

什么是中断？为了形象地说明这个概念，我们从一个生活中的例子引入。你正在家里吃饭，这时电话响了，你停下吃饭这件事去接电话，接完电话又来吃饭这一过程中就有中断的概念。吃饭是你当前正在进行的事情（相当于 CPU 正在执行的程序），突然电话响起（相当于一个中断请求），你会起身接电话（中断响应与处理，相当于 CPU 执行另一段程序），然后回来继续吃饭（中断返回），这里就完成了一个完整的中断操作。不过，在此执行操作的不是 CPU，而是人。中断是现代计算机必须具备的重要工作体制，正确理解掌握中断概念和灵活运用中断技术是掌握单片机应用系统开发的关键技术之一。

在计算机系统中，中断是指计算机暂时停止当前正在执行的程序而去执行另一程序，并在处理完成后自动返回断点继续执行原程序的过程。中断的本质是程序的切换并返回的过程。中断机制正是利用计算机高速运行的特点，暂时离开原执行的程序，处理完中断后返回，不会给原程序造成影响，甚至感觉不到中断的发生与处理。

在单片机应用系统中，中断技术主要用于实时监测与控制，也就是要求单片机能及时地响应中断源提出的服务请求，并做出快速响应，及时处理。这些工作就是由单片机片内的中断系统来实现的。当中断请求源发出中断请求时,如果中断请求被允许的话,单片机暂时中止当前正在执行的主程序,转到中断服务处理程序处理中断服务请求。中断服务处理程序处理完中断服务请求后,再回到原来被中止的程序之处(断点),继续执行被中断的主程序。如图 6-1 所示。

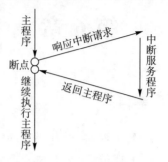

图 6-1　中断及响应过程

如果计算机没有中断系统,计算机的大量时间可能会浪费在查询是否有服务请求发生的定时查询操作上,即不论是否有服务请求发生,都必须去查询。采用中断技术完全消除了计算机在查询方式中的等待现象,大大地提高了计算机的工作效率和实时性。由于中断工作方式的优点极为明显,因此,单片机的片内带有中断系统。

这里涉及中断的两个概念:中断源和中断服务程序。中断源就是引起 CPU 产生中断的事件。中断服务处理程序就是某一中断源对应的一段程序。

6.2　51 单片机中断系统的结构

6.2.1　51 单片机中断系统的组成

中断系统是实现中断功能的硬件和软件的总称。51 单片机的中断系统是由中断源、中断请求标志寄存器(TCON,SCON)、中断允许控制寄存器(IE)、中断优先级控制寄存器(IP)以及内部硬件优先级查询电路组成。51 单片机共有 5 个中断源,分为 2 个优先级,如图 6-2 所示。

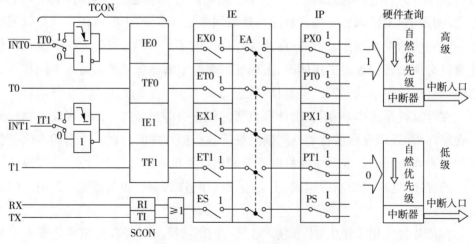

图 6-2　51 单片机中断系统的组成

6.2.2 51单片机的中断源与中断请求标志

1. 中断源

51单片机的5个中断源分别是2个外部中断源、2个定时/计数器溢出中断源和1个串行口中断源,串行口中断又分为输入中断和输出中断,下面将一一介绍。

(1) 外部中断源

51单片机有P3.2和P3.3两条外部中断请求输入线,用于输入两个外部中断源的中断请求信号。对于外部中断源来说,什么样的信号被认为是中断请求信号,这涉及中断触发方式问题。外部中断源有两种触发方式:低电平触发和下降沿触发,如图6-3所示。

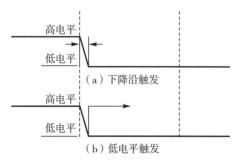

图6-3 外部中断的触发方式

用户可以通过对定时器控制寄存器 TCON 的 IT0 和 IT1 这两位的设置,来决定外部中断的触发方式是低电平还是下降沿触发。默认情况下,外部中断是低电平触发。51单片机的 CPU 将会在每个机器周期的 S5P2 时刻对 P3.2 和 P3.3引脚上的中断请求信号进行一次检测,即每个指令执行期间都会检测一次。若用户设定为电平触发方式,则 CPU 检测到 P3.2/P3.3 上的低电平时就会认定中断请求有效;若设定为下降沿触发方式,则 CPU 必须检测到 P3.2/ P3.3 上的电平下降沿(电平由高电平变到低电平),才确定有外部中断请求。

(2) 定时器/计数器溢出中断源

51单片机内部有2个16位定时/计数器 T0 和 T1,对内部定时脉冲(机器周期)或 T0/T1 引脚上输入的外部脉冲进行计数。其中断请求信号由定时/计数器计数溢出产生。定时/计数器 T0 和 T1 的实质是加1计数器,即每输入一个脉冲,计数器在原计数值的基础上加1,当加到计数器全为1时,再输入一个脉冲,就使计数器归零,归零的同时,产生的溢出信号使 TCON 中的标志位 TF0 或 TF1(中断请求标志)置1,向 CPU 发出中断请求。由于输入的计数脉冲来源不同,把它们分成定时与计数两种功能。定时的计数脉冲为系统的晶振周期的12分频,计数器的计数脉冲为 T0、T1 引脚的外部脉冲源。

（3）串行口中断源

串行口中断源由 51 单片机内部的串行口产生。串行口中断分为串行口发送中断和串行口接收中断两种。每当串行口发送/接收完一个字节数据时，串行口电路自动使串行口控制寄存器 SCON 中的中断标志位 RI 或 TI 置位（即 RI＝1 或 TI＝1）。CPU 在检测到串行口中断标志位被置位后，立即执行串行口中断服务程序。

需要注意，串行口的两个中断实际上只有一个中断入口地址（即中断处理程序在内存中的首地址），所以需要在串行口中断服务程序开始的地方对 SCON 中的标志位 RI 或 TI 的状态进行判断，区分出该中断是接收中断还是发送中断，然后执行不同的程序段。某些改进型或增强型的单片机提供了接收中断和发送中断两个中断入口地址。

2. 中断请求标志

51 单片机各中断源产生的中断请求被存放在寄存器中，形成了中断请求标志位。51 单片机中断标志位集中放在定时器控制寄存器 TCON 和串行口控制寄存器 SCON 中。

88H	D7	D6	D5	D4	D3	D2	Dl	D0
TCON	TF1	IR1	TF0	TR0	IE1	IT1	IE0	IT0
位地址	8FH	—	8DH	—	8BH	8AH	89H	88H

图 6-4　TCON 中与中断有关的位

TCON 寄存器各位的含义如下：

① IT0：外部中断 0 触发方式选择位。当 IT0＝0 时，$\overline{INT0}$ 低电平触发标志位 IE0，当 IT0＝1 时，$\overline{INT0}$ 下降沿触发标志位 IE0。

98H	D7	D6	D5	D4	D3	D2	Dl	D0
SCON	—	—	—	—	—	—	TI	RI
位地址	—	—	—	—	—	—	99H	98H

图 6-5　SCON 中与中断有关的位

② IE0：外部中断 0 中断请求标志位。中断处理后，外部触发信号消失时，自动清 0。

③ IT1：外部中断 1 触发方式选择位。当 IT1＝0 时，$\overline{INT1}$ 低电平触发标志位；当 IT1＝1 时，$\overline{INT1}$ 下降沿触发标志位 IE1。

④ IE1：外部中断 1 中断请求标志位。

⑤ TR0：定时/计数器 0（T0）计数启停位（与中断操作无关）。

⑥ TF0：定时/计数器 0（T0）中断请求标志位。在 T0 计数溢出时，由硬件内部置位，使 TF0＝1。中断处理后自动清 0。

⑦ TR1:定时/计数器 1(T1)计数启停位(与中断操作无关)。

⑧ TF1:定时/计数器 1(T1)中断请求标志位。在 T1 计数溢出时,由硬件置位,使 TF1=1。

SCON 寄存器各位的含义如下:

① TI:串行口的发送中断请求标志位。CPU 将一个字节的数据写入串行口的发送缓冲器 SBUF 时,就启动一帧串行数据的发送,每发送完一帧串行数据后,硬件使 TI 自动置 1。中断处理完,该标志不能自动清 0。

② RI:串行口接收中断请求标志位。在串行口接收完一个串行数据帧,硬件自动 RI 中断请求标志置 1。

CPU 响应该中断请求后,应该去掉中断请求标志,以免对后来的中断响应带来影响。

① 外部中断低电平触发后,引脚高电平时,硬件将 IE 自动清 0;外部中断边沿触发时,CPU 响应中断时,硬件将 IE 自动清 0。

② 计数器溢出中断标志(TF0、TF1),当 CPU 响应中断后,硬件自动将标志位清 0。

③ 串口发送/接收中断标志(RI、TI),CPU 响应中断时,硬件不自动清 0,必须在中断服务程序中用指令对 RI、TI 清 0。

单片机复位后,TCON 和 SCON 各位清 0。另外,所有由硬件产生中断请求标志均可由软件置 1 或清 0,由此可以获得与硬件使之置 1 或清 0 同样的效果。

6.2.3 中断允许控制

51 单片机没有专门的开、关中断指令,CPU 对各中断源的开放或屏蔽是通过中断允许控制寄存器 IE 中的各位进行的两级控制。所谓"两级控制"是指一个中断允许总控制位 EA 与各中断源的中断允许控制位共同实现对中断请求的控制。

中断允许控制寄存器 IE 决定 CPU 是否响应中断源的中断请求。IE 是一个 8 位可位寻址的特殊功能寄存器,字节地址为 A8H。单片机复位后,IE 中的值为 0。

IE 中的各位定义如下:

① EA:中断允许总控制位。当 EA=0,CPU 将不响应任何中断源的中断请求;当 EA=1 时,CPU 将响应所有已开放的中断源的中断请求。

A8H	D7	D6	D5	D4	D3	D2	Dl	D0
IE	EA	—	ET2	ES	ET1	EX1	ET0	EX0
位地址	AFH	—	—	ACH	ABH	AAH	A9H	A8H

图 6-6 中断允许寄存器 IE 的格式

② ET2：定时/计数器 2(T2)中断允许控制位。当 ET2＝0 时，关闭 T2 中断；当 ET2＝1 时，开放 T2 中断。增强型 52 单片机才有。

③ ES：串行口中断允许控制位。当 ES＝0 时，关闭串行口中断；当 ES＝1 时，开放串行口中断。

④ ET1：定时/计数器 1(T1)中断允许控制位。当 ET1＝0 时，关闭 T1 中断；当 ET1＝1 时，开放 T1 中断。

⑤ EX1：外部中断 1(INT1)中断控制允许位。当 EX1＝0 时，关闭 INT1 中断；当 EX1＝1 时，开放 INT1 中断。

⑥ ET0：定时/计数器 0(T0)中断允许控制位。当 ET0＝0 时，关闭 T0 中断；当 ET0＝1 时，开放 T0 中断。

⑦ EX0：外部中断 0(INT0)中断控制允许位。当 EX0＝0 时，关闭 INT0 中断；当 EX0＝1 时，开放 INT0 中断。

6.2.4　中断优先级控制

当某个时间，有 2 个以上的中断源同时向 CPU 发出中断请求，此时 CPU 应先响应哪一个中断请求呢？这就涉及一个中断优先级问题。同时产生中断请求时，谁的优先级高，CPU 就先响应谁。

51 单片机对中断优先级的控制比较简单，所有中断源都可以通过中断优先级控制寄存器(如图 6-7)设定为高低两个优先级。在响应中断时，如果同时有两个不同优先级的中断源向 CPU 提出中断请求，CPU 将优先响应高优先级中断源的中断请求，然后再响应低优先级的中断请求。如果同级中断源同时请求，则按固定顺序执行。固定顺序为外部中断 0、定时/计数器 T0 中断、外部中断 1、定时/计数器 T1 中断、串行口中断。

中断优先级控制寄存器 IP 统一管理 5 个中断源的高低两个优先级，优先级可以通过程序来设定，对应位为 1 时，表示高优先级，为 0 时，表示低优先级。IP 是一个可位寻址的 8 位特殊功能寄存器，字节地址为 B8H。

B8H	D7	D6	D5	D4	D3	D2	Dl	D0
IP	—	—	PT2	PS	PT1	PX1	PT0	PX0
位地址	—	—	—	BCH	BBH	BAH	B9H	B8H

图 6-7　IP 寄存器的格式

IP 中各位的定义如下：

① PT2：定时/计数器 2(T2)中断优先级控制位。当 PT2＝0 时，T2 为低优先级；当 PT2＝1 时，T2 为高优先级。

② PS：串行口中断优先级控制位。当 PS＝0 时，串行口为低优先级；当 PS＝1

时,串行口为高优先级。

③ PT1:定时/计数器 1(T1)中断优先级控制位。当 PT1＝0 时,T1 为低优先级;当 PT1＝1 时,T1 为高优先级。

④ PX1:外部中断 1 中断优先级控制位。当 PX1＝0 时,INT1 为低优先级;当 PX1＝1 时,INT1 为高优先级。

⑤ PT0:定时/计数器 0(T0)中断优先级控制位。当 PT0＝0 时,T0 为低优先级;当 PT0＝1 时,T0 为高优先级。

⑥ PX0:外部中断 0 中断优先级控制位。当 PX0＝0 时,INT0 为低优先级;当 PX0＝1 时,INT0 为高优先级。

在 51 单片机中,中断优先级遵循的原则是:几个中断源同时申请,先响应高级的中断;正进行的中断服务,同级或低级中断不能对其再中断,但可以被高级中断再中断,实现中断嵌套。

中断系统如何做到这一点? 这里有一优先级状态触发器在起作用。中断系统内设有对应高、低 2 个优先级状态触发器。服务高优先级中断时,高优先级状态触发器自动置 1,它将阻止之后所有的中断请求。服务低优先级中断时,低优先级状态触发器自动置 1,它将阻止之后所有的低优先级中断请求。中断服务结束时,优先级状态触发器的复位由中断返回指令 RETI 清 0。

6.3 51 单片机的中断响应

6.3.1 中断响应的一般过程

中断响应就是 CPU 对中断源提出的中断请求的接受与处理。

CPU 在执行程序过程中,中断系统在每个机器周期的 S5P2 对各中断源采样,并在下一机器周期内按优先级及内部顺序依次查询中断标志,首先被查到的中断请求标志所对应的中断被响应。即 CPU 将相应优先级状态触发器置 1(阻断后来同级或低级中断),然后执行长调用指令(LCALL addr16)转向其对应的中断向量的特定地址单元,进入相应的中断服务程序,执行完中断服务程序后返回原来的断点处继续原来程序的执行。

具体的过程是:51 单片机响应中断请求时,由硬件自动生成长调用指令 LCALL addr16,addr16 是相应中断源的中断入口地址,CPU 在执行完当前正在执行的指令后,转而执行该长调用指令。CPU 在执行该长调用指令时,首先将程序计数器 PC 中的当前值压入堆栈保存起来,以便在执行中断返回指令 RETI 时,能够正确地将断点地址返回给程序计数器 PC,然后,根据长调用指令 LCALL addr16 中 addr16 的值转向该单元执行指令,接着清中断请求标志位,以免再次响应本次中断请求(串行通信中断由用户程序清除标志位)。最后,在执行中断返回指令 RETI 时,将压入堆栈暂存起来的断点地址返回给程序计数器 PC,即返回程序原来的断点处继续原来程序的执行。

各中断源服务程序的入口地址是固定的,如表 6-1 所示。其中两个中断入口间只相隔 8 字节,一般情况下难以存放一个完整的中断服务程序。因此,通常总是在中断入口地址处放置一条无条件转移指令,转移到中断服务程序的入口。

需要注意的是,编程时,0032H 单元以前的程序 ROM 空间不要占用。要避开这个中断入口地址表。

一个中断源的中断请求被响应,必须满足以下必要条件:

① 该中断源发出中断请求,即该中断源对应的中断请求标志为"1"。

② 总中断允许开关接通,即 IE 寄存器中的中断总允许位 EA＝1。该中断源的中断允许位＝1,即该中断被允许。

③ 无同级或更高级中断正在被服务。当 CPU 查询到有效中断请求时,在满足上述条件时,紧接着就进行中断响应。

表 6-1　51 单片机中的中断入口地址

中断源	中断入口地址
复位	0000H
外部中断 0	0003H
定时器/计时器 T0	000BH
外部中断 1	0013H
定时器/计时器 T1	001BH
串行口中断	0023H
定时器/计时器 T2(AT89S52)	002BH

6.3.2　中断响应

1. 中断受阻的 3 种情况

中断响应是有条件的,并不是所有中断请求都能被立即响应,当遇到下列 3 种情况之一时,中断响应将受阻:

① CPU 正在处理同级或更高优先级的中断。因为当一个中断被响应时,要把对应的中断优先级状态触发器置"1"(该触发器指出 CPU 所处理的中断优先级别),从而封锁了低级中断请求和同级中断请求。

② 标志查询的机器周期不是当前正在执行指令的最后一个机器周期。设定这个限制的目的是只有在当前指令执行完毕后,才能进行中断响应,以确保当前

指令执行的完整性。

③ 正在执行的指令是 RETI 或是访问 IE 或 IP 的指令。为防止中断处理机制失控,按照 51 单片机中断系统的规定,在执行完这些指令后,需要再执行完一条指令,才能响应新的中断请求。

未获响应的中断标志,查询过程在下个机器周期将重新进行。

2. 中断响应的时间

在实时控制系统中,为了满足控制系统速度的要求,需要知道 CPU 响应中断所需的时间。响应中断的时间有最短和最长时间之分。响应中断的最短时间需要 3 个机器周期。这 3 个机器周期的分配分别是:第 1 个机器周期用于查询中断标志状态(假设此时中断标志已建立,且 CPU 正处在执行 1 条指令的最后 1 个机器周期);第 2、3 个机器周期用于执行长调用指令(LCALL addr16)转向其对应的中断向量的特定地址单元。如图 6-8 所示。因此,51 单片机从中断源发出中断请求到开始执行中断入口地址处的指令为止,最短需要 3 个完整机器周期的时间。

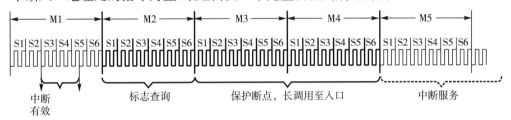

图 6-8 中断响应时间

如果中断请求遇到受阻的 3 种情况,从中断请求发出到开始执行中断入口地址处的指令最坏的情况需要多长时间呢?

① 对于第 1 种情况,CPU 正在处理同级或更高优先级的中断,此时需要多长时间才能响应就不好确定了,这与中断处理程序的执行时间有关。

② 对于第 2 种情况,标志查询周期不是当前指令的最后机器周期,若最坏的情况是 4 机器周期指令的第 1 个机器周期(如 MUL 指令),则需要另增加 3 个机器周期,即 6 个机器周期。

③ 对于第 3 种情况,若标志查询时,CPU 正处于执行 RETI(中断返回指令)、访问中断允许控制寄存器(IE)或中断优先级寄存器(IP)指令的第 1 个机器周期,且接下来的指令是 4 机器周期指令,在这种情况下,CPU 响应中断的时间最长,共需 8 个机器周期。这 8 个机器周期的分配是:执行 RETI(中断返回指令)、访问中断允许控制寄存器(IE)或中断优先级寄存器(IP)指令需要另加 1 个机器周期,执行 RET(或 IE/IP)的下一条指令最长需要 4 个机器周期;响应中断到转入该中断入口地址处执行需要 3 个机器周期。

一般情况下,51 单片机从中断请求发出到开始执行中断入口地址处的指令需要在3～8个完整的机器周期内完成。在 12 MHz 的时钟下，1 机器周期也就是 1 μs，最坏的情况下也只需要 8 μs。

6.3.3　中断嵌套

现在回想一下前面举的例子，电话响起，我们放下手中的筷子去接电话，这就在执行一个中断操作，可是正在接电话的时候，水壶的水开了，水壶响了，也就是说，在执行一个中断的过程中，又有了新的中断请求。如果"水壶响了"这个中断比"电话"这个中断的优先级高，则需先去处理"水壶响了"这个中断，完成后再去处理"电话"这个中断，然后继续去吃饭。这个事例说明的就是两级中断嵌套的过程。

例如，当外部中断 0 优先级高于定时/计数器 T0 的优先级时，CPU 在执行主程序的过程中，定时/计数器 T0 请求中断，中断请求被 CPU 响应（断点 1）后，CPU 暂停当前正在执行的程序指令，转而执行 T0 的中断服务程序；当 CPU 正在执行 T0 的中断服务程序时，如果外部中断 0 也向 CPU 提出中断请求，CPU 就会暂停执行 T0 的中断服务程序（断点 2），转而去执行外部中断 0 的中断服务程序；在执行完外部中断 0 的中断服务程序后，CPU 再返回到 T0 的中断服务程序从断点 2 继续执行；当 T0 的中断服务程序执行完，CPU 再返回主程序（断点 1）继续执行。如图 6-9 所示。

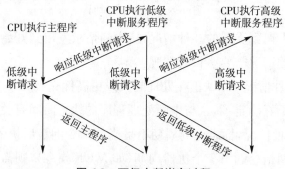

图 6-9　两级中断嵌套过程

中断嵌套是指 CPU 正在执行某一低优先级中断源的中断服务程序，某一高优先级中断源向 CPU 提出中断请求（且此中断源是开放的），CPU 暂停正在执行的中断服务程序转而响应和处理中断优先级更高的中断源的中断请求，执行相应的中断处理程序，待处理完成后再回来继续执行原来的中断服务程序。

因此，实现中断嵌套的前提是：CPU 至少开放了两个以上中断源的中断请求；在 CPU 响应低优先级中断源的中断请求后，高优先级中断源向 CPU 申请中断。二者缺一不可，都是实现中断嵌套的必要条件。

在具有多个中断优先级的单片机中，中断可多重嵌套。如果有两个以上的中断服务程序进行嵌套执行,则称为"多重嵌套"。在 51 单片机中,由于只有两个中断优先级,因此,只可能实现 2 级嵌套,处于同一优先级的中断源的中断服务程序不能相互嵌套。

6.3.4 中断系统的编程

一个中断过程的实现,仅有中断系统硬件是不够的,还需要软件的支持,这就涉及编程。一个中断过程中编程涉及两个方面:一是在主程序中对一些与中断相关的特殊功能寄存器的初始化,如开中断、设优先级等;另一方面,要编写相应的中断服务处理程序。

1. 中断系统的初始化

51 单片机通过特殊功能寄存器统一管理其中断系统的功能,只要对这些特殊功能寄存器的相应位进行清"0"或置"1"操作,就可以对相应的中断源进行中断的初始化。初始化在主程序中完成。中断系统的初始化一般有以下 3 步:

① 设定中断源的中断优先级(单一中断源系统可不设置)。

② 对于外部中断源,还要设定中断触发方式(是低电平触发还是下降沿触发)。

③ 开放相应中断源,完成前述步骤才能开放中断,目的是防止过早出现中断请求。

2. 中断服务程序的编写

为直接使用 C51 编写中断服务程序,C51 中定义了中断函数。由于 C51 编译器在编译时对声明为中断服务程序的函数自动添加了相应的现场保护、阻断其他中断、返回时自动恢复现场等处理的程序段,因而在编写中断函数时可不必考虑这些问题。这减小了用户编写中断服务程序的繁琐程度。

中断服务函数的一般形式为:

函数类型 函数名(形式参数表)interrupt n using n

关键字 interrupt 后面的 n 是中断号(中断号是中断系统中中断源的标识,每一中断源对应一中断号),对于 51 单片机,n 的取值为 0~4,编译器从 $8 \times n + 3$ 处产生中断向量。

表 6-2　C51 中的中断号

中断源	中断号	中断入口地址
外部中断 0	0	0003H
定时器/计时器 T0	1	000BH
外部中断 1	2	0013H
定时器/计时器 T1	3	001BH
串行口中断	4	0023H
定时器/计时器 T2(AT89S52)	5	002BH

例如，外部中断 0 的响应函数常用：void Int_0( ) interrupt 0。定时器/计时器 T0 的响应函数常用：void Time_0( ) interrupt 1。

如前所述，51 单片机在内部 RAM 中可使用 4 个工作寄存器区，每个工作寄存器区包含 8 个工作寄存器(R0～R7)。C51 扩展了 1 个关键字 using，using 后面的 n 专门用来选择 4 个不同的工作寄存器区。using 是 1 个可选项，如果不选用该项，中断函数中的所有工作寄存器的内容将被保存到堆栈中。

关键字 using 对函数目标代码的影响如下：在中断函数的入口处将当前工作寄存器区的内容保护到堆栈中，函数返回前将被保护的寄存器区的内容从堆栈中恢复。

编写 51 单片机中断程序时，应遵循以下规则：

① 中断函数没有返回值，如果定义了 1 个返回值，将会得到不正确的结果。因此建议将中断函数定义为 void 类型，以明确说明没有返回值。

② 中断函数不能进行参数传递，如果中断函数中包含任何参数声明都将导致编译出错。

③ 在任何情况下都不能直接调用中断函数，否则会产生编译错误。

④ 如果在中断函数中再调用其他函数，则被调用的函数所使用的寄存器区必须与中断函数使用的寄存器区不同。

⑤ 中断服务程序一般不宜太长，否则，遇到的两个相同优先级的中断源同时提出中断请求时，如果第 1 个中断服务耗费的时间过长，则必然会影响第 2 个中断服务的时效性，这样有可能使系统因处理中断不及时而出现故障。一般来说，中断服务程序要尽量短，切记不要把需要大量的计算或处理特别耗时的算法放到中断服务程序中，特别耗时的过程最好放在退出中断后进行处理。

6.4　51 单片机的中断应用编程举例

本节通过几个例子介绍有关中断应用程序的编写。

6.4.1　单一中断源

例 6.1　在 51 单片机的 P0 口上接有 8 只 LED。在外部中断 0 输入引脚 P3.2 ($\overline{INT0}$)引脚接有 1 只按钮开关 K1。要求将外部中断 0 设置为负跳沿触发。在程序启动时，P0 口上的 8 只 LED 亮。按 1 次按钮开关 K1(使引脚接地，产生 1 个负跳沿触发的外中断 0 中断请求)，LED 灯灭，再按 1 次按钮开关 K1，在中断服务程序中,LED亮,如此反复。电路原理图如图6-10所示。

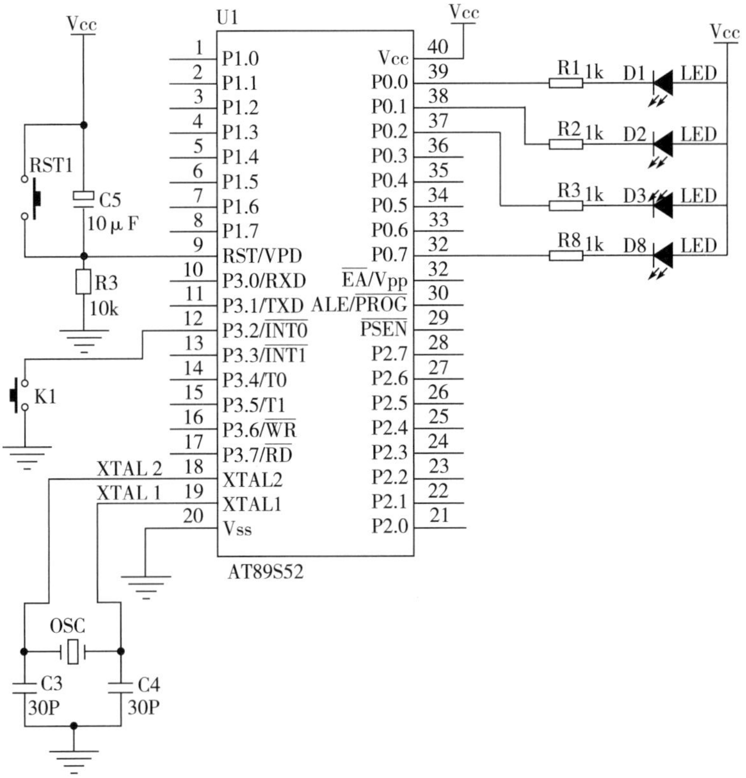

图 6-10 电路原理图

如何写出这个例子的程序?首先要分析硬件结构,从硬件原理图知道LED为共阳极LED,即P0口的相应位为0,灯亮;为1,灯灭。另外,从图中知,LED是连接在P0口,使用的是外部中断0。其次,从软件角度考虑,主程序要做哪些工作,中断服务程序要做哪些工作。主程序中要完成中断系统的初始化,例如,开中断,设置边沿触发方式等,另外根据例程要求,开始时LED灯是亮的,所以有1个对P0口的赋值。中断处理程序中,完成的中断响应是让LED灯灭,再中断1次,让LED亮,即LED状态翻转。可设置1变量,初值为00H,中断前将这1变量的值赋值于P0口,中断时,给变量的值取反,再赋值于P0口即可。

C51程序如下:

```
#include<reg51.h>
unsigned char flag=0x00;              /*定义变量并赋初值*/
void main()
{ P0=0x00;                            /*初始化LED亮*/
  EX0=1;                              /*开外部中断0允许*/
  IT0=1;                              /*设置为边沿触发方式*/
  EA=1;                               /*开中断总允许*/
```

```
        while(1);                        /*循环等待中断*/
    }
    void Int_0( ) interrupt 0
    { flag=~flag;                        /*变量值取反*/
      P0=flag;
    }
```

6.4.2　中断优先级与嵌套实验

例 6.2　如图 6-11 所示,在 51 单片机的 P0 口上接有 8 只 LED。在外部中断 0 输入引脚 P3.2（$\overline{INT0}$）,引脚接有 1 只按钮开关 K1,在外部中断 1 输入引脚 P3.3（$\overline{INT1}$）,引脚接有 1 只按钮开关 K2。要求 K1 和 K2 都未按下时,P1 口的 8 只 LED 灯全亮,当 K1（P3.2）按下时,左右 4 只 LED 交替闪烁 5 次后返回。仅按下 K2（P3.3）,P1 口的 8 只 LED 全部亮灭闪烁 6 次后返回。设外部中断 0 的优先级为低,边沿触发,设外部中断 1 的优先级为高,边沿触发。

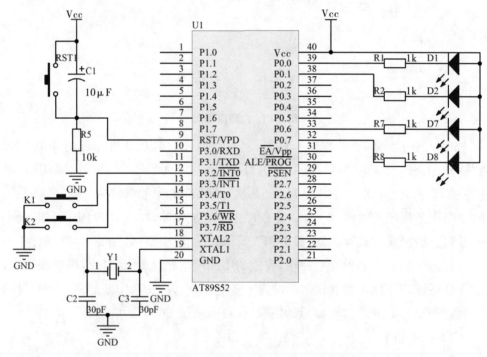

图 6-11　中断优先级与嵌套练习电路

在这个例子中,涉及优先级与中断嵌套的问题。若单片机正在执行外部中断 1 所对应的中断处理程序,此时若按触发外部中断 0 的中断,则得不到响应;若单片机正在执行外部中断 0 所对应的中断处理程序,此时若按触发外部中断 1 的中断,则得到响应,形成中断嵌套。

本例中的硬件结构和例 6.1 类似,只是多了一个外部中断 1。在主程序中要完成中断系统的初始化,例如,开中断,设置边沿触发方式等,另外根据例子要求,开始时 LED 灯是全亮的,所以将 P0 口的赋值为全 0。由于有 2 个中断源,所以需编写 2 个中断处理程序。外部中断 0 对应的中断处理程序主要是完成 5 次循环,每次循环完成左右 4 只 LED 交替闪烁 1 次;外部中断 1 对应的中断处理程序主要是完成 6 次循环,每次循环完成 8 只 LED 交替闪烁 1 次。

C51 程序如下:

```c
#include <reg52.h>
#define uchar unsigned char
void delay(uchar k)
{ uchar i,j;
  for(i=k;i>0;i--)
  for(j=200;j>0;j--);
}
void main()                    /* 主函数 */
{
  EX0=1;                       /* 允许外部中断 0 中断 */
  EX1=1                        /* 允许外部中断 1 中断 */
  IT0=1;                       /* 选择外部中断 0 为跳沿触发方式 */
  IT1=1;                       /* 选择外部中断 1 为跳沿触发方式 */
  PX0=0;                       /* 外部中断 0 为低优先级 */
  PX1=1;                       /* 外部中断 1 为高优先级 */
  EA=1;                        /* 总中断允许 */
  P0=0x00;                     /* P1 口的 8 只 LED 全亮 */
  while(1);
}
void Int_0(   )interrupt 0     /* 外中断 0 的中断服务函数 */
{
    uchar i;
    for(i=0;i<5;i++)
    { P0=0x0f;                 /* 低 4 位 LED 灭,高 4 位 LED 亮 */
      delay(200);              /* 延时 */
      P0=0xf0;                 /* 高 4 位 LED 灭,低 4 位 LED 亮 */
      Delay(200);              /* 延时 */
    }
    P0=0x00;                   /* P1 口的 8 只 LED 全亮 */
}
void Int_1() interrupt2        /* 外中断 1 的中断服务函数 */
{
```

```
uchar j;
for(i=0;i<=5;j++)
{ P0=0xff;                    /* 8 只 LED 全亮灭 */
  delay(200);                 /* 延时 */
  P0=0x00;                    /* 8 只 LED 全亮 */
  delay(200);                 // /* 延时 */
}
}
```

从以上编程中可以看出，要熟练使用 C51 编程的话，需熟记一些特殊功能寄存器的名称以及各可寻址位的名称及含义，如 EX0 是用来设置外部中断 0 的开启与关闭，PX0 是用来设置外部中断 0 的优先级等。熟练掌握这些名称及含义是用 C51 编程的基础。

6.5 51 单片机的定时/计数器

定时与计数技术在计算机系统中同样具有极其重要的作用。微机系统都需要为 CPU 和外部设备提供定时控制或对外部事件进行计数。例如，分时系统的程序切换，向外部设备输出周期性定时控制信号，定时时间到发出中断申请或外部事件统计达到规定值发出控制信号或提出中断请求等。因此微机系统都必须有定时器。定时与计数的本质是一样的，都是对时间的计数，即对时钟脉冲信号的计数。也可以理解为，人需要时间，智能元件也需要时间作为控制基础。

定时的方法可以采用软件或硬件两种。

（1）软件定时方法

软件定时方法是利用 CPU 执行指令需要若干机器周期的原理，运用软件编程，循环执行一段程序产生延时，配合简单输出接口向外送出定时控制信号。这种方法优点是不需要增加硬件或硬件很简单，只需要编制相应的延时程序以备调用；缺点是执行延时程序会增加 CPU 的时间开销，浪费 CPU 的资源。

（2）硬件定时方法

硬件定时有专用的多谐振荡器件或单稳器件。使用这些定时器件获得定时的缺点是改变定时要改变硬件，所以使用很不方便。目前在微机系统中都采用可编程通用定时器/计数器芯片。这种可编程芯片使用灵活、定时时间长，改变定时时间或工作方式只要改变编程控制参数即可；初始化编程后，就按设定的方式工作，不再占用 CPU 的资源。通用定时器/计数器芯片种类很多，像 PC/XT 机使用8253-5 等。本节将详细介绍 51 单片机的定时/计数器。

6.5.1　定时/计数器的结构和工作原理

1.定时/计数器的结构

51 单片机片内集成有 2 个相对独立的可编程的定时/计数器:T0 和 T1。它的结构框图如图 6-12 所示。

TH1、TL1 是 T1 的计数初值寄存器,TH1 是高 8 位,TL1 是低 8 位;TH0、TL0 是 T0 的计数初值寄存器,TH0 是高 8 位,TL0 是低 8 位。TCON 是定时/计数器的控制寄存器,用于控制定时/计数器的启动和停止以及当计数溢出时设置溢出标志。TMOD 是定时/计数器的工作方式寄存器,通过它来确定定时/计数器的工作方式(可编程芯片一般都有多种工作方式,用户可以根据应用需要设置工作方式)。T1 引脚为 T1 的外部计数脉冲输入,T0 引脚为 T0 的外部计数脉冲输入。51 单片机的定时/计数器由两种时间输入脉冲:一种来自外部;另一种为单片机的机器周期脉冲。前者为计数模式,后者为定时模式。

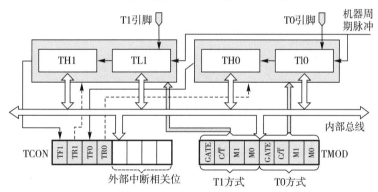

图 6-12　定时/计数器的结构框图

2.定时/计数器的工作原理

定时/计数器 T0 和 T1 的实质是 8 位(或 16 位)的加 1 计数器,即每输入 1 个脉冲,计数器在原计数初值的基础上加 1,当加到计数器全为 1 时,再输入 1 个脉冲,就使计数器归零,归零的同时,产生的溢出信号使 TCON 中的标志位 TF0 或 TF1(中断请求标志)置 1,向 CPU 发出中断请求。

根据输入的计数脉冲来源不同,把它们分成定时与计数两种功能。定时的计数脉冲为系统的晶振周期的 12 分频,计数器的计数脉冲为 T0,T1 引脚的外部脉冲源。

当定时/计数器工作于定时模式,设其计数初值寄存器的值为 X(16 位时),从计数开始到溢出信号使 TF0 或 TF1 置 1,并发出中断请求的时间就是延时时间 T,$T=(65536-X)*$ 机器周期。

需要说明的是，当定时/计数器工作在计数模式时，不是什么样的频率脉冲都可以被计数，就像在数传送带上的某物件时，如果传送速度太快，就没办法计数了。单片机在每个机器周期采样 T0、T1 引脚输入电平，当某个周期采样到 1 高电平，而下 1 周期又采样到 1 个低电平时，计数器加 1，即检测 1 个从 1 到 0 的下降沿需 2 个机器周期。也就是说，计数脉冲的最高频率不能超过机器周期频率的 0.5 倍。

6.5.2　定时/计数器的方式设置与控制

51 单片机定时/计数器的方式设置与工作控制是由两个特殊功能寄存器 TMOD 和 TCON 完成。TMOD 用于设置定时/计数器的工作方式；TCON 用于控制定时/计数器的启动和中断申请。

1. 工作方式寄存器 TMOD

TMOD 是一个特殊的专用寄存器，用于设定 T0 和 T1 的工作方式，只能对其按字节进行寻址，不能位寻址，复位时，TMOD 所有位清 0。其格式如下：

① GATE:门控位。GATE＝0 时，只要 TRx 为 1，就可启动计数器工作；GATE＝1 时，定时器的启动还要加上 INTx 引脚为高电平这一条件。

② $C/\overline{T}$:模式选择位。$C/\overline{T}＝0$ 为定时模式，$C/\overline{T}＝1$ 为计数方式。

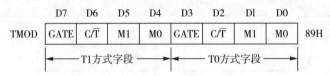

图 6-13　寄存器 TMOD 位定义

③ M1M0:工作方式设置位。可设置 4 种工作方式，如表 6-3 所示：

表 6-3　T0、T1 的工作方式选择

M1M0	工作方式	说　　明	T_0	T_1
00	方式 0	13 位定时/计数器	有	有
01	方式 1	16 位定时/计数器	有	有
10	方式 2	8 位自动重装定时/计数器	有	有
11	方式 3	T0 分成两个独立的 8 位定时/计数器；T1 此方式停止计数	有	无

虽然 M1M0 有 4 种组合，可设置 4 种工作方式，但 T_0 有 4 种工作方式，T_1 只有 3 种。

2. 控制寄存器 TCON

TCON 的低 4 位与外部中断有关，已在前面介绍。TCON 的高 4 位用于控制

定时/计数器的启动和中断申请。其字节地址为88H,可位寻址。其格式如下:

	D7	D6	D5	D4	D3	D2	D1	D0	
TCON	TF1	TR1	TF0	TR0	IE1	IT1	IE0	IT0	88H

图 6-14 定时器控制寄存器 TCON 位定义

① TF1、TF0:计数溢出标志位。当计数器计数溢出时,对应的位置"1"。使用中断方式时,此位作为中断请求标志位,进入中断服务程序后由硬件自动清"0"。

② TR1、TR0:定时器启动控制位。该位可由软件置"1"或清"0"。

TR1 位(或 TR0 位)=1,启动定时器工作。

TR1 位(或 TR0 位)=0,停止定时器工作。

6.5.3 定时/计数器的工作方式

T0 有方式 0、1、2、3;T1 有方式 0、1、2。下面以 T0 为例进行说明。

1.方式 0

当 TMOD 的 M1M0 为 00 时,定时/计数器工作于方式 0,其工作原理可由方式 0 的逻辑原理图来说明。

方式 0 时,计数器为 13 位计数器,由 TL0 的低 5 位和 TH0 的高 8 位构成。TL0 低 5 位溢出则向 TH0 进位,TH0 计数溢出则把 TCON 中的溢出标志位 TF0 置"1"。图 6-15 中,C/$\overline{\text{T}}$位控制的电子开关决定了定时器/计数器的两种工作模式。

① C/$\overline{\text{T}}$=1,电子开关打在下面位置,T0 为定时器工作模式,把时钟振荡器 12 分频后的脉冲作为计数信号。

② C/$\overline{\text{T}}$=0,电子开关打在上面位置,T0 为计数器工作模式,计数脉冲为 T0 引脚上的外部输入脉冲。

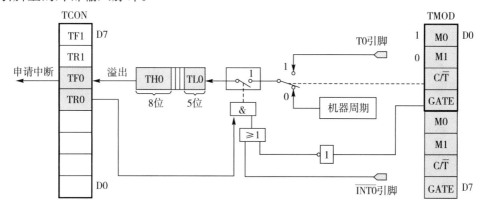

图 6-15 T0 的方式 0 的逻辑原理图

GATE 位状态决定定时器的运行控制是取决于 TR0 一个条件,还是取决于

TR0 和 INT0 引脚状态这两个条件。

① GATE＝0 时，由图 6-15 可知，TR0＝1，控制端控制电子开关闭合，允许 T0 对脉冲计数。TR0＝0，电子开关断开，禁止 T0 计数。

② GATE＝1 时，由图 6-15 可知，TR0＝1，控制端控制电子开关是否闭合，是由 TR0 和 INT0 两个条件来共同控制。TR0＝0，电子开关断开，禁止 T0 计数。

需要说明的是，关于 C/$\overline{\text{T}}$ 和 GATE 的作用在方式 1、方式 2 与方式 3 中其工作原理相同，在下面的方式介绍中，不再赘述。另外，方式 0 采用 13 位计数器是为了与早期的单片机兼容，13 位计数初值的确定比较麻烦，在实际应用中常用 16 位的方式 1。

计数初值计算：C/$\overline{\text{T}}$＝0，则为定时模式，若 t 为定时时间，Tcy 为机器周期，则计数值 $N＝t/\text{Tcy}$，计数初值 X 为：

$$X＝2^{13}－N＝8192－N$$

2. 方式 1

当 TMOD 的 M1M0 为 01 时，定时/计数器工作于方式 1，其工作原理与方式 0 基本相同，区别主要在于方式 1 计数初值寄存器为 16 位，其逻辑原理图如图 6-16。

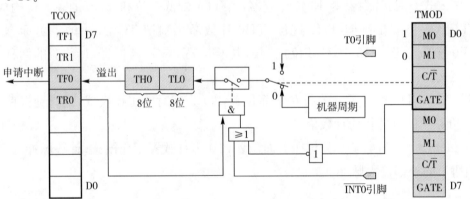

图 6-16　T0 的方式 1 的逻辑原理图

C/$\overline{\text{T}}$＝0，则为定时模式，若 t 为定时时间，Tcy 为机器周期，则计数值 $N＝t/\text{Tcy}$，计数初值 X 为：

$$X＝2^{16}－N＝65536－N$$

计数初值要分成 2 个字节分别送入 TH0、TL0。下面通过一个例子来说明：

例 6.3　若要求定时器 T0 工作于方式 1，定时时间为 2 ms，当晶振为 12 MHz 时，求送入 TH0 和 TL0 的计数初值各为多少？应怎样送入 TH0 和 TL0？

由于晶振为 12 MHz，所以机器周期 Tcy 为 1 μs，因此：

$$N＝t/\text{Tcy}＝2×10^{-3}/1×10^{-6}＝2000$$

$$X＝2^{16}－N＝65536－2000＝63536＝\text{F830H}$$

用传送指令分别将 F8H 送入 TH0 中,30H 送入 TL0 中即可。

在实际应用中,若不借助计算器的话,由十进制转化成十六进制的运算还是比较麻烦的,一种比较简便的方法如下:

在汇编语言中,利用以下 2 条指令完成:

MOV TL0,♯(65536－2000) MOD 256　　　余数为计数初值的低字节

MOV TH0,♯(65536－2000)/256　　　　　商为计数初值的高字节

在 C51 中:

TL0＝(65536－2000)％256　　　　　余数为计数初值的低字节

TH0＝(65536－2000)/256　　　　　　商为计数初值的高字节

为什么会有这样的算式存在? 我们可以这样理解:对于 TH0 与 TL0 组成的 16 位寄存器来说,TL0 能存入的最大数为 255(即(11111111)₂),如果再向里面存数的话,它就必然存向 TH0。此时,若当 TL0 为 255 时,再存入 1,所得的结果为 (100000000)₂,即 256。我们可以理解为 TH0 里的最小值 1 就相当于 256,所以 TH0 里的值为 256 的倍数。剩下小于 256 的数存放在 TL0。

3. 方式 2

方式 0 和方式 1 的共同特点是计数溢出后,计数器变为全 0。因此,在循环定时或循环计数应用时就需用指令反复装入计数初值的问题。这不仅影响定时精度,也给程序设计带来麻烦。方式 2 就是为解决此问题而设置的。

当 M1、M0 为 10 时,定时器/计数器处于工作方式 2,这时定时器/计数器的逻辑原理图如图 6-17 所示。

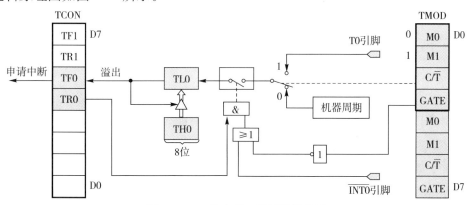

图 6-17　T0 的方式 2 的逻辑原理图

方式 2 为 8 位自动重装方式,计数前,TH0、TL0 寄存器均装入相同的 8 位初值,在读数过程中,TH0 初值寄存器保持不变,TL0 作加 1 计数。当 TL0 溢出时,由硬件将 TF0 置 1,向 CPU 发出中断请求,而溢出脉冲打开 TH0 和 TL0 之间的三态门,将 TH0 中的初值自动送入 TL0。TL0 从初值重新开始加 1 计数,直至 TR0＝0 才会停止。此工作方式不需用户在软件中重装初值,可相当

精确地确定定时时间。

C/$\overline{\text{T}}$=0,则为定时模式,若 t 为定时时间,Tcy 为机器周期,则计数值 $N=t/\text{Tcy}$,计数初值 X 为:$X=2^8-N=256-N$,若为计数方式,其计数范围为 1～256。

4. 方式 3

方式 3 是为了增加一个附加的 8 位定时器/计数器而设置的,从而使 51 单片机具有 3 个定时器/计数器。方式 3 只适用于定时器/计数器 T0,当 T0 工作于方式 3 时,此时 T0 分为 2 个独立的 8 位计数器:TH0 和 TL0,TL0 使用 T0 的所有控制位;TH0 被固定为 1 个 8 位定时器(不能对外部脉冲计数),并借用定时器 T1 的控制位 TR1 和 TF1,即 TH0 的启动和停止受 TR1 控制,TH0 的溢出将置位 TF1。但 2 个 8 位计数器都不具有自动重装初始值功能。定时器/计数器 T1 不能工作在方式 3。其逻辑原理图如图 6-18 所示。

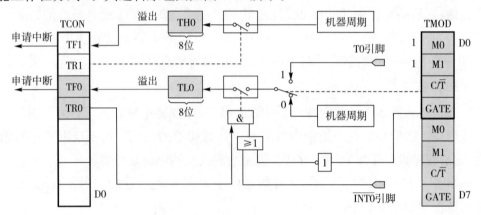

图 6-18　T0 的方式 3 的逻辑原理图

当 T0 在方式 3 时,T1 的方式控制 C/$\overline{\text{T}}$、M1M0 仍有效,T1 仍可按方式 0、1、2 工作,只是不能使用 TR1 位和 TF1 位。

在此有 2 个问题需要说明:1 是 T1 不能使用 TR1 位(已借出给 T0),则如何控制 T1 的启停? 2 是不能使用 TF1 位,即不能发中断请求信号,那 T1 的作用是什么?

对于如何控制 T1 的启停的问题:方式设定后,T1 自动运行;将 T1 设置于方式 3 时,相当于 TR1=0,停止计数。

对于 T1 的作用问题:此时,T1 一般常工作于方式 2,用作串行口波特率发生器。关于串行口通信的相关知识将在后面的章节介绍。在此,简单介绍一下。串行口通信涉及发送方和接收方的数据发送频率(或接收频率)。在 51 单片机中,用 T1 的溢出率的 32 分频(或 16 分频)作为发送频率(或接收频率)。此时,T1 不需产生中断请求信号,也就不需要使用 TF1 位。

6.5.4 定时/计数器的应用与编程

51 单片机中的定时器/计数器的主要应用为计数和定时,下面将从这两个方面通过例子来说明它的应用。无论是计数还是定时,在芯片工作前都需要通过编程对它进行初始化。

初始化工作主要分为 4 个方面:

① 对 TMOD 赋值,以确定 T0 和 T1 的工作方式。

② 求初值,并写入 TH0、TL0 或 TH1、TL1。

③ 中断方式时,要对 IE 赋值,开放 T0 和 T1 中断及总中断控制。

④ 使 TR0 或 TR1 置位,启动定时/计数器工作。

1.计数应用

例 6.4 有一包装流水线,产品每计数 12 瓶时发出一个包装控制信号。试编写程序完成这一计数任务。用 T0 完成计数,用 P1.0 发出控制信号。

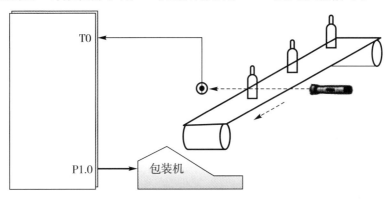

图 6-19 包装流水线示意图

① 确定方式字:因计数值范围为 12,且要反复计数,所以设置 T0 工作于计数方式、方式 2(8 位自动重装)。GATE=0,C/$\overline{\text{T}}$=1,M1M0=10,高 4 位与 T0 无关,设为 0,所以方式控制字为 06H。

② 求计数初值 X:N=12,X=256−12=244。应将 244 送入 TH0 和 TL0 中。

下面分别给出汇编语言程序与 C51 程序

主程序(汇编)

```
        ORG 0000H              ;将 LJMP MAIN 指令存放于 0000H 开始处
        LJMP MAIN
        ORG 000BH              ;将 LJMP DVT0 指令存放于 000BH 开始处
        LJMP DVT0
        ORG 1200H              ;定位主程序存放位置
MAIN:   MOV TMOD,#06H          ;置 T0 计数方式 2
```

```
        MOV TH0,#244           ;装入计数初值
        MOV TL0,#244           ;装入计数初值
        SETB ET0               ;开 T0 中断
        SETB EA                ;开中断总控
        SETB TR0               ;启动 T0
        SJMP $                 ;等待中断
```

中断服务程序：

```
DVT0： SETB P1.0               ;P1.0 置 1
        NOP                    ;空指令
        NOP
        CLR P1.0               ;P1.0 置 0
        RETI                   ;中断返回
        END
```

主程序（C51）：

```c
#include<reg52.h>
#include<intrins.h>
main()
{
    TMOD=0x06;                 /*T0 定时方式 2*/
    TH0=244;                   /*装入计数初值*/
    TL0=244;
    ET0=1;                     /*T0 开中断*/
    TR0=1;                     /*启动定时器 T0*/
    EA=1;                      /*开总中断*/
    while(1);                  /*等待中断*/
}
```

中断服务程序：

```c
Void T0_int() interrupt 1
{
    P1^0=1;
    _nop_();                   /*空操作函数*/
    _nop_();
    P1^0=0;
}
```

说明：_nop_()含于 intrins.h 文件中。

2. 定时应用

定时应用是定时/计数器的另一主要应用。在进行定时应用时，首先要考虑定时/计数器能直接定时的最大的时间间隔,在这里主要考虑两种情况,一是 16

位定时/计数器(工作于方式 1)的最大定时间隔,另一个就是 8 位定时/计数器(工作于方式 2)的最大定时间隔。知道了这些信息后,在定时应用时,就可以确定是工作于方式 1 还是方式 2,以及是直接定时还是间接定时。

设单片机晶振为 12 MHz 时,晶振周期 $t=1/(12\times10^6)=1/12\ \mu s$,机器周期 Tcy:$12t=1\ \mu s$,问:方式 1、方式 2 下的最大定时时间是多少?

T0 或 T1 工作在方式 1 时,为 16 位定时器。

定时时间＝计数值 N * 机器周期

计数值 $N=65536-X$,当计数初值 $X=0$ 时,计数值最大为 65536。

即最大定时时间＝$65536*1\ \mu s=65.536$ ms

由此可知,T0 或 T1 工作在方式 2 时,最大定时时间是 $256*1\ \mu s=256\ \mu s$。

现在的问题是,若在某应用中,当定时时间较大时(大于 65 ms),如何实现定时? 实现方法有两种:

① 采用 1 个定时器定时一定的间隔(如 20 ms)中断,在软件中指定一个变量计数,即可实现较长延时。

② 采用 2 个定时器级联,其中一个定时器用来产生周期信号(如 20 ms 为周期),然后将该信号送入另一个计数器的外部脉冲输入端进行脉冲计数。

例 6.5 利用定时/计数器 T0,产生 10 ms 的定时,使 P1.0 引脚上输出周期为 20 ms 的方波,设系统的晶振频率为 12 MHz。

解析:由于定时时间为 10 ms,大于方式 2 的最大时间间隔 256 μs(设系统的晶振频率为 12 MHz),小于方式 1 的最大时间间隔 65.536 ms,所以 T0 需工作于方式 1,直接产生所需的定时。

确定方式字:

T0 在定时的方式 1 时,GATE＝0,C/$\overline{T}$＝0,M1M0＝01,方式控制字为 01H。

求计数初值 X:

Tcy 为 1 μs,$N=10$ ms/1 $\mu s=10000$,$X=65536-10000=55536$

汇编程序如下:

```
        ORG 0000H

        LJMP MAIN

        ORG 000BH

        LJMP DVT0

        ORG 0100H

  MAIN: MOV TMOD,＃01H              ;置 T0 方式 1

        MOV TH0,＃55536/256         ;装入计数初值

        MOV TL0,＃55536 MOD 256

        SETB ET0                    ;T0 开中断
```

```
        SETB EA                             ;开总中断
        SETB TR0                            ;启动 T0
        SJMP $                              ;等待中断
DVT0：  CPL P1.0                            ;P1.0 位取反
        MOV TH0,#55536/256                  ;装入计数初值
        MOV TL0,#55536 MOD 256
        RETI                                ;中断返回
        END
```

C51 程序如下：

```
#include<reg51.h>
sbit pulse_out=P1^0;
main()
{
    TMOD=0x01;                    /*T0 定时方式 1*/
    TH0=55536/256;                /*装入计数初值*/
    TL0=55536%256;
    ET0=1;                        /*T0 开中断*/
    EA=1;                         /*开总中断*/
    TR0=1;                        /*启动定时器 T0*/
    while(1);                     /*等待中断*/
}
void T0_int() interrupt 1
{
    pulse_out=! pulse_out;
    TH0=55536/256;                /*装入计数初值*/
    TL0=55536%256;
}
```

例 6.6 在 51 单片机的 P1 口上接有 8 只 LED。采用定时器 T0 定时产生中断，使 P1 口外接的 8 只 LED 每 0.5 s 交替亮灭，设系统的晶振频率为 11.0592 MHz。

解析：由于定时时间为 0.5 s，大于方式 1 的最大时间间隔（在晶振频率为 11.0592 MHz 下，约为 65 ms），所以间接产生所需的定时。采用 T0 工作于方式定时 10 ms，然后再软件计数 50 次的方法实现。

确定方式字：

T0 在定时的方式 1 时，GATE=0，C/$\overline{\text{T}}$=0，M1M0=01，方式控制字为 01H。

求计数初值 X：

$Tcy=12\times(1/(11.0592\times10^6))$，$N=10\text{ ms}/Tcy=9216$，

$X=65536-9216=56320$

在这里需说明的是,单片机的晶振频率可以在一定范围内改变的,实际使用时,要注意单片机的晶振频率。晶振频率不一样,同样的时间间隔,其计数初值不一样。

汇编程序如下:

```
        ORG 0000H
        LJMP MAIN
        ORG 000BH
        LJMP T0_INT
        ORG 0100H
MAIN:   MOV  TMOD,#01H              ;置 T0 方式 1
        MOV TH0,#56320/256         ;装入计数初值
        MOV TL0,#56320 MOD 256
        MOV R2,#50
        MOV A,#0
        SETB ET0                   ;T0 开中断
        SETB EA                    ;开总中断
        SETB TR0                   ;启动 T0
        SJMP $                     ;等待中断
T0_INT: DJNZ R2,NEXT
        MOV R2,#50
        CPL A                      ;A 取反
        MOV P1,A                   ;A 值送 P 口
NEXT:   MOV TH0,#56320/256         ;装入计数初值
        MOV TL0,#56320 MOD 256
        RETI
        END
```

C51 程序如下:

```
#include<reg51.h>
unsigned char flag=0x00;          /*定义变量并赋初值*/
unsigned char i;
main()
{
  TMOD=0x01;                      /*T0 定时方式 1*/
  TH0=56320/256;                  /*装入计数初值*/
  TL0=56320%0256;
  i=50;
  ET0=1;                          /*T0 开中断*/
  EA=1;                           /*开总中断*/
  TR0=1;                          /*启动定时器 T0*/
```

```
      While(1);                               /*等待中断*/
   }
   void T0_int() interrupt 1
   {
      i=i−1;
      if(i==0)
      { i=50;
        Flag=～flag; P1=flag;
      }
      TH0=56320/256;                          /*装入计数初值*/
      TL0=56320％0256;
   }
```

6.5.5　定时/计数器的特殊应用

当实际系统中有两个以上的外部中断源，而片内定时/计数器未使用时，可利用定时/计数器来扩展一个负跳沿触发的外部中断源。

具体方法是：将定时/计数器设置为计数方式，工作于方式2(8位自动重装方式)，计数初值设置为满程，即计数器 TH0、TL0 初值均为 FFH，将待扩展的外部中断源接到定时/计数器的外部计数引脚 T0 脚(或 T1 脚)，从该引脚输入一个下降沿信号，计数器加1后便产生溢出中断，即扩展一个外部中断源。

例 6.7　扩展一个负跳沿触发的外部中断源，把定时器 T0 计数输入引脚作为外部中断请求信号的输入端。

```
   ＃include＜reg51.h＞
   void main()
   {
      TMOD＝0x06;                             /*设置定时器 T0 为方式2计数*/
      TH0＝0xff;                              /*给 T0 装入初值*/
      TL0＝0xff;                              /*给 T0 装入初值*/
      ET0＝1;                                 /*允许 T0 中断*/
      IT0＝1;                                 /*下降沿触发中断*/
      EA＝1;                                  /*总中断开*/
      TR0＝1;                                 /*接通 T0 计数*/
      while (1);                              /*无限循环等待*/
   }
   /*以下为定时器 T0 的中断服务程序*/
   void T0_int(void) interrupt 1
   {…}                                        /*外中断处理部分*/
```

说明：本例所述的使用定时器扩展的外中断源只能是负跳沿触发。此外，只有当定时器 T0(或 T1)不用时，才可使用本方法来扩充外部中断源，此时定时器 T0 本身的功能将不再使用。

对于 52 单片机还有定时器 T2 功能，操作方法与定时器 T0 基本相同，可以参照芯片说明书设置。

6.6　中断与定时器综合应用举例

综合运用中断、定时器及 LCD1602 显示技术设计一个 24 小时时钟程序。程序功能：在 LCD1602 第一行显示 LCD1602-CLOCK，第二行为时钟显示，格式为 xx：xx：xx。

1. 总体设计思路

设置 6 个变量分别存储秒值的低位、秒值的高位、分值的低位、分值的高位、时值的低位、时值的高位，且初值皆为 0，显示在 LCD1602 上。设置一计数变量进行中断次数计数，初值为 0。使用定时器/计数器每 0.025 秒(25 ms)产生一次中断，每次中断时，先中断次数加 1，并判断是否已达 40 次，若没有达 40 次，不改变原 LCD1602 上的显示，若达 40 次，即时间已过 1 秒，改变时分秒值，然后再显示。

2. C51 程序

```c
#include<reg52.h>
#defineuchar unsigned char
#defineuint unsigned int
//lcd与单片机的连接,连接引脚若不同,按实际连接修改
sbit rs=P2^7;
sbit lcden=P2^5;
sbit lcdrw=P2^6;

//shen[]为第一行显示的字符,word[]是用来进行数字到其 ASCII 码的转换,其中 3a 为":"的
//ASCII 码,转换形式为 word[dispbuf[a]],另 dispbuf[8]为"xx:xx:xx"的对应值,程序中将根据
//时间的改变而改变 dispbuf[0]-[7]的值,而 dispbuf[2],dispbuf[5]为":"而不变
uchar code shen[]={" LCD1602--CLOCK"};
uchar code word[]={0x30,0x31,0x32,0x33,0x34,0x35,0x36,0x37,0x38,0x39,0x3a};
uchar dispbuf[8]={0,0,10,0,0,10,0,0},num=0,s=0,m=0,h=0,flag=1;

//延迟函数
void delay(uint x)
{
```

```
    uint a,b;
    for(a=x;a>0;a--)
        for(b=10;b>0;b--);
}
```

//向 LCD1602 写命令函数
```
void write_com(uchar com)
{
    P0=com;
    rs=0;
    lcden=0;
    delay(10);
    lcden=1;
    delay(10);
    lcden=0;
}
```

//向 LCD1602 写数据函数
```
void write_date(uchar date)
{
    P0=date;
    rs=1;
    lcden=0;
    delay(10);
    lcden=1;
    delay(10);
    lcden=0;

}
```

//LCD1602 初始化函数
```
void lcd_init()
{
    lcdrw=0;                //写 LCD1602,本程序中没有读 LCD,故 lcdrw 初始化为 0
    write_com(0x01);        //清屏
    delay(20);              //延迟,等待写命令完成,此方法可省去对 LCD 的忙检测,下同
    write_com(0x38);        //功能设置:8 位数据接口,双行显示,5×7 点阵
    delay(20);              //延迟,等待写命令完成,此方法可省去对 LCD1602 的忙检测
    write_com(0x0c);        //显示不显示设置:开显示,无光标,无闪烁
```

```
    delay(20);
    write_com(0x06);                       //输入模式设置:光标右移一格且地址计数器加 1
    delay(20);
}


//计数器 0 初始化函数
//计数初值的计算:机器周期＝12＊(1/(11.0592＊1000000)),计数次数＝0.025/机器周期＝23040
//所以计数初值＝65536－23040
void time0_init()
{
    TMOD＝0X01;                        //定时器 0,方式 1
    TH0＝(65536－23040)/256;  //定时器赋初值,每 0.025 秒中断一次(设晶振频率＝11.0592)
    TL0＝(65536－23040)%256;
    EA＝1;                            //开总中断
    ET0＝1;                           //开定时器 0 中断
    TR0＝1;                           //启动定时器 0
}


//主函数
void main( )
{
    uchar a;
    lcd_init( );                      //lcd 初始化
    //显示"LCD1602—CLOCK",DDRAM 地址设置为 0000000,即屏幕第 1 行第 1 列
    write_com(0x80);
    delay(20);
    for(a＝0;a<15;a ++)
    {
        write_date(shen[a]);
        delay(20);
    }
    time0_init( );                    //计数器初始化
//根据 h,m,s 的值计算 dispbuf[a],并显示在屏幕第 2 行第 5 列,dispbuf[6]＝s/10;
//dispbuf[7]＝s%10 确定"xx:xx:xx"的对应值
    while(1)
        if(flag＝＝1)
        {
            dispbuf[0]＝h/10;
            dispbuf[1]＝h%10;
```

```
        dispbuf[3]=m/10;
        dispbuf[4]=m%10;
        dispbuf[6]=s/10;
        dispbuf[7]=s%10;
        write_com(0xc0+4);              //DDRAM 地址设置为1000100,即屏幕第2行第5列
        delay(20);
        for(a=0;a<8;a++)
        {
          write_date(word[dispbuf[a]]);
          delay(20);
        }
    }
}


//定时器0的中断处理函数
void timer0( ) interrupt 1              //每中断一次 num 加1,若 num 到40,改变 s,m,h
{
    flag=0;
    TH0=(65536-23040)/256;                      //定时器重新赋初值,每0.025秒中断一次
    TL0=(65536-23040)%256;
    num++;                      //中断次数计数每中断一次 num 加1,若 num 到40,改变 s,m,h
    if(num==40)
      { flag=1;
      s++;
      num=0;
      if(s==60)
      {
        m++;
        s=0;
        if(m==60)
        {
          h++;
          m=0;
          if(h==24)
          h=0;
        }
      }
    }
}
```

说明：变量 flag 为标志，只有当时间值有变化时，即 num＝40 时，flag＝1。flag＝1 时，主程序才重新计算 dispbuf[a]的值，再重写 LCD1602。而没到 1 秒时，不重新计算，不重写 LCD1602。LCD1602 不同于多位 LED，当将显示字符的 ASCII 码写入 DDRAM 后，LCD1602 就可以稳定显示了，不需重写刷新，除非改变原显示。

本章小结

中断是计算机中一种重要的工作机制，其本质是根据某种条件，调用特定子程序并返回的过程。一个中断执行的过程一般包括中断请求、中断响应、中断服务与中断返回 4 个环节。

51 单片机的中断系统是由中断源、中断请求标志寄存器（TCON,SCON）、中断允许控制寄存器（IE）、中断优先级控制寄存器（IP）以及内部硬件优先级查询电路组成。共有 5 个中断源，2 个优先级。

51 单片机没有专门的开、关中断指令，CPU 对各中断源的开放或屏蔽是通过中断允许控制寄存器 IE 中的各位进行的两级控制。所谓"两级控制"是指一个中断允许总控制位 EA 与各中断源的中断允许控制位共同实现对中断请求的控制。

所有中断源都可以通过中断优先级控制寄存器 IP 设定为高低两个优先级。当同时出现同级中断请求时，就按系统默认的处理顺序来响应中断请求。这个顺序为：外部中断 0、定时/计数器 T0 中断、外部中断 1、定时/计数器 T1 中断、串行口中断。

中断响应就是 CPU 对中断源提出的中断请求的接受与处理。一般情况下，51 单片机从中断请求发出，到开始执行中断入口地址处的指令，需要在 3～8 个完整的机器周期完成。

中断嵌套是指 CPU 正在执行某一低优先级中断源的中断服务程序，某一高优先级中断源向 CPU 提出中断请求，CPU 暂停正在执行的中断服务程序转而响应和处理中断优先级更高的中断源的中断请求，执行相应的中断处理程序，待处理完成后再回来继续执行原来的中断服务程序。

51 单片机片内集成有 2 个相对独立的可编程的定时/计数器：T0 和 T1。定时/计数器 T0 和 T1 的实质是 8 位（或 16 位）的加 1 计数器，即每输入一个脉冲，计数器在原计数初值的基础上加 1，当加到计数器全为 1 时，再输入一个脉冲，就使计数器归零，归零的同时，产生的溢出信号使 TCON 中的标志位 TF0 或 TF1（中断请求标志）置 1，中断允许时向 CPU 发出中断请求。

根据输入的计数脉冲来源不同，把它们分成定时与计数两种功能。定时的计数脉冲为系统的晶振周期的 12 分频，计数器的计数脉冲为 T0，T1 引脚的外电路脉冲源。

为满足应用的需求，定时/计数器有多种工作方式。T0 有方式 0、1、2、3；T1 有方式 0、1、2。工作方式的选择是由 TMOD 寄存器来设置的。

本章习题

1. 什么是中断？

2. 51 单片机有几个中断源？各中断请求标志是如何产生和取消的？

3. 什么是中断优先级？51 单片机中中断优先级控制规则是什么？

4. 单片机引用中断技术后，有什么优点？

5. 中断处理过程一般有哪几个阶段？

6. 简要叙述中断响应的条件与中断受阻的情况。

7. 分析中断最小响应时间和最大响应时间情况。

8. 什么是中断嵌套？

9. 定时/计数器工作于定时和计数方式有何异同点？

10. 定时/计数器各工作方式有何特点？

11. 定时/计数器的初始化主要有哪些内容？

12. 利用定时/计数器 T1 从 P0.0 输出周期为 10 ms 的方波，试设计程序。

第7章 单片机串行通信

本章目标

- 理解串行通信中的异步/同步通信的基本概念
- 理解串行接口中波特率、全双工、半双工等基本概念
- 掌握串行接口结构及其功能
- 理解串行通信4种工作方式的特点
- 掌握双机串行通信的编程方法

串行通信是计算机与外界信息交换的重要方式之一。本章主要讨论串行通信中的相关概念,51单片机中串行口的结构功能以及工作方式,最后介绍如何编制51单片机与PC机间的串行通信程序。

7.1 串行通信原理

通信是指由一处向另一处进行消息的有效传递和交换。单片机与外界进行通信的基本方式可分为并行通信和串行通信两种。

7.1.1 并行通信与串行通信

所谓"并行通信"是指数据的各位同时在多根数据线上发送或接收。例如,单片机通过P0口与8255并口之间的数据交换是8位一起传送的,如图7-1(a)所示。

串行通信是数据的各位在同一根数据线上依次逐位发送或接收。如图7-1(b)所示,这就需要各位信息逐位按次序传送。串行通信在单片机双机、多机以及单片机与PC机之间的通信等方面得到了广泛应用。

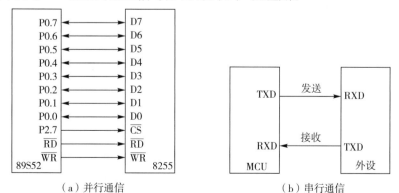

（a）并行通信　　　　　　　　（b）串行通信

图7-1　并行通信和串行通信

7.1.2　同步与异步串行通信

在串行通信中，根据数据流的分界、定时及同步方法的不同，串行通信可分为同步串行通信和异步串行通信。

(1) 同步串行通信

传送大量数据时，为了提高传送信息的效率，采用一个数据块共用一个同步字作为起始位的帧格式，叫"同步串行通信方式"，同步串行通信方式是用发、收双方规定的同步字来作为数据块的开始和结束，是一种连续传送数据的通信方式，一次通信传送多个字符数据，称为"一帧信息"，其数据帧格式如图 7-2 所示。同步串行通信数据传输速率较高，通常可达 56000 bps 或更高。其缺点是要求发送时钟和接收时钟保持严格同步。

同步 字符	数据 字符1	数据 字符2	…	数据 字符n-1	数据 字符n	校验 字符	（校验 字符）

图 7-2　同步串行通信帧格式

(2) 异步串行通信

在异步串行通信中，每一个字符要用起始位和停止位作为开始和结束的标志，收、发端各有一套彼此独立的通信机构，由于收发数据的帧格式相同，因此可以相互识别接收到的数据信息。例如，一个字符为 8 位数据，帧格式如图 7-3 所示，起始位和终止位至少各占 1 位，实际传送信息的效率最多是 80%。在异步串行通信中，收发双方在每个字符的开始都进行一次同步，因而对发送时钟和接收时钟的精度要求要低一些，故在单片机串行通信中，主要使用异步串行通信方式。

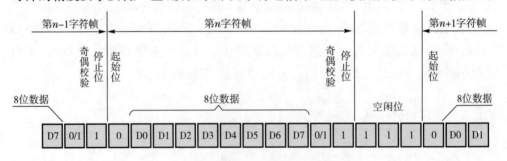

图 7-3　异步串行通信帧格式

① 起始位。在没有数据传送时，通信线上处于逻辑"1"状态。当发送端要发送 1 个字符数据时，首先发送 1 个逻辑"0"信号，这个低电平便是帧格式的起始位。其作用是向接收端表示，发送端开始发送一帧数据。接收端检测到这个低电平后，就准备接收数据信号。

② 数据位。在起始位之后,发送端发出(或接收端接收)的是数据位,数据的位数没有严格的限制,5~8位均可。由低位到高位逐位传送。

③ 奇偶校验位。数据位发送完(或接收完)之后,可发送1位用来检验数据在传送过程中是否出错的奇偶校验位。奇偶校验是收发双方预先约定好的有限差错检验方式之一。有时也可不用奇偶校验。

④ 停止位。字符帧格式的最后部分是停止位,逻辑"1"电平有效,它必须事先约定,可占1/2位、1位或2位。停止位表示传送一帧信息的结束,也为发送下一帧信息做好准备。

7.1.3 波特率和数据传输率

数据传输速率(也称"比特率")是每秒钟传输二进制代码的位数,单位是:位/秒(bps)。如每秒钟传送120个字符,而每个字符格式包含10位(1个起始位、1个停止位、8个数据位),这时的比特率为:

$$10 \text{位} \times 120 \text{个/秒} = 1200 \text{ bps}$$

波特率是每秒钟传送的码元数目,单位为波特(Baud)。串行通信的波特率也要事先约定。

波特率和比特率不总是相同的,在基带传输中,每个码元带有"1"或"0"这1bit信息,传码率与传信率相同,即波特率和比特率是相同的。所以,在单片机串行通信中也经常用波特率表示数据的传输速率。

例如,在单片机串行通信中,若每秒钟传送240个字符,而每个字符格式包含10位(1个起始位、1个停止位、8个数据位),此时的比特率和波特率均为:

$$10 \text{位} \times 240 \text{个/秒} = 2400 \text{ bps}$$

7.1.4 串行通信的制式

在串行通信中,数据是在两个通信节点之间传送的。按照数据传送方向和通信的信道条件,串行通信可分为3种制式。

(1) 单工制式(Simplex)

单工制式是指甲乙双方通信只能单向传送数据。单工制式如图7-4所示。

图7-4 单工制式

(2) 半双工制式(Half duplex)

半双工制式是指通信双方都具有发送器和接收器,双方既可发送,也可接收,但接收和发送不能同时进行,即发送时就不能接收,接收时就不能发送。半双工制式如图 7-5 所示。

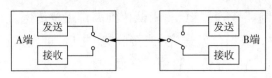

图 7-5　半双工制式

(3) 全双工制式(Full duplex)

全双工制式是指通信双方均设有发送器和接收器，并且将信道划分为发送信道和接收信道，两端数据允许同时收发，因此通信效率比前两种高。全双工制式如图 7-6 所示。

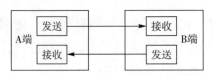

图 7-6　全双工制式

7.1.5　串行通信接口标准

根据串行通信格式及约定(如同步方式、通信速率、数据块格式等)不同，形成了许多串行通信接口标准，如常见的：RS-232、RS-422、RS-485、USB、I^2C、SPI 等。

1. RS-232

RS-232 是 EIA(美国电子工业协会)1969 年联合调制解调器厂家、计算机终端生产厂家等共同修订的异步通信传输接口标准，全名是"数据终端设备(DTE)和数据通信设备(DCE)之间串行二进制数据交换接口技术标准"，也称"标准串口"。RS-232 的通信设备可以分为数据终端设备(Data Terminal Equipment，DTE)和数据通信设备(Data Communication Equipment，DCE)两类，这种分类定义了不同的线路用来发送和接受信号。

(1) RS-232 的机械特性

传统的 RS-232 接口标准有 22 根线，采用标准 25 芯 D 型连接器(DB-25)，后来使用简化为 9 芯 D 型连接器(DB-9)，现在应用中已很少采用 25 芯连接器。如图 7-7 所示，RS-232-C 的 9 针连接器(DB-9)有公头和母头两类，其尺寸及每个插针的排列位置都有明确的定义，如表 7-1 所示。

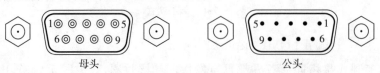

图 7-7　RS-232-C 标准的 9 芯连接器

(2) RS-232 的信号特性

表 7-1 给出了 RS-232 的信号特性。

表 7-1 RS-232 标准的 DB-9 针脚及信号特性

针脚	信号	定义	作用
1	DCD	载波检测	用于 Modem 通知计算机其处于在线状态，即 Modem 检测到拨号音，处于在线状态
2	RXD	接收数据	用于接收外部设备送来的数据；在使用 Modem 时，RXD 指示灯闪烁，说明 RXD 引脚上有数据进入
3	TXD	发送数据	将计算机的数据发送给外部设备；在使用 Modem 时，TXD 指示灯闪烁，说明计算机正在通过 TXD 引脚发送数据
4	DTR	数据终端准备好	高电平有效，通知 Modem 可以进行数据传输，计算机已准备好
5	SGND	信号地	
6	DSR	数据准备好	高电平有效，通知计算机 Modem 已经准备好，可以进行数据通信
7	RTS	请求发送	由计算机来控制，用以通知 Modem 马上传送数据至计算机；否则，Modem 将收到的数据暂时放入缓冲区中
8	CTS	清除发送	由 Modem 控制，用以通知计算机将欲传的数据送至 Modem
9	RI	振铃提示	Modem 通知计算机有呼叫进来，是否接听呼叫由计算机决定

(3) RS-232 的电气特性

与 51 单片机的 0～5 V TTL 电平不同，RS-232 采用负逻辑，-25～-3V 表示逻辑"1"，$+3$～$+25$V 表示逻辑"0"，如图 7-8 所示。

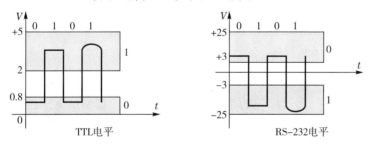

图 7-8 TTL 电平与 RS-232 电平

因此，在与单片机接口时，需要电平转换芯片实现 TTL 电平和 RS-232 电平相互转换。早期，RS-232 与 TTL 电平转换最常用的集成电路芯片是传输线驱动器 MC1488 和传输线接收器 MC1489。MC1488 可完成 TTL 电平到 RS-232 的电平转换，输入为 TTL 电平，输出为 RS-232 电平。MC1489 可完成由 RS-232 到 TTL 电平转换，输入为 RS-232 电平，输出为 TTL 电平。近期常用 MAX232 芯片实现 TTL 电平和 RS-232 电平相互转换。

（4）RS-232 的过程特性

利用 RS-232 接口,可实现远程和近程通信,如图 7-9 所示。

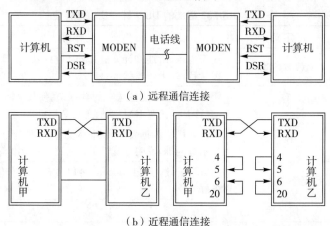

（a）远程通信连接

（b）近程通信连接

图 7-9　RS-232 的通信连接方式

目前 RS-232 是 PC 机与通信工业中应用最广泛的一种串行接口。但是,采用 RS-232 接口也存在一些难以克服的问题:

① 传输距离短,传输速率低。RS-232 标准直连传送距离通常不大于 15 m,最高速率为 20 Kbps。

② 有电平偏移。RS-232 标准使用非平衡参考地的信号,要求收发双方共地,通信距离较大时,收发双方的地电位差别较大,在信号地上将有比较大的地电流并产生压降。

③ 抗干扰能力差。RS-232 在电平转换时采用单端输入输出,在传输过程中存在干扰和噪声混在正常的信号中。为了提高信噪比,RS-232 总线标准不得不采用比较大的电压摆幅。

2. RS-422

RS-422 标准全称是"平衡电压数字接口电路的电气特性",由 RS-232 发展而来,是一种单机发送、多机接收的单向、平衡传输规范。典型的 RS-422 是四线接口。实际上还有一根信号地线,共 5 根线。其 DB-9 连接器引脚定义如表 7-2 所示。

表 7-2　RS-422 标准的 DB-9 定义

针脚	信号	定义
1	GND	地
2	TXA	发送正,有时称 TX+或 A
3	RXA	接收正,有时称 RX+或 Y
7	TXB	发送负,有时称 TX－或 B
8	RXB	接收负,有时称 RX－或 Z
9	Vcc	电源

RS-422 数据信号采用差分传输方式（也称作"平衡传输"），如图 7-10 所示，传输采用两线间的电压来表示逻辑"1"和逻辑"0"（＋2～＋6V 表示逻辑"1"，－2～－6V表示逻辑"0"）。由于接收器采用高输入阻抗和发送驱动器比 RS-232 更强的驱动能力，故允许在相同传输线上连接多个接收节点，最多可接 10 个节点。即一个主设备（Master），其余为从设备（Slave），从设备之间不能通信，所以 RS-422 支持点对多的双向通信。RS-422 四线接口通过两对双绞线可以全双工工作收发互不影响，具有单独的发送和接收通道，因此不必控制数据方向，各装置之间任何必需的信号交换均可以按软件方式（XON/XOFF 握手）或硬件方式（一对单独的双绞线）实现。

图 7-10 RS-422 标准的差分驱动器/接收器

由于发送方需要两根传输线，接收方也需要两根传输线。传输线采用差动信道，所以它的干扰抑制性极好，又因为它的阻抗低，无接地问题，RS-422 的最大传输距离为 1219 m，最大传输速率为 10 Mbps。其平衡双绞线的长度与传输速率成反比，在 100 Kbps 速率以下，才可能达到最大传输距离。只有在很短的距离下才能获得最高速率传输。一般 100 m 长的双绞线上所能获得的最大传输速率仅为 1 Mbps。

3. RS-485

EIA 于 1983 年在 RS-422 基础上制定了 RS-485 标准，增加了多点、双向通信能力等。RS-485 是一种多发送器标准，在通信线路上最多可以使用 32 对差分驱动器/接收器。如果在一个网络中连接的设备超过 32 个，还可以使用中继器。如图 7-11 所示，RS-485 标准采用一对差分双绞线 A 和 B，只能半双工工作，收发不能同时进行。

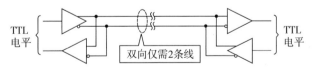

图 7-11 RS-485 标准的差分驱动器/接收器

4. USB

通用串行总线（Universal Serial Bus，USB）是计算机与外围设备连接的最新一代标准，1996 年 USB 论坛提出，支持各种外部设备，带宽达 12 或 480 MB/s，现在的计算机连接端口各有各自不同的接头，而 USB 可以将所有支持 USB 规格的外围设备直接串接起来，最多可串接 127 个外围设备，同时具有即插即用的便利性，即计算机不必重新开机就可将外围设备与计算机连接或拆卸。

5. I²C

集成电路间的串行总线（Inter-Integrated Circuit，I²C）由 Philips 公司在 1980 年推出，是近年来在微电子通信控制领域广泛采用的一种新型串行总线标准，具有接口线少，控制方式简单，器件封装体积小，通信速率较高等优点。在主从通信中，可以有多个 I²C 总线器件同时接到 I²C 总线上，通过地址来识别通信对象。

6. SPI

串行外部设备接口（Serial Peripheral Interface，SPI）技术是 Motorola 公司推出的一种同步串行接口。Motorola 公司生产的绝大多数单片机都配有 SPI 硬件接口。SPI 总线是一种三线同步总线，因其硬件功能很强，所以，与 SPI 有关的软件就相当简单，使 CPU 有更多的时间处理其他事务。

7.1.6　串行通信的校验

串行通信中存在干扰等各种情况，这就可能存在信息传输的错误，因此必须考虑在通信过程中对数据差错进行校验。常用差错校验方法有奇偶校验、累加和校验以及循环冗余码校验等，串行通信中多采用奇偶校验。

奇偶校验的特点是按字符校验，即在发送每个字符数据之后都附加一位奇偶校验位（1 或 0），当设置为奇校验时，数据中 1 的个数与校验位 1 的个数之和应为奇数；反之则为偶校验。收、发双方应具有一致的差错检验设置，当接收 1 帧字符时，对 1 的个数进行检验，若奇偶性（收、发双方）一致则说明传输正确。

奇偶校验码是一种检错码，能发现错误，不能纠错，一般用于主存读写校验，或异步通信中字符传送过程中的检查，如果传输结果与规则相符就作为有效传输，否则就重新处理。

此外，错误校验的方式还有代码和校验、循环冗余校验等。

代码和校验是发送方将所发数据块求和（或各字节异或），产生一个字节的校验字符（校验和）附加到数据块末尾。接收方接收数据同时对数据块（除校验字节外）求和（或各字节异或），将所得的结果与发送方的"校验和"进行比较，相符则无差错，否则即认为传送过程中出现了差错。

循环冗余校验 CRC 是广泛应用于计算机网络通信中的一种校验方法，该校验方法纠错能力强。具体方法可阅读计算机网络方面的书籍。

7.2　51 单片机串行通信

51 系列单片机内部有一个可编程全双工串行通信接口。该部件不仅能同时进行数据的发送和接收，也可作为一个同步移位寄存器使用。

7.2.1 51单片机串行口结构

51单片机串行口结构框图如图7-12所示,主要包括两个数据缓存寄存器SBUF(接收和发送缓存寄存器)、发送/接收时钟产生装置(以定时器T1为主要构成部件)、串行控制寄存器SCON、输入移位寄存器等。

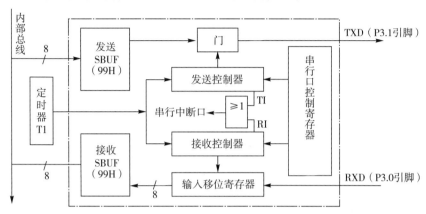

图7-12 51单片机串行口结构

(1) 串行数据缓冲器SBUF

SBUF是串行口缓冲寄存器,包括发送寄存器和接收寄存器,以便能以全双工方式进行通信。在逻辑上,SBUF只有一个,它既表示发送寄存器,又表示接收寄存器,具有同一个单元地址99H。但在物理结构上,有两个完全独立的SBUF,一个是发送缓冲寄存器SBUF,另一个是接收缓冲寄存器SBUF。如果CPU写SBUF,数据就会被送入发送寄存器准备发送;如果CPU读SBUF,则读入的数据一定来自接收缓冲器。即CPU对SBUF的读写,实际上是分别访问上述两个不同的寄存器。

此外,在接收寄存器之前还有移位寄存器,从而构成了串行接收的双缓冲结构,这样可以避免在数据接收过程中出现帧重叠错误。发送数据时,由于CPU是主动的,不会发生帧重叠错误,因此发送电路不需要双重缓冲结构。

(2) 发送/接收时钟产生装置

51单片机串行通信的发送/接收时钟由定时器T1溢出产生。T1的溢出率先经2分频(也可以不分频,主要取决于电源控制寄存器PCON中SMOD位的值,SMOD=0,2分频;SMOD=1,不分频),再经16分频作为发送或接收的移位时钟。

(3) 串行控制寄存器SCON

串行控制寄存器SCON是一个特殊功能寄存器,用于设置串行口的工作方式、监视串行口的工作状态、控制发送与接收的状态等。它是一个既可以字节寻址（字节地址为 98H），又可以位寻址的 8 位特殊功能寄存器。其格式如图 7-13 所示。

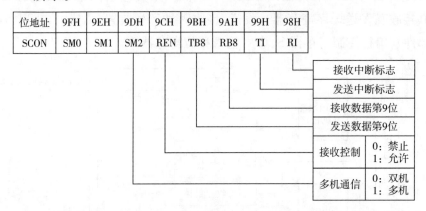

图 7-13　串行口控制寄存器 SCON

① SM0 和 SM1：串行口工作方式选择位。其状态组合所对应的工作方式如表 7-3 所示。

表 7-3　串行口工作方式

SM0	SM1	工作方式	功能说明
0	0	0	同步移位寄存器输入/输出，波特率固定为 fosc /12
0	1	1	10 位异步收发，波特率可变（T1 溢出率/n,n＝32 或 16）
1	0	2	11 位异步收发，波特率固定为 fosc/n,n＝64 或 32）
1	1	3	11 位异步收发，波特率可变（T1 溢出率/n,n＝32 或 16）

注：fosc 为振动频率

② SM2：多机通信控制器位。多机通信仅在方式 2 和方式 3 下进行。在方式 2 和方式 3 中，若 SM2＝1，则接收机处于地址帧筛选状态。若 RB8＝1，则该地址帧信息可进入 SBUF，并使 RI 为 1，进而在中断服务中再进行地址号比较；若 RB8＝0，则该帧不是地址帧，应丢掉，且保持 RI＝0。

SM2＝0 时，接收机处于地址帧筛选被禁止状态，串行口以单机发送或接收方式工作，不论收到的 RB8 为 0 还是为 1，均可以使收到的数据进入 SBUF，TI 和 RI 以正常方式被激活并产生中断请求，即此时 RB8 不具有控制 RI 激活的功能。

在方式 0 中，SM2 必须设成 0。

在方式 1 中，当处于接收状态时，若 SM2＝1，则只有接收到有效的停止位"1"时，RI 才能被激活成"1"（产生中断请求）。

③ REN：串行接受允许控制位。该位由软件置位或复位。当 REN＝1 时，允许接收；当 REN＝0 时，禁止接收。

④ TB8：方式 2 和方式 3 中要发送的第 9 位数据。该位由软件置位或复位。在方式 2 和方式 3 时，TB8 是发送的第 9 位数据。在多机通信中，以 TB8 位的状态表示主机发送的是地址还是数据：TB8＝1 表示地址，TB8＝0 表示数据。TB8还可用作奇偶校验位。

⑤ RB8：方式 2 和方式 3 中接收数据的第 9 位。在方式 2 和方式 3 时，RB8存放接收到的第 9 位数据。RB8 也可用作奇偶校验位。在方式 1 中，若 SM2＝0，则 RB8 接收到的是停止位。在方式 0 中，该位未用。

⑥ TI：发送中断标志位。TI＝1，表示已结束一帧数据发送，既可由软件查询TI 位标志，也可以向 CPU 申请中断。需要注意的是，TI 在任何工作方式下都必须由软件清 0。

⑦ RI：接收中断标志位。RI＝1，表示一帧数据接收结束。可由软件查询 RI位标志，也可以向 CPU 申请中断。需要注意的是，RI 在任何工作方式下都必须由软件清 0。

在 51 单片机中，串行发送中断 TI 和接收中断 RI 的中断入口地址同是0023H，因此在中断程序中必须由软件查询 TI 和 RI 的状态才能确定究竟是接收还是发送中断，进而做出相应的处理。单片机复位时，SCON 所有位均清 0。

(4) 电源控制寄存器 PCON

电源控制寄存器 PCON 如图 7-14 所示。SMOD 为串行口波特率倍增位。在工作方式 1～3 时，若 SMOD＝1，则串行口波特率增加一倍；若 SMOD＝0，则波特率不加倍。系统复位时，SMOD＝0。

PCON	D7	D6	D5	D4	D3	D2	Dl	D0
(87H)	SMOD	—	—	—	GF1	GF0	FD	IDL

图 7-14 电源控制寄存器 PCON 的格式

此外，GF0 和 GF1 为通用标志位，PD 为掉电模式运行控制位，IDL 为空闲模式运行控制位。PCON 寄存器不能进行位寻址。

7.2.2 51单片机串行口工作方式

51 单片机串行通信共有 4 种工作方式，它们分别是方式 0、方式 1、方式 2 和方式 3，由串行控制寄存器 SCON 中的 SM0 和 SM1 决定，如表 7-3 所示。

1. 工作方式 0

在方式 0 下，串行口可作为同步移位寄存器使用，也常用于扩展 I/O 口。RXD 为数据输入或输出，TXD 为移位时钟，作为外接部件的同步信号。此时SM2、RB8、TB8 均应设置为 0。

方式 0 不适用于两个 51 单片机之间的数据通信，可以通过外接移位寄存器来实现单片机的接口扩展。在这种方式下，收/发的数据为 8 位，低位在前，无起始位、奇偶校验位及停止位，波特率是固定的。

（1）数据发送

如图 7-15 所示为 51 单片机工作方式 0 的发送电路，扩展连接 8 位边沿触发式串行输入并行输出移位寄存器 74HC164。

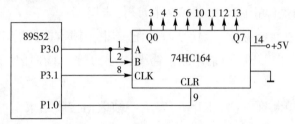

图 7-15　工作方式 0 发送电路

如图 7-16 所示，TI＝0 时，执行"MOV SBUF，A"启动发送，A 中 8 位数据由低位到高位从 RXD 引脚送出，TXD 发送同步脉冲。发送完后，由硬件置位 TI。

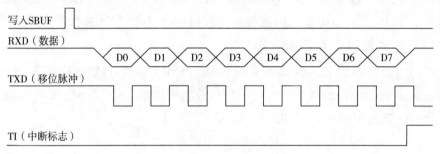

图 7-16　工作方式 0 发送时序

（2）数据接收

如图 7-17 所示为 51 单片机工作方式 0 的接收电路，扩展连接 8 位并行输入串行输出移位寄存器 74HC165。

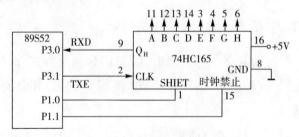

图 7-17　工作方式 0 接收电路

如图 7-18 所示，RI＝0，REN＝1 时启动接收，数据从 RXD 输入，TXD 输出同步脉冲。8 位数据接收完，由硬件置位 RI。通过"MOV A，SBUF"读取数据至 A 中。

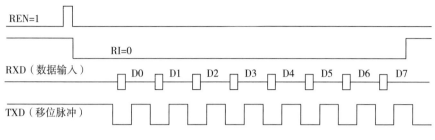

图 7-18　工作方式 0 接收时序

应当指出：方式 0 并非是同步通信方式。它的主要用途是外接同步移位寄存器，以扩展并行 I/O 口。

2. 工作方式 1

方式 1 真正用于串行发送或接收，为 10 位通用异步接口。TXD 与 RXD 分别用于发送与接收数据。收发一帧数据的格式为 1 位起始位、8 位数据位（低位在前）、1 位停止位，共 10 位，其帧格式如图 7-19 所示。

图 7-19　方式 1 数据帧格式

(1) 数据发送

如图 7-20 所示，当 TI＝0 时，执行"MOV SBUF，A"指令后开始发送，由硬件自动加入起始位和停止位，构成一帧数据，然后由 TXD 端串行输出。发送完后，TXD 输出线维持在"1"状态下，并将 SCON 中的 TI 置 1，表示一帧数据发送完毕。

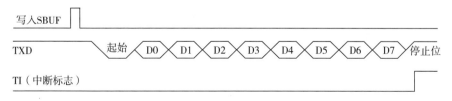

图 7-20　工作方式 1 发送

(2) 数据接收

如图 7-21 所示，RI＝0，REN＝1 时，接收电路以波特率的 16 倍速度采样

RXD引脚,如出现由"1"变"0"跳变,认为有数据正在发送。

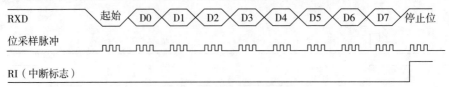

图 7-21　工作方式 1 接收

在接收到第 9 位数据（即停止位）时,必须同时满足以下两个条件：RI＝0 和 SM2＝0 或接收到的停止位为"1",才把接收到的数据存入 SBUF 中,停止位送 RB8,同时置位 RI。若上述条件不满足,则接收到的数据不装入 SBUF 而被舍弃。在方式 1 下,SM2 应设定为 0。

3. 工作方式 2 和方式 3

工作方式 2 和方式 3 都是 11 位异步收发串行通信方式,两者的差异仅在波特率上有所不同。方式 2 和方式 3 时起始位 1 位,数据 9 位（含 1 位附加的第 9 位,发送时为 SCON 中的 TB8,接收时为 RB8）,停止位 1 位,一帧数据为 11 位,如图 7-22 所示。

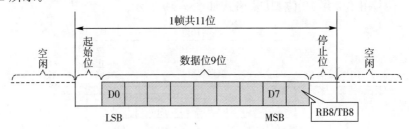

图 7-22　工作方式 2 和方式 3 的帧格式

（1）数据发送

如图 7-23 所示,TI＝0,发送数据前,先由软件设置 TB8,可使用如下指令完成：

SETB TB8　　;将 TB8 位置 1

CLR　TB8　　;将 TB8 位置 0

然后再向 SBUF 写入 8 位数据,并以此来启动串行发送。

发送开始时,先把起始位 0 输出到 TXD 引脚,然后发送移位寄存器的输出位（D0）到 TXD 引脚。每一个移位脉冲都使输出移位寄存器的各位右移一位,并由 TXD 引脚输出。

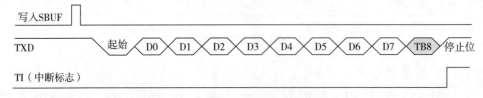

图 7-23　工作方式 2 和方式 3 发送

　　第一次移位时,停止位"1"移入输出移位寄存器的第 9 位上,以后每次移位,左边都移入 0。当停止位移至输出位时,左边其余位全为 0,检测电路检测到这一条件时,使控制电路进行最后一次移位,并置 TI=1,向 CPU 请求中断。

(2) 数据接收

　　如图 7-24 所示,REN＝1,RI＝0 时,启动接收：

　　① 若 SM2＝0,接收到的 8 位数据送 SBUF,第 9 位数据送 RB8。

　　② 若 SM2＝1,接收到的第 9 位数据为 0,数据不送 SBUF;接收到的第 9 位数据为 1,数据送 SBUF,第 9 位送 RB8。

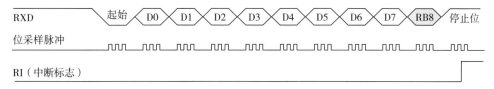

图 7-24　工作方式 2 和方式 3 接收

　　接收时,数据从右边移入输入移位寄存器,在起始位 0 移到最左边时,控制电路进行最后一次移位。当 RI＝0,且 SM2＝0(或接收到的第 9 位数据为 1)时,接收到的数据装入接收缓冲器 SBUF 和 RB8(接收数据的第 9 位),置 RI＝1,向 CPU 请求中断。如果条件不满足,则数据丢失,且不置位 RI,继续搜索 RXD 引脚的负跳变。

7.2.3　波特率设计

　　在串行异步通信中,收发双方传送数据的速率要有约定。51 单片机串口的四种工作方式中,方式 0 和 2 的波特率固定,而方式 1 和 3 的波特率可变,由定时器 T1 的溢出率决定。

1. 方式 0 的波特率

　　方式 0 的波特率为振荡频率 fosc 的 1/12,并不受 PCON 寄存器中 SMOD 位的影响,即 1 个机器周期发送或接收 1 位数据。

$$方式 0 的波特率＝fosc/12$$

2. 方式 1 和方式 3 的波特率

$$方式 1 的波特率＝\frac{2^{SMOD}×(T1 溢出率)}{32}$$

　　当 T1 作为波特率发生器时,最典型的用法是使 T1 工作在自动重装的 8 位定时器方式(即方式 2)。因此,对 T1 初始化时,写入方式控制字(TMOD)＝0010 0000B。这样每经过 256－TH1 个机器周期,定时器 T1 就会产生 1 次溢出,溢出周期为：

$$溢出周期＝\frac{12×[256－(TH1)]}{fosc}$$

溢出率为溢出周期的倒数，即

$$T1\text{溢出率}=\frac{fosc}{12\times[256-(TH1)]}$$

所以

$$\text{方式 1 的波特率}=\frac{2^{SMOD}\times fosc}{32\times 12\times[256-(TH1)]}$$

实际应用时，总是先确定波特率，再计算定时器 T1 的 TH1 值，即

$$TH1=256-\frac{2^{SMOD}\times fosc}{32\times 12\times\text{方式 1 的波特率}}$$

例 7.1 已知 51 单片机的时钟频率为 11.0592 MHz，选定定时器 T1 工作方式 2 作波特率发生器，波特率为 2400 bps，求 TH1 初值。

解析：设 SMOD＝0，则

$$TH1=256-\frac{2^0\times 11.0592\times 10^6}{32\times 12\times 2400}=256-12=0F4H$$

与方式 1 相同，方式 3 采用 T1 作波特率发生器，即

$$\text{方式 3 的波特率}=\frac{2^{SMOD}\times fosc}{32\times 12\times[256-(TH1)]}$$

对波特率需要说明的是，当串行口工作在方式 1 或方式 3，且要求波特率按规范取 1200，2400，4800，9600，…时，若采用晶振 12 MHz 和 6 MHz，按上述公式算出的 T1 定时初值将不是一个整数，因此会产生波特率误差而影响串行通信的可靠性。解决的方法只有调整单片机的晶振频率 fosc，为此有一种频率为 11.0592 MHz 的晶振，这样可使计算出的 T1 初值为整数。表 7-4 列出了串行方式 1 或方式 3 在不同晶振时的常用波特率和误差。

表 7-4　常用波特率和误差

晶振频率（MHz）	波特率（bps）	SMOD	T1 方式 2 定时初值	实际波特率（bps）	误差（%）
12.00	9600	1	F9H	8923	7
12.00	4800	0	F9H	4460	7
12.00	2400	0	F3H	2404	0.16
12.00	1200	0	E6H	1202	0.16
11.0592	19200	1	FDH	19200	0
11.0592	9600	0	FDH	9600	0
11.0592	4800	0	EAH	4800	0
11.0592	2400	0	F4H	2400	0
11.0592	1200	0	E8H	1200	0

3. 方式 2 的波特率

方式 2 波特率取决于 PCON 中 SMOD 位的值：当 SMOD＝0 时，波特率为

fosc 的 1/64；当 SMOD＝1 时，波特率为 fosc 的 1/32，即

$$方式 2 的波特率 = \frac{2^{SMOD} \times fosc}{64}$$

7.2.4　51 单片机串行口使用

51 单片机串行口用于串行传输，包括：

① 串行发送：将 8 位数据存入串行缓冲器（SBUF）中，单片机自动将数据逐位送出，发送完毕提出中断请求。

② 串行接收：单片机自动接收串行数据，存储于串行缓冲器中，当 8 位数据收集完成（串行缓冲器满），单片机提出中断请求要求将数据取走。

串行口工作之前，应对其进行初始化，主要是设置产生波特率的定时器 T1、串行口控制和中断控制，然后才开始串行传输。具体步骤如下：

① 确定 T1 的工作方式（编程 TMOD 寄存器）。

② 计算 T1 的初值，装载 TH1、TL1。

③ 启动 T1（编程 TCON 中的 TR1＝1 位）。

④ 确定串行口控制（编程 SCON 寄存器）。

⑤ 串行口在中断方式工作时，要进行中断设置（编程 IE、IP 寄存器）。

⑥ 设置波特率倍增位（SMOD）。

⑦ 写 SBUF 或读 SBUF。

⑧ 检测传输是否完成（TI 或 RI 查询或中断）。

如果单片机 fosc＝11.0590 MHz。设置串行波特率为 19200 bps，工作方式为方式 1，利用中断响应方式，定时器 T1 采用工作方式 2。其中串行口和定时器的工作方式，以及定时器的初值可以根据具体情况更改。初始化代码可按如下方式编写：

```
void init_serial()
{
    TMOD=0x20;          //T1 为工作方式 2,8 位自动重装
    TH1=0xFD;           //Baud:19200 fosc=11.0592MHz
    TR1=1;              //T1 开启
    SCON=0x50;          //UART 为工作方式 1,8 位数据,允许接收
    PCON=0x80;          //SMOD=1
    IE=0x90;            //开启串行口中断(按字节访问 IE)
}
```

7.3　51 单片机串行通信编程

在分布式测控系统中，经常要利用串行通信方式进行数据传输。51 单片机

的串行口为计算机间的通信提供了极为便利的条件。利用单片机的串行口还可以方便地扩展键盘和显示器,对于简单的应用非常便利。

7.3.1　同步方式通信编程

51 单片机的串行口在方式 0 时,以同步方式操作。外接串入/并出或并入/串出器件,可实现 I/O 口的扩展。

例 7.2　用 51 单片机的串行口外接 74HC164 串入/并出移位寄存器扩展 8 位并行输出口,外接 74HC165 并入/串出移位寄存器扩展 8 位并行输入口。8 位并行输出口的每位都接一个发光二极管,要求从 8 位并行输入口读入开关的状态值,使闭合开关对应的发光二极管点亮。如图 7-25 所示。

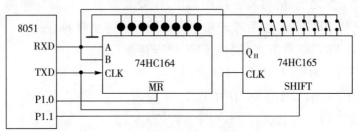

图 7-25　同步方式应用

解析:数据的输入输出通过 RXD 接收和发送,移位时钟通过 TXD 送出,74HC164 用于串/并转换,74HC165 用于并/串转换。

C51 程序如下:

```c
#include <reg51.h>
sbit P0_0=P1^0;
sbit P1_1=P1^1;
unsigned char data1;
void main()
{
    SCON=0x10;              //串行口方式0,允许接收
    ES=1;
    EA=1;                   //允许串行口中断
    P1_0=0;                 //关闭并行输出
    P1_1=0;                 //并行置入数据
    P1_1=1;                 //开始串行移位
    SBUF=0;                 //送入串行数据
    while(1);               //等待中断
}
void s_srv() interrupt 4    //中断服务程序
{
```

```
    if(TI)                          //发送中断
  { TI=0;
   P1_0=1;                         //打开并行输出
   }
   else                            //接收中断
   {
   RI=0;
   datal=SBUF;                     //读取接收的数据
   P1_0=0;                         //关闭并行输出
   SBUF=~datal;                    //送入串行数据
   P1_1=0;                         //为接收下一次
   P1_1=1;                         //数据做准备
   }
}
```

汇编语言程序如下：

```
        ORG 0000H
        SJMP MAIN
        ORG 23H
        SJMP S_SRV           ;转到串行口中断服务程序真正的入口
MAIN:
        MOV SCON,#10H        ;串行口方式 0 初始化
        SETB ES
        SETB EA
        MOV A,#0
        CLR P1.0             ;关闭并行输出
        MOV SBUF,A           ;开始串行输出
        CLR P1.1
        SETB P1.1
        SJMP $               ;等待中断
S_SRV: JBC TI, SEWD
        CLR RI
        MOV A,SBUF
        CLR P1.0
        CPL A
        MOV SBUF,A
        SETB P1.1
        CLR P1.1
        RETI
SEND:   SETB P1.0
RETI
```

7.3.2 异步方式通信编程

用异步方式通信时,串行口方式 1 与方式 3 很近似,波特率设置一样,不同之处在于方式 3 比方式 1 多了 1 个数据附加位。方式 2 与方式 3 基本一样(只是波特率设置不同),接收/发送 11 位信息:开始为 1 位起始位(0),中间 8 位数据位,数据位之后为 1 位程控位(由用户置 SCON 的 TB8 决定),最后是 1 位停止位(1),只比方式 1 多了 1 位程控位。

例 7.3 将片内 RAM 50H~5FH 中的数据串行发送,用第 9 个数据位作奇偶校验位,设晶振为 11.0592 MHz,波特率为 2400 bps,编制串行口方式 3 的发送程序。

解析:用 TB8 作奇偶校验位,在数据写入发送缓冲器之前,先将数据的奇偶位 P 写入 TB8,这时,第 9 位数据作奇偶校验用,发送采用中断方式。

C51 程序如下:

```
#include<reg51.h>
unsigned char i=0;
unsigned char array[16] _at_ 0x50;        //发送缓冲区
void main()
{
    SCON=0xc0;                            //串行口初始化
    TMOD=0x20;                            //定时器初始化
    TH1=0xf4;
    T11=0xf4;
    TR1=1;
    ES=1;                                 //中断初始化
    EA=1;
    ACC=array[i];                         //发送第一个数据送
    TB8=P;                                //累加器,目的取 P 位
    SBUF=ACC;                             //发送一个数据
    while(1);                             //等待中断
}
void server() interrupt 4                 //串行口中断服务程序
{
    TI=0;                                 //清发送中断标志
    ACC=array[++i];                       //取下一个数据
    TB8=P;
    SBUF=ACC;
    if(i==16)                             //发送完毕,
    ES=0;                                 //禁止串口中断
}
```

汇编语言程序如下：

```
                ORG 0000H
                SJMP MAIN                      ;上电,转主程序
                ORG 23H
                SJMP SERVER                    ;转中断服务程序
        MAIN:
                MOV SCON,#0C0H                 ;串行口方式3初始化
                MOV TMOD,#20H                  ;定时器1工作在方式2
                MOV TH1.#0F4H
                MOV T11.#0F4H
                SETB TR1
                SETB ES                        ;允许串行口中断
                SETB EA                        ;CPU 开中断
                MOV R0,#50H
                MOV R7,#0FH
                MOV A,@R0
                MOV C,P
                MOV TB8,C                       ;送奇偶标志位到 TB8
                MOV SBUF,A                      ;发送第一个数据
                SJMP $
        SERVER:
                CLRTI                          ;清除发送中断标志
                INC R0                         ;修改数据地址
                MOV A,@R0
                MOV C,P
                MOV TB8,C
                MOV SBUF,A                      ;发送下一个数据
                DJNZ R7,ENDT                    ;判断数据块是否发送完
                CLRES                          ;否则,禁止串行口中断
        ENDT:
                RETI                           ;中断返回
```

例 7.4 编写一个接收程序,将接收的 16 字节数据送入片内 RAM 50H～5FH 单元中。用第 9 个数据位作奇偶校验位,晶振为 11.0592 MHz,波特率为 2400bps。

解析:RB8 作奇偶校验位,接收时,取出该位进行核对,接收采用查询方式。

C51 程序如下:

```
#include<reg51.h>
unsigned char i;
```

```
unsigned char array[16] _at_ 0x50;              //接收缓冲区
void main()
{
    SCON=0xd0;                                  //串行口初始化,允许接受
    TMOD=0x20;
    TH1=0xf4;
    T11=0xf4;
    TR1=1;
    for(i=0;i<16;i++)                           //循环接收 16 个数据
{
    while(! RI);                                //等待一次接收完成
    RI=0;
    ACC=SBUF;
    if(RB8==P)                                  //校验正确
     array[i]=ACC;
    else                                        //校验不正确
    {   F0=1;
       break;
     }
  }
    While(1);
}
```

汇编语言程序如下：

```
MAIN:   MOV TMOD,＃20H          ;定时器初始化
        MOV TH1.＃OF4H
        MOV T11,＃OF4H
        SETB TR1
        MOV SCON,＃ODOH         ;串口初始化,允许接收
        MOV RO,＃50H            ;首地址送 RO
        MOV R7,＃10H            ;数据长度送 R7
WAIT:   JNB RI,$               ;等待接收完成
        CLR RI                 ;清中断标志
        MOV A,SBUF             ;读数到累加器
        JNB P,PNP              ;P=0,转 PNP
        JNB RB8,ERROR          ;P=1,RB 8=0,转出错
        SJMP RIGHT
PNP:    JB RB8,ERROR           ;P=0,RB8=1,转出错
RIGHT:  MOV @RO,A              ;存数
```

```
        INC RO                  ;修改地址指针
        DJNZ R7,WAIT            ;未接收完,继续
        CLR FO                  ;置正确接收标志 FO=0
        RET
ERROR: SETB FO                  ;置错误接收标志 FO=1
        RET
```

例 7.5 用第 9 个数据位作奇偶校验位,编制串行口方式 3 的全双工通信程序,设双机将各自键盘的按键键值发送给对方,接收正确后放入缓冲区(可用于显示或其他处理),晶振为 11.0592 MHz,波特率为 9600 bps。

解析:因为是全双工方式,通信双方的程序一样。发送和接收都采用中断方式。

C51 程序如下:

```
#include<reg51.h>
Chark;
unsigned char buffer;
void main()
{
    SCON=0xd0;              //串行口初始化,允许接收
    TMOD=0x20;             //定时器初始化
    TH1=0xfd;
    TLl=0xfd;
    TR1=1;
    ES=1;                  //开串行口中断
    EA=1;                  //开总中断
while(1)
{
    k=key();               //读取按键按下键值
    if(k!=-1)              //无键按下返回-1
    {
        ACC=k;             //将键值送累加器,取 P 位
        TB8=P;             //送 TB8
        SBUF=ACC;          //发送
    }
    display();             //显示程序
    }
}
void serial_server() interrupt 4
{
```

```
        if(TI)                      //发送引起,清 TI
          {TI=0;}
        else                        //否则,接收引起
        {
          RI=0;
          ACC=SBUF;                 //读取接收数据
          if(RB8==P)                //校验正确
          buffer=ACC;               //存入缓冲区
        }
      }
```

汇编语言程序如下：

```
        ORG 0000H
        SJMP MAIN                   ;跳转到主程序
        ORG 0023H
        LJMP S_SERV                 ;跳转到串口中断服务程序
MAIN:
        MOV SP,#ODFH                ;设置堆栈指针
        MOV SCON,#ODOH              ;串口初始化
        MOV TMOD,#20H               ;定时器初始化,T1 方式 2
        MOV TH1,#OFDH
        MOV T11,#OFDH               ;定时器 1 赋初值
        SETB TR1                    ;启动定时器 1
        SETB ES                     ;开中断
        SETB EA
LOOP:
        LCALL KEY                   ;读取按键,有键按下返回键值,
        CJNE A,#OFFH,SEND           ;无键按下返回 OFFH,有键按下转发送
NEXT:
        LCALL DISPLAY               ;调用显示
        LJMP LOOP                   ;主程序循环
SEND:
        MOV C,P
        MOV TB8.C
        MOV SBUF,A                  ;带校验位发送
        LJMP LOOP                   ;循环
S_SERV:
        JBC RI,RECV                 ;是接收中断转接收处理
        CLR TI                      ;是发送中断,清 TI
        RETI
```

```
RECV:                           ;接收处理程序
      MOV A,SBUF                ;取接收值送 A
      JB P,ONE                  ;校验位为 1,转
      JB RB8,I_END             ;校验错,转中断返回
      SJMP RIGHT                ;校验正确,正确处理
ONE:
      JNB RB8,I_END            ;校验错,转中断返回
RIGHT:
      MOV BUFFER,A              ;接收数据送缓冲区
      I_END:
      RETI                     ;中断返回
```

7.4　51 单片机与 PC 机串行通信编程

利用 PC 机配置的异步通信适配器,可以很方便地完成 PC 机与单片机的数据通信。

7.4.1　电路连接方式

单片机与 PC 机之间串行通信可通过两种方式连接:通过 DB-9 串口连接器连接或通过 USB 转 TTL 小板连接。PC 机与 51 单片机最简单的连接是零调制 3 线经济型,这是进行全双工通信所必需的最少数目的线路。

(1) 通过 DB-9 串口连接器连接

如图 7-26 所示,单片机的 TXD 和 RXD 与 PC 端 DB-9 串口连接器的 TXD 和 RXD 引脚交叉相连,实现二者之间的串行通信。

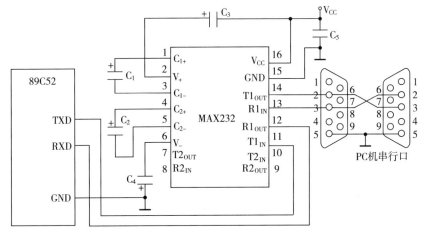

图 7-26　通过 DB-9 串口连接器连接

由于 51 单片机输入、输出电平为 TTL 电平,而 PC 机配置的是 RS-232C 标

准串行接口,二者的电气规范不一致,如表 7-5 所示。要完成 PC 机与单片机的数据通信,必须进行电平转换。MAX232 单芯片可实现 51 单片机与 PC 机的 RS-232C 之间的电平转换。

表 7-5　TTL 电平与 RS-232C

数字值	1	0
TTL 电平	+5 V	0 V
RS-232C 电平	−15～−3 V	+3～+15 V

如图 7-27 所示,MAX232 芯片是 MAXIM 公司生产的、包含两路接收器和驱动器的 IC 芯片,适用于各种 EIA-232C 和 V. 28/N. 24 的通信接口。

如图 7-28 所示,MAX232 内部有一个电源电压变换器,可以把输入的+5 V 电源电压变换成为 RS-232C 输出电平所需的±10 V 电压。所以,采用此芯片接口的串行通信系统只需单一的+5 V 电源就可以了。对于没有±12 V 电源的场合,其适应性更强。

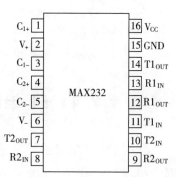

图 7-27　MAX232 芯片引脚

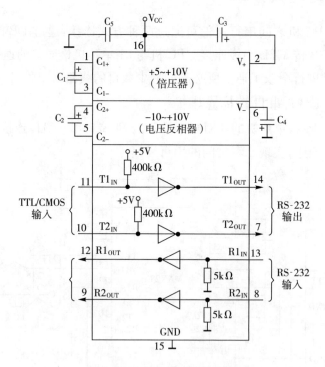

图 7-28　MAX232 原理结构图

(2) 通过 USB 转 TTL 小板连接

PL2303 是 Prolific 公司生产的一种高度集成的 RS-232/USB 接口转换

器,可提供一个 RS-232 全双工异步串行通信装置与 USB 功能接口便利连接
的解决方案,如图 7-29 所示。

图 7-29 PL2303 芯片

该器件内置 USB 功能控制器、USB 收发器、振荡器和带有全部调制解调器控
制信号的 UART,只需外接几只电容就可实现 USB 信号与 RS-232 信号的转换,
能够方便嵌入到手持设备。该器件作为 USB/RS-232 双向转换器,一方面从主机
接收 USB 数据并将其转换为 RS232 信息流格式发送给外设;另一方面从 RS-232
外设接收数据转换为 USB 数据格式传送回主机。这些工作全部由器件自动完
成,开发者无需考虑固件设计。通过利用 USB 块传输模式,利用庞大的数据缓冲
器和自动流量控制,PL2303 能够实现比传统的 UART 端口更高的吞吐量,高达
115200 bps 的波特率可用于更高的性能使用。

如图 7-30 所示,PC 端接入 USB 转 TTL 小板,板载芯片 PL2303 将 USB 口
模拟 COM 口通信,通过小板上的 TXD 和 RXD 端与 STC 单片机的 TXD 和 RXD
引脚相连,从而完成单片机与 PC 端之间的通信。

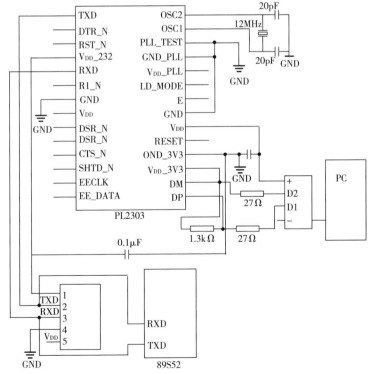

图 7-30 USB 转 TTL 小板连接图

7.4.2　串口调试助手

串口调试助手是用于串口调试的应用软件，有多个版本。一般支持常用的 110～25600 bps 波特率及自定义波特率，可以自动识别串口，能设置校验、数据位和停止位，能以 ASCII 码或十六进制接收或发送数据或字符，可以设定自动发送周期，并能将接收数据保存成文本文件，能发送任意大小的文本文件。

为了能够在 PC 端查看单片机通过串行口发送的数据，并通过串行方式发送数据给单片机，可借助计算机串口调试助手。图 7-31 为一个常用的串口调试助手界面，可设置串口号、波特率、校验位等参数，设置完参数后，打开串口，并在发送区以十六进制或字符格式输入待发送的数据，在接收区可接收来自串口的数据。在应用中，要保证与单片机设置统一，否则数据将会出错。

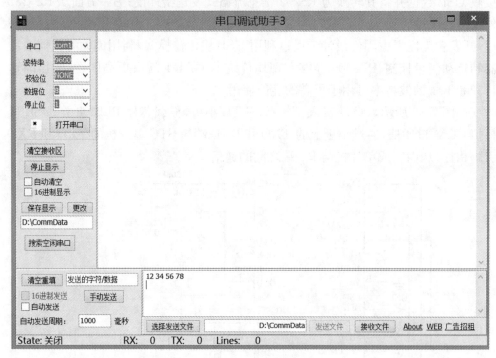

图 7-31　串口调试助手界面

7.4.3　PC 端编程

1. 程序流程

在计算机与单片机的通信中，如果不借助于串口调试助手，用户可以自己编写 PC 端通信程序。PC 端程序流程如图 7-32 所示。首先打开需要通信的串口，然后对串口进行配置，包括波特率、校验位等，配置完成变循环等待用户输入字符。当用户输入非终止符时，PC 端将接收到的字符通过串口发送至单片机，接着读取单片机回传至串口的数据并在屏幕上显示;当输入为终止符(回车符)时程序结束。

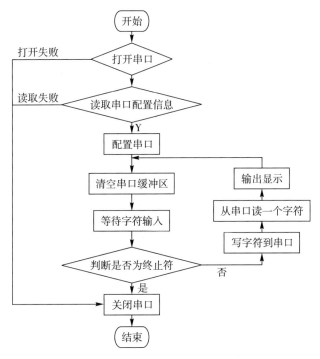

图 7-32 PC 端程序流程图

2. VC 串行通信

VC 中 windows.h 中提供几类 API,实现串口通信。

(1) 打开串口

打开串口可调用 CreateFile()函数:

```
HANDLE CreateFile(
    LPCTSTR lpFileName,
    DWORD dwDesiredAccess,
    DWORD dwShareMode,
    LPSECURITY_ ATTRIBUTES lpSecurityAttributes,
    DWORD dwCreationDistribution,
    DWORD dwFlagsAndAttributes,
    HANDLE hTemplateFile
);
```

参数说明:

① lpFileName:将要打开的串口逻辑名,如"COM1"。

② dwDesiredAccess:指定串口访问的类型,可以是读取、写入或二者并列。

③ dwShareMode:指定共享属性,由于串口不能共享,该参数必须置为 0。

④ lpSecurityAttributes：引用安全性属性结构，缺省值为 NULL。

⑤ dwCreationDistribution：创建标志，对串口操作该参数必须置为 OPEN_EXISTING。

⑥ dwFlagsAndAttributes：属性描述，用于指定该串口是否进行异步操作，该值为 FILE—FLAG—OVERLAPPED，表示使用异步的 I/O；该值为 0，表示同步 I/O 操作。

⑦ hTemplateFile：对串口而言该参数必须置为 NULL。

（2）配置串口

在打开通信设备句柄后，常常需要对串口进行一些初始化配置工作。这需要通过一个 DCB 结构来进行。DCB 结构包含了诸如波特率、数据位数、奇偶校验和停止位数等信息。在查询或配置串口的属性时，都要用 DCB 结构来作为缓冲区。

一般用 CreateFile 打开串口后，可以调用 GetCommState 函数来获取串口的初始配置。要修改串口的配置，应该先修改 DCB 结构，然后再调用 SetCommState 函数设置串口。

DCB 结构包含了串口的各项参数设置，几个该结构常用的变量如下：

```
typedef struct _DCB{
DWORD BaudRate;
DWORD fParity;
BYTE ByteSize;
BYTE Parity;
BYTE StopBits;
…
} DCB;
```

参数说明：

① BaudRate：波特率，指定通信设备的传输速率。这个成员可以是实际波特率值或者下面的常量值之一：CBR_110，CBR_300，CBR_600，CBR_1200，CBR_2400，CBR_4800，CBR_9600，CBR_19200，CBR_38400…

② fParity：指定奇偶校验使能。若此成员为 1，则允许奇偶校验检查。

③ ByteSize：通信字节位数，4～8 位。

④ Parity：指定奇偶校验方法。此成员可以有下列值：EVENPARITY 偶校验，NOPARITY 无校验，MARKPARITY 标记校验，ODDPARITY 奇校验。

⑤ StopBits：指定停止位的位数。此成员可以有下列值：ONESTOPBIT 1 位停止位，TWOSTOPBITS 2 位停止位，ONE5STOPBITS 1.5 位停止位。

GetCommState 函数可以获得串口的设备控制块，从而获得相关配置：

```
BOOL GetCommState(
```

```
    HANDLE hFile,                          //标识通信端口的句柄
    LPDCB lpDCB                            //指向一个设备控制块(DCB结构)的指针
    );
```

GetCommState 函数调用成功返回非零值,失败返回 0。

SetCommState 函数设置串口的设备控制块:

```
    BOOL SetCommState(
        HANDLE hFile,                      //标识通信端口的句柄
        LPDCB lpDCB                        //指向一个设备控制块(DCB结构)的指针
    );
```

SetCommState 函数调用成功返回非零值,失败返回 0。

(3) 清空缓冲区

```
    BOOL PurgeComm(
    HANDLE hFile,                          //串口句柄
    DWORD dwFlags                          //需要完成的操作
    );
```

参数 dwFlags 指定要完成的操作,可以是下列值的组合:

① PURGE_TXABORT:中断所有写操作并立即返回,即使写操作还没有完成。

② PURGE _RXABORT:中断所有读操作并立即返回,即使读操作还没有完成。

③ PURGE_TXCLEAR:清除输出缓冲区。

④ PURGE RXCLEAR:清除输入缓冲区。

(4) 读写串口

读串口数据函数:

```
    BOOL ReadFile(
        HANDLE hFile,                      //串口的句柄
        LPVOID lpBuffer,                   //读入的数据存储的地址
        DWORD nNumberOfBytesToRead,        //要读入的数据的字节数
        LPDWORD lpNumberOfBytesRead,       //读操作实际读入的字节数
        LPOVERLAPPED lPOverlapped          //同步操作时,该参数为 NULL
    );
```

ReadFile 执行成功返回非零值,失败返回 0。

写串口数据函数:

```
    BOOL WriteFile(
        HANDLE hFile,                      //串口的句柄
        LPCVOID lpBuffer,                  //写入的数据存储的地址
```

```
    DWORD nNumberOfBytesToWrite,          //要写入的数据的字节数
    LPDWORD lpNumberOfBytesWritten,       //实际写入的字节数
    LPOVERLAPPED lPOverlapped             //同步操作时,该参数为 NULL
);
```

(5) 关闭串口

利用 API 函数关闭串口非常简单,只需使用 CreateFile 函数返回的句柄作为参数调用 CloseHandle 即可:

```
BOOL CloseHandle(
    HANDLE hObject                        //串口的句柄
);
```

3. PC 端 VC 程序

PC 端程序源码如下:

```
#include <windows.h>
#include <stdio.h>
int main()
{
    HANDLEhCom;                          //全局变量,串口句柄
    LPDCB dcb;                           //设备控制块指针
    COMMTIMEOUTS TimeOuts;               //超时限制
    char src[100];                       //发送数据
    Char dst[100];                       //接收数据
    DWORD dCount;                        //读取的字节数
    DWORD sCount;                        //写入的字节数
    char com[5]="COM";
    int t;
    printf("请选择串口(1-9):");          //选择串口
    scanf("%d",&t);
    if(t>0 && t<10)
    {
        com[3]='0'+t;
        getchar();
    }
    else
    {
        printf("串口选择失败! \n");
        return FALSE;
    }
    hCom=CreateFile(
```

```
      com,                              //选择的串口
      GENERIC_READ|GENERIC_WRITE,       //允许读和写
      0,                                //独占方式
      NULL,
      OPEN_EXISTING,                    //打开而不是创建
      0,                                //同步方式
      NULL);
   if(hCom==(HANDLE)-1)
   {
      printf("打开串口失败! \n");
      return FALSE;
   }
   else
      printf("打开%s口成功! \n",com);

//设定读超时
TimeOuts.ReadIntervalTimeout=1000;
TimeOuts.ReadTotalTimeoutMultiplier=500;
TimeOuts.ReadTotalTimeoutConstant=5000;

//设定写超时
TimeOuts.WriteTotalTimeoutMultiplier=500;
TimeOuts.WriteTotalTimeoutConstant=2000;

SetCommTimeouts(hCom,&TimeOuts);         //设置超时

dcb=(LPDCB)malloc(sizeof(DCB));
if(GetCommState(hCom,dcb))               //读取当前com口配置
dcb->BaudRate=9600;                      //设置波特率9600
dcb->ByteSize=8;                         //设置数据位8
dcb->Parity=NOPARITY;                    //设置校验位为none
dcb->StopBits=0;                         //设置停止位为1 0,1,2=1,1.5,2

if(SetCommState(hCom,dcb))               //配置com口
{
   if(GetCommState(hCom,dcb))
   {
      printf("当前 COM 口设置为:\n");
      printf("波特率:\t%d\n",dcb->BaudRate);
```

```
        printf("数据位:\t%d\n",dcb->ByteSize);
        printf("校验位:\t%d\n",dcb->Parity);
        printf("停止位:\t%.1f\n",0.5*(dcb->StopBits+2));
      }
    }
    else
    {
      printf("Set com error! \n");
    }
  }
SetupComm(hCom,1024,1024);              //设置输入缓冲区和输出缓冲区的大小为 1024
PurgeComm(hCom,PURGE_TXABORT1PURGE_RXABORTIPURGE_TXCLEARIPURGE_RXCLEAR);
                                        //清空缓冲区
while(1)
{
      printf("\n输入测试字符:");
      scanf("%c",&src[0]);
      if(src[0]=='\In')               //终止符检测,此处设置为回车
      break;
    if(!WriteFile(hCom,src,1,&sCount,NULL))
    {
      printf("写串口失败! \n");
      return FALSE;
    }
    if(!ReadFile(hCom,dst,1,&dCount,NULL))
    {
      printf("读串口失败! \n");
      retum FALSE;
    }
    printf("接收的串口数据为:\t%c\n",dst[0]);
    PurgeComm(hCom,PURGE_TXABORTIPURGE RXABORTjPURGE_TXCLEARlPURGE RXCLEAR);
                                        //清空缓冲区
    getchar0;
    }
    CloseHandle(hCom);                  //关闭串口
    return 0;
    }
```

7.4.4　单片机与 PC 机通信的实验例程

例 7.6　在上位机上用串口调试助手发送一个字符 X,单片机收到字符后返回上位机"I get X",串口波特率设为 9600 bps,起始位 1 位,数据位 8 位,停止位 1 位。

单片机端 C51 程序如下:

```c
#include<reg52.h>
unsigned char flag=0,a,i;
unsigned char code table[]="Iget";
void init()
{
    TMOD=0x20;
    TH1=0xfd;
    T11=0xfd;
    TR1=1;
    REN=1;
    SM0=0;
    SM1=1;
    EA=1;
    ES=1;
}
void main()
{
    init();
    while(1)
    {   if(flag==1)
        {
            ES=0;                          //发送数据
            for(i=0;i<6;i++)
            {   SBUF=table[i];
                while(!TI);
                TI=0;
            }
        SBUF=a;
        while(!TI);
        TI=0;
        ES=1;
        flag=0;
        }
```

```
        }
    }
    void ser() interrupt 4
    {
        RI=0;
        a=SBUF;
        flag=1;
    }
```

本章小结

本章介绍了数据通信的概念和单片机串行口的基本组成与应用。通信是计算机与外设之间的数据传送。通信方式有串行通信和并行通信，串行通信又分为同步通信和异步通信。51单片机有一个全双工UART，工作方式有4种，方式0为移位寄存器方式，主要用来进行串行与并行数据的转换，方式1、2、3为通用的异步传送方式。

本章习题

1. 串行通信有几种基本通信方式？它们有什么区别？

2. 什么是串行通信的波特率？

3. 串行通信有哪几种制式？各有什么特点？

4. 简述51单片机串行口控制寄存器SCON各位的定义。

5. 51单片机串行通信有几种工作方式？简述它们各自的特点。

6. 简述51单片机串行口在4种工作方式下波特率的产生方法。

7. 假设异步通信接口按方式1传送，每分钟传送6000个字符，则其波特率是多少？

8. 串行口工作在方式1和方式3时，其波特率由定时器T1产生，为什么常选T1工作在方式2？若已知fosc＝6 MHz，需产生的波特率为2400 bps，则如何计算T1的计数初值？实际产生的波特率是否有误差？

9. 说明单片机双机通信的工作原理。

10. 试用查询法编写8051串行口在方式2下的接收程序。设波特率为fosc/32，接收数据块长20H，接收后存在于片内RAM的40H开始单元，采用奇偶校验，放在接收数据的第9位上。

11. 设计一个发送程序，将芯片内RAM中的30H～3FH单元数据从串行口输出，要求将串行口定义为方式3，TB8作奇偶校验位。

12. PC机与单片机间的串行通信为什么要进行电平转换？

13. RS-232C 总线标准逻辑电平是怎样规定的？

14. 绘出用 MAX232 芯片实现两片 MCS-51 单片机之间远距离串行通信的接口电路图。

15. 利用单片机的串行口将 PC 端发过来的数据接收并在数码管上显示出来，绘制电路连接图，编写单片机端程序(PC 端可用串口调试助手)。

第 8 章　数模和模数转换

本章目标

- 理解数模/模数转换的相关概念
- 掌握数模转换器(DAC)的结构与工作原理
- 掌握 DAC0832 的使用
- 掌握模数转换器(ADC)的结构与工作原理
- 掌握 ADC0809 的使用

本章着重从应用的角度,介绍典型的 ADC、DAC 集成电路芯片及它们的接口设计和技术指标,详细介绍常用的 8 位 D/A 转换器 DAC0832,常用的 8 位 A/D 转换器 ADC0809 的接口设计。在学习 ADC、DAC 与单片机的接口设计时,要注意芯片内部的锁存器结构和 ADC、DAC 的基本特性,能够正确地选用。

8.1　数模和模数转换概述

模拟(Analog)信号是一种连续性的信号,大自然的多种现象(如温度、湿度、电流、电压等)都属于这类信号;数字(Digital)信号则是一种非 0 即 1 的非连续信号,一组二进制代表模拟信号上的一个点。

计算机是处理数字量信息的设备,要处理这些模拟量信息就必须有一个模拟接口,通过这个模拟接口,将模拟量信息转换成数字量信息,以供计算机运算和处理,然后,再把计算机处理过的数字量信息转换为模拟量信息,以实现对被控制量的控制。

将数字量转换成相应模拟量的过程称为"数字/模拟转换",简称"数/模转换",或"D/A 转换"(Digital to Analog Conversion),完成这种转换的器件叫做"D/A转换器"(简称"DAC")。反之,将模拟量转换成相应数字量的过程称为"模拟/数字转换",简称"模/数转换",或"A/D 转换"(Analog to Digital Conversion),完成这种转换的器件叫做"A/D 转换器"(简称"ADC")。

A/D 转换和 D/A 转换在控制系统和测量系统中有非常广泛的用途,如图 8-1是一个计算机自动控制系统的示意图。在生产或实验的现场,有多种物理量,如生产过程中的各种参数,如温度、压力、流量等,它们先通过传感器转换成电信号,然后经过滤波放大后送到模/数转换器中,在那里模拟量被转换成数字量,再送给微型计算机处理。

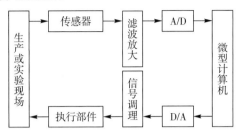

图 8-1 计算机自动控制系统的示意图

微型计算机对这些数字量进行处理加工后,再由数/模转换器转换成模拟信号,在对这些模拟信号进行一定的调理后,由执行部件产生相关的控制信号去控制生产过程或实验装置的各种参数,这就形成了一个计算机闭环自动控制系统。

8.2 D/A 转换器

8.2.1 D/A 转换器的结构与工作原理

D/A 转换器(DAC)一般由基准电压源、电阻解码网络、运算放大器和数据缓冲寄存器等部件组成。各种 DAC 都可用图 8-2 所示的结构框图来概括,其中电阻解码网络是其核心部件,是任何一种 DAC 都必须具备的组成部分。下面将介绍权电阻 D/A 转换器与倒 T 型电阻网络 D/A 转换器。

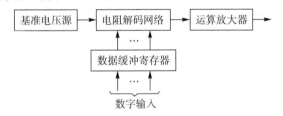

图 8-2 D/A 转换器的结构

1. 权电阻 D/A 转换器

(1) 电路的构成及各部分的作用

权电阻 D/A 转换器的电路原理图如图 8-3 所示,它由双向电子开关、基准电压源、权电阻网络和运算放大器等部分组成。

① 双向电子开关 $S_{n-1}, S_{n-2}, \cdots, S_1, S_0$。

双向电子开关通常由场效应管构成,每位开关分别受对应的输入二进制数码 $b_{n-1}, b_{n-2}, \cdots, b_1, b_0$ 的控制。每一位二进制数码 b_i(0 或 1)控制一个相应的开关 S_i($i = 0, 1, \cdots, n-1$)。当 $b_i = 1$ 时,开关上合,对应的权电阻与基准电压源 U_R 相接;

当 $b_i = 0$ 时，开关下合，对应的权电阻接"地"。

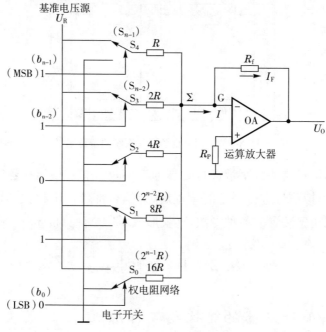

图 8-3　权电阻 D/A 转换器的电路原理图

开关的状态由相应二进制数码来控制。如 4 位二进制数码是 1010，则开关 S_0 接"地"，S_1 接基准电压源，S_2 接"地"，S_3 接基准电压源。数字量 b_{n-1}，b_{n-2}，…，b_1，b_0 来自一个数据缓冲寄存器，如图 8-2 所示。

② 基准电压源 U_R。U_R 是一个稳定性很高的恒压源。

③ 权电阻网络 R，$2R$，2^2R，2^3R…流过权电阻网络中每个电阻的电流与对应位的"权"成正比，这些分电流在权电阻网络的输出端 Σ 处汇总加至运算放大器的反相端，总电流 I 与输入数字量成正比。对应的位越高，相应的电阻值越小（b_{n-1} 为最高位，电阻值 R 最小）。由于电阻值和每一位的"权"相对应，所以称为"权电阻网络"。

④ 运算放大器。运算放大器和权电阻网络构成反相加法运算电路。输出电压 U_O 与 I 成正比，亦即与输入数字量成正比。运算放大器还能起缓冲作用，使 U_O 输出端负载变化时不影响 I。调节反馈电阻 R_f 的大小，可以很方便地调节转换系数，使 U_O 的数值符合实际需要。

(2) 权电阻 D/A 转换器的特点

这种 D/A 转换器的精确度主要取决于权电阻的精确度和运算放大器的稳定性。由于权电阻的阻值有一定误差，且易受温度变化的影响，所以当位数较多时，阻值分散性很大，不易保证精确度。另外，在动态过程中，加至各开关上的阶跃脉冲信号将在输出端产生尖峰脉冲，输出模拟电压的瞬时值可能比稳定值大很多，造成较大的动态误差。

2. 倒 T 型电阻网络 D/A 转换器

这种电路只用 R 和 $2R$ 两种电阻来接成倒 T 型电阻网络。4 位倒 T 型电阻网络 D/A 转换器如图 8-4 所示。

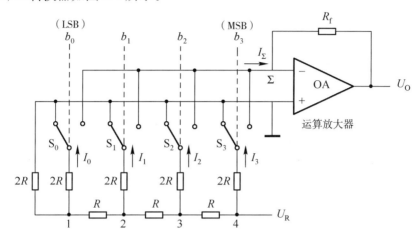

图 8-4　倒 T 型电阻网络 D/A 转换器

该电路的特点是：

① 当输入数字量的任何一位为 1 时，对应的开关将 $2R$ 电阻支路接到运算放大器的反相端；而当该位为 0 时，对应开关将 $2R$ 电阻支路接地。因此，无论输入数字信号每一位是"1"还是"0"，$2R$ 电阻要么接地，要么虚地，其中流过的电流保持恒定，这就从根本上消除了在动态过程中产生尖峰脉冲的可能性。

② 从每一节点向左看的等效电阻都是 R。例如，从节点 1 向左看的等效电阻 $R_1 = 2R /\!/ 2R = R$；从节点 2 向左看的等效电阻 $R_2 = (R+R) /\!/ 2R = R$。

利用分压原理，求得各节点电压为：

$$U_4 = U_R$$
$$U_3 = 1/2\, U_R$$
$$U_2 = 1/4\, U_R$$
$$U_1 = 1/8\, U_R$$

各支路电流为：

$$I_3 = U_4/(2R) = U_R/(2R)$$
$$I_2 = U_3/(2R) = U_R/(4R)$$
$$I_1 = U_2/(2R) = U_R/(8R)$$
$$I_0 = U_1/(2R) = U_R/(16R)$$

流到 Σ 点的总电流为：

$$I_\Sigma = I_3 + I_2 + I_1 + I_0 = U_R/(2^4 R)\,(2^3 b_3 + 2^2 b_2 + 2^1 b_1 + 2^0 b_0)$$

若取 $R_f=R$，则输出电压为：

$$U_0 = -I_\Sigma R_f = -U_R/24(2^3 b_3 + 2^2 b_2 + 2^1 b_1 + 2^0 b_0)$$

即输出的模拟电压正比于输入的数字信号。

倒 T 型电阻网络 D/A 转换器是各种 D/A 转换器中速度最快的一种，使用最为广泛。

3. 主要技术指标

使用者最关心的技术指标如下：

(1) 分辨率

分辨率指单片机输入给 D/A 转换器的单位数字量的变化，所引起的模拟量输出的变化，通常定义为输出满刻度值与 2^n 之比（n 为 D/A 转换器的二进制位数）。习惯上用输入数字量的二进制位数表示。位数越多，分辨率越高，即 D/A 转换器对输入量变化的敏感程度越高。

例如，8 位的 D/A 转换器，若满量程输出为 10 V，根据分辨率定义，则分辨率为 $10\ V/2^n$，即 $10V/256=39.1\ mV$，即输入的二进制数最低位的变化可引起输出的模拟电压变化 39.1 mV，该值占满量程的 0.391%，常用符号 1 LSB 表示。

同理：

10 位 D/A 转换　　1 LSB=9.77 mV=0.1% 满量程

12 位 D/A 转换　　1 LSB=2.44 mV=0.024% 满量程

16 位 D/A 转换　　1 LSB=0.076 mV=0.00076% 满量程

使用时，应根据对 D/A 转换器分辨率的需要来选定 D/A 的位数。

(2) 建立时间

建立时间用于描述 D/A 转换器转换快慢的一个参数，用于表明转换时间或转换速度。其值为从输入数字量到输出达到终值误差加减 (1/2)LSB 时所需的时间。

电流输出的转换时间较短，而电压输出的转换器，由于要加上完成 I—V 转换的运算放大器的延迟时间，因此转换时间要长一些。快速 D/A 转换器的转换时间可控制在 1 μs 以下。

(3) 转换精度

理想情况下，转换精度与分辨率基本一致，位数越多精度越高。但由于电源电压、基准电压、电阻、制造工艺等各种因素存在着误差。严格地讲，转换精度与分辨率并不完全一致。只要位数相同，分辨率就相同，但相同位数的不同转换器转换精度会有所不同。

8.2.2　DAC0832

DAC0832 是一种常用的 8 位 D/A 转换芯片，图 8-5 是其内部逻辑结构及引脚图,它采用了二次缓冲输入数据方式(输入寄存器及 DAC 寄存器)。这样可以在输出的同时,采集下一个数字量,以提高转换速度。它能直接与 51 单片机连接,主要特性如下:

① 分辨率为 8 位。

② 电流输出,建立时间为 1 μs。

③ 可双缓冲输入、单缓冲输入或直接数字输入。

④ 单一电源供电(+5~+15 V),低功耗,20 mW。

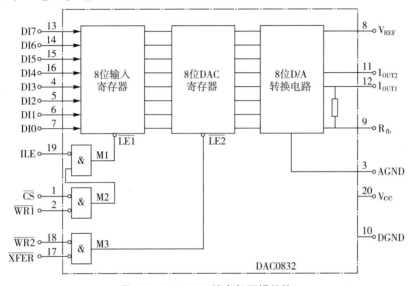

图 8-5 DAC0832 的内部逻辑结构

DAC0832 的内部逻辑结构如图 8-5 所示。"8 位输入寄存器"用于存放单片机送来的数字量,使输入数字量得到缓冲和锁存,由 $\overline{LE1}$ 加以控制;"8 位 DAC 寄存器"用于存放待转换的数字量,由 $\overline{LE2}$ 控制;"8 位 D/A 转换电路"受"8 位 DAC 寄存器"输出的数字量控制,能输出和数字量成正比的模拟电流。因此,需外接 I—V 转换的运算放大器电路,才能得到模拟输出电压。

DAC0832 芯片引脚如图 8-6 所示。

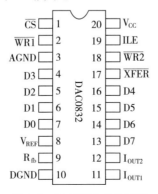

图 8-6 DAC0832 芯片引脚

① D0～D7：8 位数字信号输入端，与单片机的数据总线 P0 口相连，用于接收单片机送来的待转换为模拟量的数字量，D7 为最高位。

② $\overline{CS}$：片选端，当为低电平时，本芯片被选中。

③ ILE：数据锁存允许控制端，高电平有效。

④ $\overline{WR1}$：第一级输入端寄存器写选通控制端，低电平有效。当 $\overline{CS}=0$，ILE＝1，$\overline{WR1}=0$ 时，待转换的数据信号被锁存到第一级 8 位输入寄存器中。

⑤ $\overline{XFER}$：数据传送控制，低电平有效。

⑥ $\overline{WR2}$：第二级输入缓冲寄存器写选通控制端，低电平有效。当 $\overline{XFER}=0$，$\overline{WR2}=0$ 时，输入寄存器中待转换的数据传入 8 位 DAC 寄存器中，并且开始进行 D/A 转换。

⑦ I_{OUT1}：D/A 转换器电流输出 1 端，输入数字量全为"1"时，I_{OUT1} 最大，输入数字量全为"0"时，I_{OUT1} 最小。

⑧ I_{OUT2}：D/A 转换器电流输出 2 端，$I_{OUT2}+I_{OUT1}=$ 常数。

⑨ R_{fb}：外部反馈信号输入端，内部已有反馈电阻 R_{fb}，根据需要也可外接反馈电阻。

⑩ Vcc：电源输入端，在＋5～＋15 V 范围内。

⑪ DGND：数字信号地。

⑫ AGND：模拟信号地，最好与基准电压共地。

⑬ V_{REF}：数模转换的基准电源。

8.2.3　单片机与 DAC0832 的接口电路设计

单片机与 DAC0832 的连接，有直通方式、单缓冲方式、双缓冲方式 3 种形式。

(1) 直通方式

设置 DAC0832 内部的两个缓冲寄存器的控制端为有效电平，那么数据总线 D0～D7 上的信号便可直通地到达"8 位 D/A 转换电路"，进行 D/A 转换。具体地说，ILE 接＋5V 以及使 $\overline{CS}$、$\overline{WR1}$、$\overline{WR2}$ 和 $\overline{XFER}$ 接地，DAC0832 就可以在直通方式下工作。直通方式下工作的 DAC0832 常用于不带微型计算机的控制系统。

(2) 单缓冲方式

单缓冲方式是指 DAC0832 内部的两个数据缓冲器有一个处于直通方式，另一个处于受 51 单片机控制的锁存方式。在实际应用中，如果只有一路模拟量输出，或虽是多路模拟量输出但并不要求多路输出同步的情况下，可采用单缓冲方式。单缓冲方式的接口电路如图 8-7 所示。图中 8 位 DAC 的 2 个缓冲寄存器同时受控。

图 8-7 中，单片机的 $\overline{WR}$ 信号控制 DAC0832 的 $\overline{WR1}$ 和 $\overline{WR2}$ 脚，单片机的 P2.7

脚控制$\overline{\text{CS}}$和$\overline{\text{XFER}}$脚。当 P2.7 脚为低时,$\overline{\text{CS}}$有效,即 DAC0832 的端口地址为 7FFFH。若 51 单片机向 7FFFH 地址写入一值,则 P2.7 为低电平,即$\overline{\text{CS}}$和 $\overline{\text{XFER}}$脚为低电平,同时$\overline{\text{WR}}$也为有效电平,即低电平,也就是说,CPU 对 DAC0832 执行一次写操作,则把这个数据直接写入 DAC 寄存器,DAC0832 的模 拟量输出随之变化。

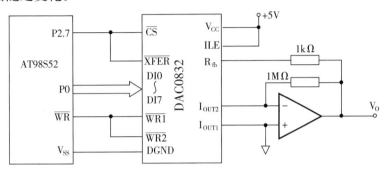

图 8-7 单缓冲方式下单片机与 DAC0832 的连接电路

下面说明单缓冲方式下 DAC0832 的应用。

例 8.1 根据图 8-7,编写产生如图 8-8 所示的锯齿波、三角波程序。

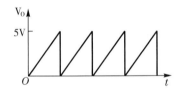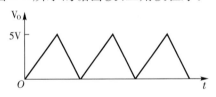

图 8-8 锯齿波、三角波

① 产生锯齿波的程序:

```
#include<reg52.h>
#include<absacc.h>
#define DAC0832 XBYTE[0x7fff]    //定义变量 DAC0832 代表其端口地址,P2.7 连接 CS 端
#define uchar unsigned char
void delay(uchar t)
{                                //延时函数
  while(t--);
}
void main(void)
{
  uchar i;
  while(1)
  {
    for (i=0;i<0xff;i++)         //锯齿波
```

```
    {
    DAC0832=i;
    delay(2);
    }
    }
```

② 产生三角波的程序：

```
#include <reg52.h>
#include <absacc.h>
#define DAC0832 XBYTE[0x7fff]              /* 0832 端口地址 */
#define uchar unsigned char                /* 定义 uchar 代表单字节无符号数 */
void triangle ( );
{
    uchar i;
    while(1)
    { for(i=0;i<0xff;i ++)
      {DAC0832=i;}                          /* 三角波的上升边 */
      for(i=0xff;i>0;i——)                   /* 三角波的下降边 */
      {DAC0832=i;}
    }
}
```

(3) 双缓冲方式

双缓冲方式是指 DAC0832 内部的"8 位输入寄存器"和"8 位 DAC 寄存器"都不在直通方式下工作。

多路的 D/A 转换要求同步输出时，需采用双缓冲方式，此时数字量的输入锁存和 D/A 转换输出是分两步完成的，图 8-9 中 P2.5、P2.6 为片选，P2.5＝0 选通 1♯ DAC0832 将 P0 口数据送入该片第一级缓冲寄存器，P2.6＝0 选通 2♯ DAC0832 再将 P0 口另一个数据送入该片第一级缓冲寄有器，P2.7＝0 时实现两片 DAC0832 同时进行转换并同步输出模拟量。在该系统中，对于 51 单片机来说，1♯ DAC0832 的端口地址为 0xdfff（P2.5＝0），2♯ DAC0832 的端口地址为 0xbfff（P2.6＝0）。两片 DAC0832 同时转换并输出的端口地址为 0x7fff（P2.7＝0）。

若把图 8-9 中 DAC 输出的模拟电压 Vx 和 Vy 用来控制 X—Y 绘图仪，则应把 Vx 和 Vy 分别加到 X—Y 绘图仪的 X 通道和 Y 通道，而 X—Y 绘图仪由 X、Y 两个方向的电机驱动，其中一个电机控制绘笔沿 X 方向运动；另一个电机控制绘笔沿 Y 方向运动。因此对 X—Y 绘图仪的控制有一基本要求：就是两路模拟信号要同步输出，才能使绘制的曲线光滑。

如果不同步输出，例如，先输出 X 通道的模拟电压，再输出 Y 通道的模拟电压,则绘图笔先向 X 方向移动,再向 Y 方向移动,此时绘制的曲线就是阶梯状的。通过本例,也就不难理解为什么 DAC 设置双缓冲方式了。

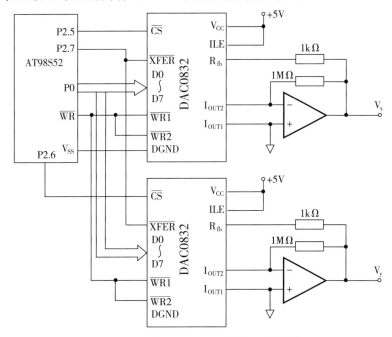

图 8-9 两片 DAC0832 同时进行 D/A 转换

8.3 A/D 转换器

8.3.1 A/D 转换的步骤

A/D 转换器是把模拟量转换成二进制数字量的器件,这种转换过程通常分四步进行,即采样、保持、量化和编码。前两步通常在采样保持电路中完成,后两步通常在 A/D 转换电路中完成。

(1) 采样

采样(Sampling)是每隔一定的时间间隔,把模拟信号的值取出来作为样本,并让其代表原信号。或者说,采样就是把一个时间上连续变化的模拟量转换为一系列脉冲信号,每个脉冲的幅度取决于输入模拟量。

(2) 保持

保持就是把采样结束前瞬间的输入信号保持下来,使输出和保持的信号一致。由于 A/D 转换需要一定时间,在转换期间,要求模拟信号保持稳定,所以当输入信号变化速率较快时,应采用采样来保持电路;如果输入信号变化缓慢,则可不用保持电路。

（3）量化

量化就是决定样本属于哪个量化级，并将样本幅度按量化级取整，经量化后的样本幅度为离散的整数值，而不是连续值了。量化之前要规定将信号分为若干个量化级，例如可分为 8 级、16 级等。

规定好每一级对应的幅值范围，然后将采样所得样本的幅值与上述量化级幅值范围相比较，并且取整定级。如图 8-10 所示。

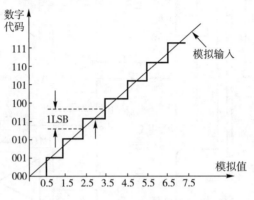

图 8-10　量化示意图

（4）编码

编码就是用相应位数的二进制码表示已经量化的采样样本的量级，如果有 N 个量化级，二进制位的位数应为 $\log_2 N$。如量化级有 8 个，就需要 3 位编码。例如在语音数字化系统中，常分为 128 个量级，故需用 7 位编码。

8.3.2　A/D 转换器的工作原理与结构

1. A/D 转换器的工作原理

A/D 转换器的种类很多，常见的有并行比较式、双积分式和逐次逼近式等。下面以常用的逐次逼近式 A/D 转换器为例，简要介绍 A/D 转换器的基本工作原理。

逐次逼近式 A/D 转换器的工作特点为：二分搜索，反馈比较，逐次逼近。其工作过程与天平称重物重量的过程十分相似，例如，被称重物重量为 195 g，把标准砝码设置为与 8 位二进制数码相对应的权码值。砝码重量依次为 128 g、64 g、32 g、16 g、8 g、4 g、2 g、1 g，相当于数码最高位（D7）的权值为 $2^7 = 128$，次高位（D6）为 $2^6 = 64$……最低位（D0）为 $2^0 = 1$。

称重过程如下：

① 先在砝码盘上加 128 g 砝码，经天平比较结果，重物 195 g＞128 g，此砝码保留，即相当于最高位数码 D7 记为 1。

② 再加 64 g 砝码,经天平比较,重物 195g＞(128＋64)g,则继续留下 64 g 砝码,即相当于数码 D6 记为 1。

③ 接着不断用上述方法,由大到小砝码逐一添加比较,凡砝码总重量小于物体重量的砝码保留,否则拿下所添加的砝码。这样可得保留的砝码为 128 g＋64 g＋2 g＋1 g＝195 g,与重物重量相等,相当于转换的数码为 D7～D0＝11000011。

逐次逼近式 A/D 转换器的原理图如图 8-11 所示,它由电压比较器 C、D/A 转换器、逐次逼近寄存器(SAR)、控制逻辑和输出缓冲器等部分组成。

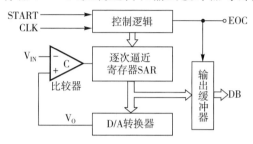

图 8-11 逐次逼近式 A/D 转换器的原理图

工作原理如下:一个待转换的模拟输入信号 V_{IN} 与一个"推测"信号 Vo 相比较,根据 Vo 大于还是小于 V_{IN} 来决定减小还是增大该推测信号 Vo,以便向模拟输入信号逐渐逼近。推测信号 Vo 由 D/A 输出得到,当推测信号 Vo 与 V_{IN} 相等时,D/A 转换器输入的数字即为 V_{IN} 对应的数字量。

具体步骤如下:使逐次逼近寄存器 SAR 中的二进制数从最高位开始依次置 1,每一位置 1 后都要进行测试,若 V_{IN}＜Vo,则比较器输出为 0,并使该位置 0;否则 V_{IN}＞Vo,比较器输出为 1,则使该位保持 1。无论哪种情况,均应比较下一位,直到 SAR 的最末位为止。此时在 D/A 输入的数字量即为对应 VIN 的数字量,本次 A/D 转换完成,给出转换结束信号 EOC。

逐次逼近式 A/D 转换器的特点是转换时间固定,它取决于 A/D 转换器的位数和时钟周期,转换精度取决于 D/A 转换器和比较器的精度,可达 0.01％。逐次逼近式 A/D 转换器是目前应用很广泛的一种 A/D 转换器。

2. A/D 转换器的主要技术指标

(1) 转换时间和转换速率

转换时间就是 A/D 完成一次转换所需的时间。转换时间的倒数为转换速率。

(2) 分辨率

在 A/D 转换器中,分辨率是衡量 A/D 转换器能够分辨出输入模拟量最小变化程度的技术指标。分辨率取决于 A/D 转换器的位数,所以习惯上用输出的二进制位数或 BCD 码位数表示。例如，A/D 转换器 AD1674 的满量程输入电压为 5 V，可输出 12 位二进制数，即用 2^{12} 个数进行量化，其分辨率为 1 LSB，也即 $5\text{ V}/2^{12}=1.22\text{ mV}$，其分辨率为 12 位，或 A/D 转换器能分辨出输入电压 1.22 mV 的变化。

量化过程引起的误差称为"量化误差"。它是由于有限位数字量对模拟量进行量化而引起的误差。理论上规定为一个单位分辨率的 $-1/2\sim+1/2$LSB，提高 A/D 位数既可以提高分辨率，又能够减少量化误差。

（3）转换精度

转换精度定义为一个实际 A/D 转换器与一个理想 A/D 转换器在量化值上的差值，可用绝对误差或相对误差表示。

8.3.3　ADC0809

ADC 0809 的结构如图 8-12 所示，它是 CMOS 集成器件，内部包括一个逐次逼近型的 A/D 部分、一个 8 通道的模拟开关和地址锁存及译码逻辑等。

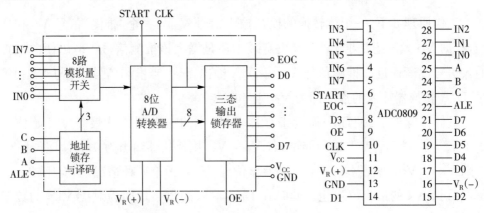

图 8-12　ADC 0809 的结构图与引脚图

它的主要技术指标如下：

① 分辨率：8 位。

② 转换时间：100 μs。

③ 时钟频率：典型值 640 kHz（10～1280 kHz）。

④ 8 路模拟输入通道，通道地址锁存。

⑤ 未经调整误差：±1 LSB。

⑥ 模拟输入范围：0～5 V。

⑦ 功耗：15 mW。

⑧ 工作温度：$-40\sim+85$ ℃。

⑨ 不需进行零点和满刻度校正。

ADC0809 芯片共 28 引脚,双列直插式封装。各引脚功能如下:

① IN0～IN7：8 路模拟信号输入端。

② D0～D7：转换完成的 8 位数字量输出端。

③ A、B、C 与 ALE：控制 8 路模拟输入通道的切换。A、B、C 分别与单片机的 3 条地址线相连,3 位编码对应 8 个通道地址端口。C、B、A＝000～111 分别对应 IN0～IN7 通道的地址。各路模拟输入间的切换可通过改变 C、B、A 引脚的编码来实现。

④ OE、START、CLK：OE 为输出允许端,START 为启动信号输入端,CLK 为时钟信号输入端。

⑤ EOC：转换结束输出信号。当 A/D 开始转换时,该引脚为低电平,当 A/D 转换结束时,该引脚为高电平。

⑥ VR(＋)、VR(－)：基准电压输入端。

8.3.4　单片机与 ADC0809 的接口电路设计

51 单片机与 ADC0809 的连接电路如图 8-13 所示。

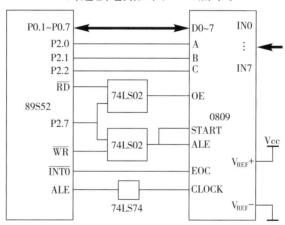

图 8-13　单片机与 ADC0809 的连接电路

在 ADC0809 应用中需说明的几个问题:

① ADC0809 内部带有输出锁存器,可以与 51 单片机直接相连。

② 通道选择与启动。A、B、C 分别接系统地址锁存器提供的低 3 位地址,只要把这 3 位地址写入 ADC0809 中的地址锁存器,就实现了模拟通道的选择。从图 8-13 可以看出,ALE 信号和 START 信号连在一起,这样连接可以在信号的前沿写入地址信号,在其后沿启动 A/D 转换。START 信号和 ALE 信号互联可以使 ADC0809 在锁存通道地址的同时启动转换工作。START 启动信号由单片机的 P2.7 经与非门产生。需要注意的是,ADC0809 的启动需在 START 端给出一个至少有 100 ns 宽的正脉冲信号。

③ 转换数据的传送。A/D 转换后得到的数据为数字量,这些数据传送到单片机中就可以进行后续的处理。数据传送的关键是如何确认 A/D 转换已经完成,因为只有确认数据转换完成后,才能进行有效的数据传送。一般情况下可采取以下三种方式:

• 定时传送方式。对于一种 A/D 转换器来说,转换时间是一项固定不变的技术指标。例如,ADC0809 的转换时间为 128 μs,在 12 MHz 的振荡频率下,相当于 80C51 单片机的 128 个机器周期。由此可以设计一个延时子程序,A/D 转换启动后调用这个子程序,延时一到,A/D 转换结束,接着便进行数据传送。

• 查询方式。利用 A/D 转换芯片表示转换结束的状态信号(例如 ADC0809 的 EOC 端),在查询方式中,用软件测试 EOC 的状态,来判断转换是否结束,如果判断 ADC 转换已经结束则接着进行数据传输。

• 中断方式。如果把表示转换结束的状态信号(EOC)作为中断请求信号,那么,就可以中断方式进行数据传输。

本章小结

将数字量转换成相应模拟量的过程称为"数字/模拟转换",简称"数/模转换"或"D/A 转换"。完成这种转换的器件叫做"D/A 转换器"(简称"DAC")。反之,将模拟量转换成相应数字量的过程称为"模拟/数字转换",简称"模/数转换",或"A/D 转换",完成这种转换的器件叫做"A/D 转换器"(简称"ADC")。A/D 转换和 D/A 转换在控制系统和测量系统中有非常广泛的用途。

D/A 转换器(DAC)一般由基准电压源、电阻解码网络、运算放大器和数据缓冲寄存器等部件组成。

权电阻 D/A 转换器的精确度主要取决于权电阻的精确度和运算放大器的稳定性。由于权电阻的阻值有一定误差且易受温度变化的影响,所以当位数较多时,阻值分散性很大,不易保证精确度。另外,在动态过程中,加至各开关上的阶跃脉冲信号将在输出端产生尖峰脉冲,输出模拟电压的瞬时值可能比稳定值大很多,造成较大的动态误差。倒 T 型电阻网络 D/A 转换器较好地克服了权电阻 D/A 转换器的缺点。

A/D 转换器的转换过程通常分四步进行,即采样、保持、量化和编码。前两步通常在采样保持电路中完成,后两步通常在 A/D 转换电路中完成。

逐次逼近式 A/D 转换器的工作特点为:二分搜索,反馈比较,逐次逼近。它由电压比较器 C、D/A 转换器、逐次逼近寄存器(SAR)、控制逻辑和输出缓冲器等部分组成。逐次逼近式 A/D 转换器的特点是转换时间固定,它取决于 A/D 转换器的位数和时钟周期,转换精度取决于 D/A 转换器和比较器的精度。

本章习题

1. DAC0832 与 80C51 单片机连接时有哪些控制信号？其作用是什么？

2. 在一个 80C51 单片机与一片 DAC0832 组成的应用系统中，DAC0832 的地址为 7FFFH，输出电压为 0～5 V。试画出有关逻辑框图，并编写产生矩形波，其波形占空比为 1∶4，高电平时电压为 2.5 V，低电平时电压为 1.25 V 的转换程序。

3. 以 DAC0832 为例，说明 D/A 的单缓冲与双缓冲有何不同。

4. 在 A/D 和 D/A 的主要技术指标中，"分辨率"与"转换精度"（即"量化误差"或"转换误差"）有何不同。

5. 在一个 fosc 为 12 MHz 的 51 单片机系统中接有一片 A/D 器件 ADC0809，它的地址为 7FF8H～7FFFH。试画出有关逻辑框图，并编写 ADC0809 初始化程序和定时采样通道 2 的程序（假设采样频率为 1 ms/次，每次采样 4 个数据）。

6. 在一个 fosc 为 12 MHz 的 51 单片机系统中接有一片 D/A 器件 DAC0832，它的地址为 7FFFH，输出电压为 0～5 V。请画出有关逻辑框图，并编写一个程序，使其运行后能在示波器上显示出三角波。

第9章 单片机的总线扩展技术

本章目标

- 理解 I^2C 串行总线的结构及工作特点
- 掌握 I^2C 串行总线的数据传送的相关规定
- 掌握 51 单片机软件模拟 I^2C 总线时序的方法与程序
- 熟悉 SPI 总线结构与工作特点
- 熟悉单总线结构与工作特点

目前,除了使用通用异步串行总线接口(UART,如 RS-232C/485)以外,应用越来越多的还有同步串行扩展总线接口,如单总线(1-Wire)、I^2C、SPI、USB 等。越来越多的外围器件,例如,A/D、D/A、E^2PROM、集成智能传感器等,都配置了同步串行扩展总线接口 I^2C、SPI 等,放弃了以往的并行总线接口。

从 20 世纪 90 年代开始,众多的单片机厂商都陆续推出了带有同步串行接口的单片机,例如,Philips 公司的 XC552 和 LPC76X 系列单片机自带 I^2C 接口;Motorola 公司的 M68HC05 和 M68HC11、ATMEL 公司的 AT89S8252 以及新一代的基于 RISC 的 AVR 系列单片机都集成有 SPI 接口。可以说,串行总线是当今单片机测控系统开发的首选。

本章将介绍 I^2C、SPI、单总线(1-Wire)串行扩展总线的工作原理及特点,重点介绍 I^2C、SPI 串行总线扩展技术以及如何用软件模拟的方法来实现 51 单片机与 I^2C 总线接口的方法。

9.1 I^2C 串行总线

9.1.1 I^2C 串行总线概述

I^2C 总线只有两根双向信号线:一根是数据线 SDA;另一根是时钟线 SCL。I^2C 总线上各器件的数据线都接到 SDA 线上,各器件的时钟线都接到 SCL 线上。如图 9-1 所示。

带有 I^2C 总线接口的单片机可直接与具有 I^2C 总线接口的各种扩展器件(如存储器、I/O 芯片、A/D、D/A、日历/时钟等)连接。I^2C 串行总线的运行由主器件控制。主器件是指启动数据的发送(发出起始信号)、发出时钟信号、传送结束时发出终止信号的器件,通常由单片机来担当。从器件可以是存储器、LED 或 LCD 驱动器、A/D 或 D/A 转换器、时钟/日历器件等,从器件必须带有 I²C 串行总线接口。

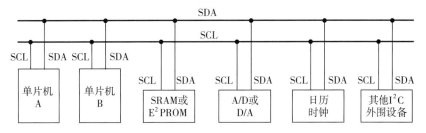

图 9-1 利用 I²C 总线连接芯片

如图 9-2 所示,I²C 总线通过上拉电阻接正电源。当总线空闲时,两根线均为高电平。连到总线上的任一器件输出的低电平,都将使总线的信号变低,即各器件的 SDA 及 SCL 都是线"与"关系。SCL 线上的时钟信号对 SDA 线上的各器件间的数据传输起同步控制作用。SDA 线上的数据起始、终止及数据的有效性均要根据 SCL 线上的时钟信号来判断。

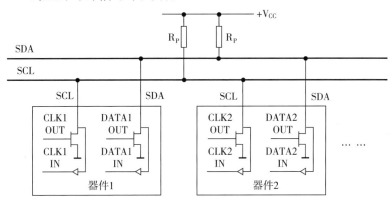

图 9-2 I²C 总线连接的器件信号关系

每个连到 I²C 总线上的器件都有唯一地址,并采用纯软件的寻址方法,无需片选线的连接,在扩展器件时也要受器件地址数目的限制。

在多主机系统中,可能同时有几个主机企图启动总线传送数据。为了避免混乱,I²C 总线要通过总线仲裁,以决定由哪一台主机控制总线。在 51 单片机应用系统的串行总线扩展中,常以 51 单片机为主机,其他接口器件为从机的单主机情况。

在标准的 I²C 普通模式下,数据的传输速率为 100 kbit/s,高速模式下可达 400 kbit/s。

9.1.2 I²C 总线数据传送的规定

(1) 数据位的有效性规定

如图 9-3 所示,I²C 总线进行数据传送时,时钟信号为高电平期间,数据线上的数据必须保持稳定,只有在时钟线上的信号为低电平期间,数据线上的高电平或低电平状态才允许变化。

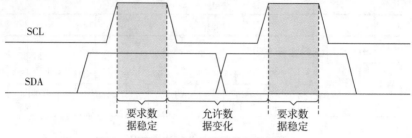

图 9-3　I^2C 总线的数据传送

（2）起始和终止信号

SCL 线为高电平期间,SDA 线由高电平向低电平的变化表示起始信号;SCL 线为高电平期间,SDA 线由低电平向高电平的变化表示终止信号。如图 9-4 所示。

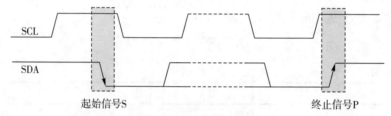

图 9-4　起始和终止信号

起始和终止信号都是由主机发出的,在起始信号产生后,总线就处于被占用的状态;在终止信号产生后,总线就处于空闲状态。连接到 I^2C 总线上的器件,若具有 I^2C 总线的硬件接口,则很容易检测到起始和终止信号。

（3）字节传送与应答

I^2C 总线进行数据传送时,传送的字节数无限制。但每一个字节必须保证是 8 位长度。如图 9-5 所示,数据传送时,先传送最高位(MSB),每一个被传送的字节后面都必须跟随一位应答位(一帧共有 9 位)。与应答信号对应的时钟信号(第 9 个时钟位)由主器件产生。这时,发送方须在这一时钟位上使 SDA 线处于高电平状态,以便收方在这一位上送出低电平的应答信号。

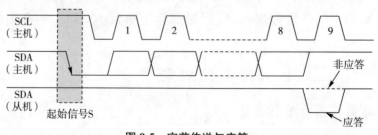

图 9-5　字节传送与应答

（4）数据帧格式

I²C总线上传送的数据信号是广义的，既包括地址信号，又包括真正的数据信号。

在起始信号后必须传送一个从机的地址（7位），第8位是数据的传送方向位（R/W），用"0"表示主机发送数据（写），"1"表示主机接收数据（读）。每次数据传送总是由主机产生的终止信号结束。但是，若主机希望继续占用总线进行新的数据传送，则可以不产生终止信号，马上再次发出起始信号对另一从机进行寻址。

在总线的一次数据传送过程中，可以有以下几种组合方式：

① 主机向从机发送多个数据，数据传送方向在整个传送过程中不变，如图9-6(a)所示。

② 主机在发送第一个地址字节后，立即从从机读 n 个字节数据。如图9-6(b)所示，主器件发送终止信号前应发送非应答信号，向从器件表明读操作将要结束。

③ 在一次数据传送中，主器件先发一个字节数据，然后再接收一个字节数据。如图9-6(c) 所示。

图9-6　3种数据帧格式

注意：有阴影部分表示数据由主机向从机传送，无阴影部分则表示数据由从机向主机传送。A表示应答，$\overline{A}$表示非应答（高电平）。S表示起始信号，P表示终止信号。

由图9-6可见，无论哪种方式，起始信号、终止信号和从器件地址均由主器件发送，数据字节的传送方向则由主器件发出的寻址字节中的方向位规定，每个字节的传送都必须有应答位（A或$\overline{A}$）相随。

（5）I²C总线中器件的寻址

I²C总线寻址采用软件寻址，主器件在发送完起始信号后，立即发送寻址字节来寻址被控的从器件，I²C总线协议有明确的规定：采用7位的寻址字节（寻址字节是起始信号后的第一个字节）。

① 地址字节格式。如图9-7所示，D7～D1位组成从机的地址。D0位是数据

传送方向位，为"0"时表示主机向从机写数据，为"1"时表示主机由从机读数据。

图9-7   寻址字节的位定义

主机发送地址时，总线上的每个从机都将这7位地址码与自己的地址进行比较，如果相同，则认为自己正被主机寻址，根据 R/$\overline{\text{W}}$ 位将自己确定为发送器或接收器。

从机的地址由固定部分和可编程部分组成。在一个系统中可能希望接入多个相同的从机，从机地址中可编程部分决定了可接入总线该类器件的最大数目。如一个从机的7位寻址位有4位是固定位，3位是可编程位，这时仅能寻址8个同样的器件，即可以有8个同样的器件接入到该 I²C 总线系统中。

② 寻址字节中的特殊地址。如表9-1所示，固定地址编号0000和1111已被保留作为特殊用途。

表9-1   寻址字节中的特殊地址

地址位							R/$\overline{\text{W}}$	意义
0	0	0	0	0	0	0	0	通用呼叫地址
0	0	0	0	0	0	0	1	起始字节
0	0	0	0	0	0	1	x	CBUS 地址
0	0	0	0	0	1	0	x	为不同总线的保留地址
0	0	0	0	0	1	1	x	保留
0	0	0	0	1	x	x	x	保留
1	1	1	1	1	x	x	x	保留
1	1	1	1	0	x	x	x	十位从机地址

起始信号后的第一字节的8位为"0000 0000"时，称为"通用呼叫地址"。通用呼叫地址的用意在第二字节中加以说明。格式如图9-8所示。

第一字节（通用呼叫地址）									第二字节								LSB	
0	0	0	0	0	0	0	0	A	x	x	x	x	x	x	x	B	A

图9-8   寻址字节中的特殊地址

第二字节为06H时，所有能响应通用呼叫地址的从机器件复位，并由硬件装入从机地址的可编程部分。能响应命令的从机器件复位时不拉低 SDA 和 SCL 线，以免堵塞总线。

第二字节为04H时，所有能响应通用呼叫地址并通过硬件来定义其可编程地址的从机器件将锁定地址中的可编程位,但不进行复位。如果第二字节的方向位 B 为"1",则这两个字节命令称为"硬件通用呼叫命令"。在第二字节的高 7 位说明自己的地址。接在总线上的智能器件,如单片机或其他微处理器能识别这个地址,并与之传送数据。硬件主器件作为从机使用时,也用这个地址作为从机地址。格式如图 9-9 所示。

| S | 0000 0000 | A | 主机地址 | 1 | A | 数据 | A | 数据 | A | P |

图 9-9 硬件通用呼叫命令

在系统中另一种选择可能是系统复位时硬件主机器件工作在从机接收器方式,这时由系统中的主机先告诉硬件主机器件数据应送往的从机器件地址,当硬件主机器件要发送数据时就可以直接向指定从机器件发送数据了。

③ 起始字节。起始字节是提供给没有 I^2C 总线接口的单片机查询 I^2C 总线时使用的特殊字节。

不具备 I^2C 总线接口的单片机,必须通过软件不断地检测总线,以便及时地响应总线的请求。这样,单片机的速度与硬件接口器件的速度就出现了较大的差别,为此,I^2C 总线上的数据传送要由一个较长的起始过程加以引导。

如图 9-10 所示,引导过程由起始信号、起始字节、应答位、重复起始信号(Sr)组成。

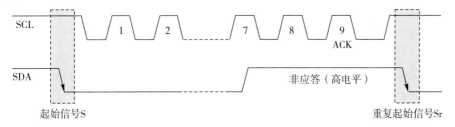

图 9-10 起始字节

请求访问总线的主机发出起始信号后,发送起始字节(0000 0001),另一个单片机可以用一个比较低的速率采样 SDA 线,直到检测到起始字节中的 7 个"0"中的一个为止。在检测到 SDA 线上的高电平后,单片机就可以用较高的采样速率,以便寻找作为同步信号使用的第二个起始信号 Sr。

在起始信号后的应答时钟脉冲仅仅是为了和总线所使用的格式一致,并不要求器件在这个脉冲期间作应答。

9.1.3 51单片机与 I^2C 串行总线器件的接口

许多公司都推出了带有 I^2C 总线接口的单片机及各种外围扩展器件。I^2C 系统中的主器件通常由带有 I^2C 总线接口的单片机来担当。从器件必须带有 I^2C 总线接口。51 单片机没有 I²C 总线接口，可用并行 I/O 口线结合软件来模拟 I²C 总线的时序，来实现与带有 I²C 总线器件的读写操作。

1. 数据传送的典型信号模拟

为了保证数据传送的可靠性，标准的 I²C 总线的数据传送有严格的时序要求。I²C 总线的起始信号、终止信号、发送"0"及发送"1"的模拟时序如图 9-11 所示。

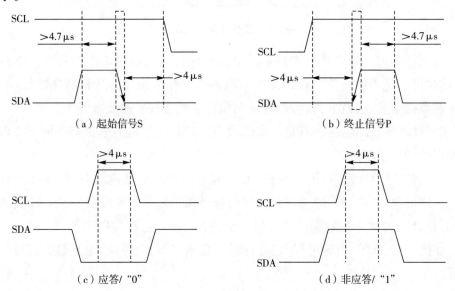

（a）起始信号 S　　　　（b）终止信号 P

（c）应答/"0"　　　　（d）非应答/"1"

图 9-11　模拟时序

设 51 单片机工作的晶振频率为 12 MHz，P1.7 连接 SDL 线，P1.6 连接 SCL 线，则总线初始化、起始信号、终止信号、应答/数据"0"以及非应答/数据"1"的各函数如下。

①总线初始化函数。

```
void init()
{   SCL=1;
    _nop_();
    SDA=1;
    _nop_();_nop_();_nop_();_nop_();_nop_();        //约 5 μs 的延时
}
```

②起始信号 s 函数。

```
void Start()
{   SDA=1;
    SCL=1;
    _nop_();_nop_();_nop_();_nop_();_nop_();        //约 5 μs 的延时
    SDA=0;
```

```
_nop_();_nop_();_nop_();_nop_();_nop_();                    //约 5 μs 的延时
SCL=0;
}
```

③终止信号 P 函数。

```
void Stop()
{  SDA=0;
   SCL=0;
   _nop_();_nop_();_nop_();_nop_();_nop_();                 //约 5 μs 的延时
   SDA=1;
   _nop_();_nop_();_nop_();_nop_();_nop_();                 //约 5 μs 的延时
   SDA=0;
}
```

④应答位/数据"0"函数。

发送应答位与发送数据"0"相同,即在 SDA 低电平期间 SCL 发生一个正脉冲。

```
void Ack(void)
{  uchar i;
   SDA=0;
   SCL=1;
   _Nop(); _Nop(); _Nop(); _Nop();
   while((SDA==1)&&(i<255))i++;
   SCL=0;
   _Nop(); _Nop(); _Nop(); _Nop();
}
```

说明:命令行中的(SDA==1)和(i<255)相与,表示若在这一段时间内没有收到从器件的应答,则主器件默认从器件已经收到数据而不再等待应答信号,要是不加这个延时退出,一旦从器件没有发应答信号,程序将永远停在这里,实际中是不允许这种情况发生的。

⑤非应答位/数据"1"函数

发送非应答位与发送数据"1"相同,即在 SDA 高电平期间 SCL 发生一个正脉冲。

```
void NoAck(void)
{  SDA=1;
   SCL=1;
   _Nop(); _Nop(); _Nop(); _Nop();
   SCL=0;
   SDA=0;
}
```

2. I²C 总线器件的扩展

I²C 总线可连接 RAM、EEPROM、I/O 接口、LED 驱动等 I²C 总线器件，如图 9-12 所示。

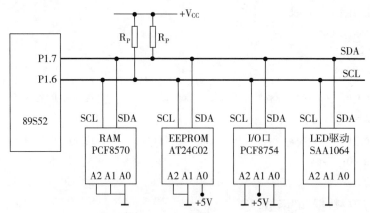

图 9-12   I²C 总线扩展电路

常见 EEPROM 有 AT24C01（128×8 位）、AT24C02（256×8 位）、AT24C04（512×8 位）、AT24C08（1K×8 位）、AT24C16（2K×8 位）等。

（1）写入过程

AT24C 系列 EEPROM 芯片地址的固定部分为 1010，A2、A1、A0 引脚接高、低电平后得到确定的 3 位编码，形成的 7 位编码即为该器件的地址码。

单片机进行写操作时，首先发送该器件的 7 位地址码和写方向位"0"（共 8 位，即一个字节），发送完后释放 SDA 线并在 SCL 线上产生第 9 个时钟信号。被选中的存储器器件在确认是自己的地址后，在 SDA 线上产生一个应答信号作为响应，单片机收到应答后就可以传送数据了。

传送数据时，单片机首先发送一个字节的被写入器件的存储区的首地址，收到存储器器件的应答后，单片机就逐个发送各数据字节，但每发送一个字节后都要等待应答。

AT24C 系列器件片内地址在接收到每一个数据字节地址后自动加 1，在芯片的"一次装载字节数"（不同芯片字节数不同）限度内，只需输入首地址。装载字节数超过芯片的"一次装载字节数"时，数据地址将"上卷"，前面的数据将被覆盖。

当要写入的数据传送完后，单片机应发出终止信号以结束写入操作。写入 n 个字节的数据格式，如图 9-13 所示。

S	器件地址+0	A	写入首地址	A	Data 1	A	……	Data n	A	P

图 9-13   写入数据格式

（2）读出过程

如图 9-14 所示，单片机先发送该器件的 7 位地址码和写方向位"0"（"伪写"），发送完后释放 SDA 线并在 SCL 线上产生第 9 个时钟信号。被选中的存储器器件在确认是自己的地址后，在 SDA 线上产生一个应答信号作为响应。

然后，再发一个字节的要读出器件的存储区的首地址，收到应答后，单片机要重复一次起始信号并发出器件地址和读方向位"1"，收到器件应答后就可以读出数据字节，每读出一个字节，单片机都要回复应答信号。当最后一个字节数据读完后，单片机应返回以"非应答"（高电平），并发出终止信号以结束读出操作。

S	器件地址+0	A	读出首地址	A	器件地址+1	A	Data 1	A	……	Data n	A	P

图 9-14 读出数据格式

9.1.4 利用 I²C 实现 AT24C01 存储器扩展

AT24C01 提供电可擦除的串行 1024 位存储或可编程只读存储器（EEPROM）128 字（8 位/字）。该芯片只需两根线控制：时钟线 SCL 和数据线 SDA。芯片在低压的工业与商业应用中进行了最优化。如图 9-15 所示，AT24C01 的封装为 8 脚，通过 2 线制串行接口进行数据传输，各引脚功能如表9-2所示。

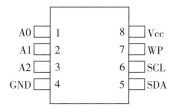

图 9-15 AT24C01

表 9-2 AT24C 芯片引脚功能

引脚	名称	功　　能
SCL	串行时钟	在该引脚的上升沿时，系统将数据写入 EEPROM 器件，在下降沿时读出
SDA	串行数据	该引脚为开漏级驱动，可双向传输数据
A0～A2	器件/页面地址	为器件地址输入端
WP	硬件写保护	在该引脚为高电平时禁止写入，为低电平时正常读写数据
Vcc	电源	+5 V
GND	地	

利用单片机与 AT24C01 进行 I²C 通信，实现对某一地址内数据的读写校验操作。先对地址 0x01 和 0x02 地址写入数据 0x55 和 0xAA，然后读其中一个地址

内的数据，并在数码管上显示验证。图 9-16 为单片机与 AT24C01 和数码管硬件连接图。

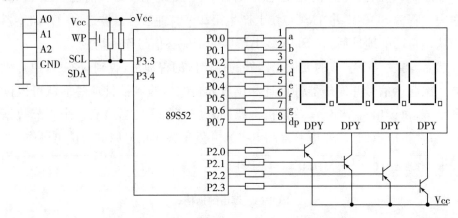

图 9-16 单片机与 AT24C01 和数码管硬件连接图

C51 程序如下：

```
#include "reg52.h"
#include "intrins.h"
#define OP_READ 0xA1
#define OP_WRITE 0xA0
//共阳极 LED 段码表
unsigned char code tab[]2{0xC0,0xF9,0xA4,0xB0,0x99,0x92,0x82,0xF8,0xF8,0x80,0x90};
int eepromdata;//从 EEPROM 里读出来的数据
//端口定义
sbit SDA=P3^4;
sbit SCL=P3^3;
/ *****************************************************/
函数功能:可控延时
入口参数:ms
/ *****************************************************/
void delayms(unsigned char ms)
{
   unsigned char i;
   while(ms——)
   for(i=0;i<120;i++);
}
/ *****************************************************/
函数功能:延时
/ *****************************************************/
void delay()
```

```
{
  int k;
  for(k=0;k<400;k ++);
}
/ ************************************************************/
函数功能:开始信号
/ ************************************************************/
void start()
{
  SDA=1;
  SCL=1;
  _nop_( );
  _nop_( );
  SDA=0;
  _nop_( );
  _nop_( );
  _nop_( );
  _nop_( );
  SCL=0;
}
/ ************************************************************/
函数功能:停止信号
/ ************************************************************/
void stop()
{
  SDA=0;
  _nop_();
  _nop_();
  SCL=1;
  _nop_();
  _nop_();
  _nop_();
  _nop_();
  SDA=1;
}
/ ************************************************************/
函数功能:读取数据
出口参数:data
/ ************************************************************/
```

```
unsigned char shin()
{
  unsigned char i,data;
  for(i=0;i<8;i ++)
  {
    SCL=1;
    data<<=1;
    datal=(unsigned)SDA;
    SCL=0;
  }
    return data;
  }
/ ****************************************************************/
函数功能:写入数据
入口参数:data
出口参数:ack_bit
/ ****************************************************************/
bit shout(unsigned char data)
{
  unsigned char i;
  bit ack_bit;
  for(i=0;i<8;i ++)
  {
  SDA=(bit)(data&0x80);
  _nop_();
  SCL=1;
  _nop_();
  _nop_();
  SCL=0;
  data<<=1;
  }
  SDA=1;
  _nop_();
  _nop_();
  SCL=1;
  _nop_();
  _nop_();
  _nop_();
  _nop_();
```

```
    ack_bit:=SDA;                                    //读取应答
    SCL=0;
    return ack_bit;
    }
/*******************************************************************/
```
函数功能:向指定地址写入数据

入口参数:addr,data
```
/*******************************************************************/
void write_byte(unsigned char addr,unsigned char data)
{
    start();
    shout(OP_WRITE);
    shout(addr);
    shout(data);
    stop();
    delayms(10);
}
/*******************************************************************/
```
函数功能:从当前地址读出数据

出口参数:data
```
/*******************************************************************/
unsigned char read_current()
{
    unsigned char data;
    start();
    shout(OP_READ);
    data=shin();
    stop();
    return data;
}
/*******************************************************************/
```
函数功能:从指定地址读出数据

入口参数:addr

出口参数:data
```
/*******************************************************************/
unsigned char read_byte(unsigned char addr)
{
    unsigned char data;
    start();
```

```
    shout(OP_WRITE);
    shout(addr);
    data=read_current();
    return data;
}
/*******************************************************************/
```

函数功能：显示

入口参数：k

```
/*******************************************************************/
void display(int k)
{
    P2=0xFE;
    P0=tab[k/1000];
    delay();
    P2=0xFD;
    P0=tab[k%1000/100];
    delay();
    P2=0xFB;
    P0=tabl[k%100/100];
    delay();
    P2=0xF7;
    P0=tab[k%10];
    delay();
    P2=0xFF;
}
/*******************************************************************/
```

函数功能：主程序

```
/*******************************************************************/
void main()
{
    SDA=1;
    SCL=1;
    eepromdata=0;
    write_byte(0x01,0x55);                          //向 0x01 地址写入 0x55 数据
    delayms(250);
    write_byte(0x02,0xAA);                          //向 0x02 地址写入 0xAA 数据
    delayms(250);
    delayms(250);
    eepromdata=read_byte(0x02);                     //从 0x02 地址读出数据
```

```
    delayms(250);
    while(1)
    display(eepromdata);                              //在数码管上显示数据
    }
```

9.2 SPI 串行总线

9.2.1 SPI 总线的组成及工作原理

1. SPI 总线组成

串行外围设备接口(Serial Peripheral Interface,SPI)总线技术是 Motorola 公司推出的一种同步串行外设接口,可用于 MCU 与各种外围器件进行全双工、同步串行通信。在主器件的移位脉冲作用下,按位传输数据,高位在前,低位在后,数据传送速率总体来说比 I²C 总线快,可以达到每秒几兆比特。SPI 总线系统可直接与各个厂家生产的多种标准外围器件直接接口,该接口一般包括 4 种信号。

① MOSI:主器件数据输出,从器件数据输入。

② MISO:主器件数据输入,从器件数据输出。

③ SCK:时钟信号,由主器件产生。

④ SS:从器件使能信号,由主器件控制。

由于 SPI 系统总线只需 3~4 位线即可实现与具有 SPI 总线接口功能的各种 I/O 器件进行接口,因此,采用 SPI 总线接口可以简化电路,节省常规电路中的接口器件和 I/O 口线,提高系统的可靠性。

通过 SPI 总线可在软件的控制下构成各种系统。在大多数应用场合,使用 1 个 MCU 作为主机来控制数据,向 1 个或几个从外围器件传送数据。从机只在主机发出命令时才能接收或发送数据。

当一个主机通过 SPI 与几种不同的串行 I/O 芯片相连时,需要通过 MCU 的 I/O 端口输出线连接每块芯片的控制端,同时需要考虑这些串行 I/O 芯片的输入输出特性:首先,输入芯片的串行数据输出是否有三态控制端,若没有三态控制端,则应外接三态门,否则 MCU 的 MISO 端只能连接 1 个输入芯片;其次,输出芯片的串行数据输入是否有允许控制端,只有在此芯片允许控制时,SCK 脉冲才能把串行数据移入该芯片;在禁止时,SCK 对此芯片无影响。若没有允许控制端,则应在外围用门电路对 SCK 进行控制,然后再加到芯片的时钟输入端,当然,也可以在 SPI 总线上只连接 1 个芯片,而不再连接其他输入或输出芯片。SPI 总线接口系统的典型结构框图如图 9-17 所示。

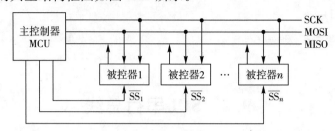

图 9-17　SPI 总线组成

2. SPI 数据传输

SPI 传输串行数据时首先传输最高位。波特率可以高达 5 Mbps，具体速度快慢取决于 SPI 硬件。

SPI 模块为了和外设进行数据交换，根据外设工作要求，其输出串行同步时钟极性和相位可以进行配置，时钟极性（CPOL）对传输协议没有重大的影响。如果 CPOL＝0，串行同步时钟的空闲状态为低电平；如果 CPOL＝1，串行同步时钟的空闲状态为高电平。时钟相位（CPHA）能够配置用于选择两种不同的传输协议之一进行数据传输。如果 CPHA＝0，在串行同步时钟的第一个跳变沿（上升或下降）数据被采样；如果 CPHA＝1，在串行同步时钟的第二个跳变沿（上升或下降）数据被采样。SPI 主设备和与之通信的外设时钟相位和极性应该一致。SPI 接口时序如图 9-18 所示。

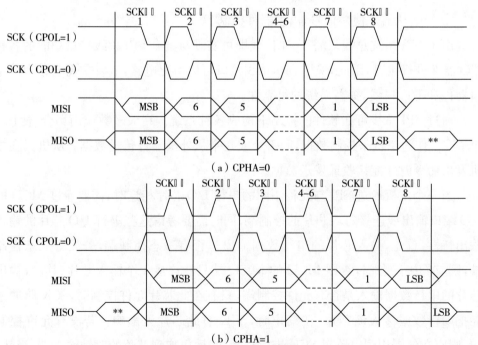

图 9-18　SPI 总线数据传输时序

SPI 是一个环形总线结构,由 SS (CS)、SCK、SDO、SDI 构成,时序简单,主要是在 SCK 的控制下,两个双向移位寄存器进行数据交换。

假设 8 位寄存器装的是待发送的数据 10101010,上升沿发送、下降沿接收、高位先发送。那么第一个上升沿来的时候数据将会是 SDO=1;寄存器=0101010x。下降沿到来的时候,SDI 上的电平将存到寄存器中去,那么这时寄存器 SDI=0101010,这样在 8 个时钟脉冲以后,两个寄存器的内容互相交换一次。这样就完成一个 SPI 时序。

假设主机和从机初始化就绪,并且主机的 sbuff=0xAA (10101010),从机的 sbuff=0x55(01010101),表 9-3 分别对 SPI 的 8 个时钟周期的数据情况进行了演示。

表 9-3 脉冲与数据变化对应表

脉冲(SCLK)	主机 sbuff(主端发送)	从机 sbuff(主端接受)	SDI 串行输入到主端	SDO 串行输出从主端
0	10101010	01010101	0	0
1 上	0101010x	1010101x	0	1
1 下	01010100	10101011	0	1
2 上	1010100x	0101011x	1	0
2 下	10101001	01010110	1	0
3 上	0101001x	1010110x	0	1
3 下	01010010	10101101	0	1
4 上	1010010x	0101101x	1	0
4 下	10100101	01011010	1	0
5 上	0100101x	1011010x	0	1
5 下	01001010	10110101	0	1
6 上	1001010x	0110101x	1	0
6 下	10010101	01101010	1	0
7 上	0010101x	1101010x	0	1
7 下	00101010	11010101	0	1
8 上	0101010x	1010101x	1	0
8 下	01010101	10101010	1	0

这样就完成了两个寄存器 8 位的交换,上面的"上"表示上升沿、"下"表示下降沿,SDI、SDO 是相对于主机而言的。其中 SS 引脚作为主机的时候,从机可以把它拉底被动选为从机,作为从机的时候,可以作为片选脚用。根据以上分析,一个完整的传送周期是 16 位,即两个字节,因为,首先主机要把 SS 拉低,从机清数据寄存器、准备数据,主机在下一个 8 位时钟周期主—从机交换数据,主机产生时钟 SCLK。

9.2.2　利用 SPI 总线实现 DS1302 串行时钟扩展

DS1302 是涓流充电时钟芯片,内含有一个实时时钟/日历和 31 字节静态 RAM,实时时钟/日历电路提供秒、分、时、日、星期、月、年的信息,每月的天数和闰年的天数可自动调整,时钟操作可通过 AM/PM 指示决定采用 24 或 12 小时格式。DS1302 与单片机之间能简单地采用 SPI 同步串行的方式进行通信,仅需用到 3 根信号线:RES(复位),I/O(数据线),SCLK(同步串行时钟)。

通过 SPI 总线,单片机访问 DS1302,并在 LCD 上显示,其硬件连接如图 9-19 所示。

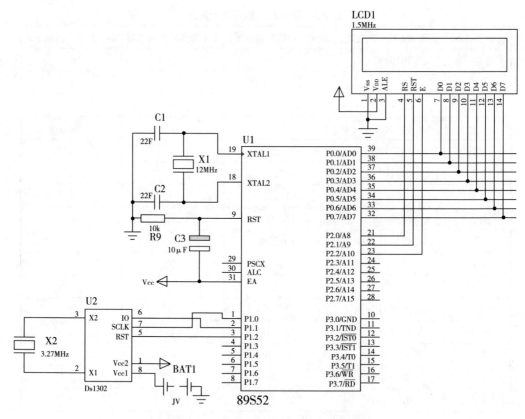

图 9-19　单片机与 DS1302 及 LCD 的连接

C 程序如下:

```
#include<reg51.h>             //包含单片机寄存器的头文件
#include<intrins.h>           //包含_nop_()函数定义的头文件
/ ****************************************************************
以下是 DS1302 芯片的操作程序
****************************************************************/
unsigned char code digit[10]={"0123456789"};
```

```
//定义字符数组显示数字
sbit DATA=P1^1;                    //位定义 DS1302 的数据输出端定义在 P1.1 引脚
sbit RST=P1^2;                     //位定义 DS1302 的复位端定义在 P1.2 引脚
sbit SCLK=P1^0;                    //位定义 DS1302 的时钟输出端口定义在 P1.0 引脚

#define ds1302_sec_add        0x80    //秒数据地址
#define ds1302_min_add        0x82    //分数据地址
#define ds1302_hr_add         0x84    //时数据地址
#define ds1302_date_add       0x86    //日数据地址
#define ds1302_month_add      0x88    //月数据地址
#define ds1302_day_add        0x8a    //星期数据地址
#define ds1302_year_add       0x8c    //年数据地址
#define ds1302_control_add    0x8e    //控制数据地址
#define ds1302_charger_add    0x90
#define ds1302_clkburst_add   0xbe
unsigned char data[6]={0x10,0x08,0x04,0x12,0x24,0x12};   //年月日时分秒
void WriteTime(unsigned char dataw[6]);
void ReadTime(unsigned char datar[6]);
unsigned char bintobcd(unsigned char bin)               //整数转 BCD
{
  return ((bin/10)<<4)|(bin%10);
}
unsigned char bcdtobin(unsigned char bcd)               //BCD 转整数
{
  return ((bcd>>4)*10+(bcd&0x0f));
}
/* DS302 初始化函数 */
void ds1302_init(void)
{
  RST=0;                                                //RST 脚设置为输出
  SCLK=0;                                               //SCK 脚设置为输出
}
/* 向 DS1302 写入一字节数据 */
void ds1302_write_byte(unsigned char addr, unsigned char d)
{
  unsigned char i;
  RST=1;                                                //启动 DS1302 总线
/* 写入目标地址:addr */
addr=addr & 0xFE;                                       //最低位置零
```

```
    for (i=0; i < 8; i ++) {

        if (addr & 0x01) {
            DATA=1;
        }
        else {
            DATA=0;
        }
        SCLK=1;
        SCLK=0;
        addr=addr≫1;
    }
    /*写入数据:d*/
    for (i=0; i < 8; i ++) {
        if (d & 0x01) {
            DATA=1;
        }
        else {
            DATA=0;
        }
        SCLK=1;
        SCLK=0;
        d=d≫1;
    }
    RST=0;                                      //停止 DS1302 总线
}
/*从 DS1302 读出一字节数据*/
unsigned char ds1302_read_byte(unsigned char addr) {

    unsigned char i;
    unsigned char temp;
    RST=1;                                      //启动 DS1302 总线
    /*写入目标地址:addr*/
    addr=addr | 0x01;                           //最低位置高
    for (i=0; i < 8; i ++) {

        if (addr & 0x01) {
            DATA=1;
        }
```

```
    else {
      DATA=0;
      }
    SCLK=1;
    SCLK=0;
    addr=addr≫1;
  }
/*输出数据:temp*/
  for (i=0; i<8; i++) {
    temp=temp≫1;
    if (DATA) {
      temp |=0x80;
      }
    else {
      temp &=0x7F;
      }
    SCLK=1;
    SCLK=0;
    }
  RST=0;                                    //停止 DS1302 总线
  return temp;
}


/*向 DS302 写入时钟数据*/
void WriteTime(unsigned char dataw[6])
{
  ds1302_init();
  ds1302_write_byte(ds1302_control_add,0x00);          //关闭写保护
  ds1302_write_byte(ds1302_sec_add,0x80);              //暂停
  ds1302_write_byte(ds1302_charger_add,0xa9);          //涓流充电
  ds1302_write_byte(ds1302_year_add,bintobcd(dataw[0]));   //年
  ds1302_write_byte(ds1302_month_add,bintobcd(dataw[1]));  //月
  ds1302_write_byte(ds1302_date_add,bintobcd(dataw[2]));   //日
  ds1302_write_byte(ds1302_hr_add,bintobcd(dataw[3]));     //时
  ds1302_write_byte(ds1302_min_add,bintobcd(dataw[4]));    //分
  ds1302_write_byte(ds1302_sec_add,bintobcd(dataw[5]));    //秒
  ds1302_write_byte(ds1302_control_add,0x80);          //打开写保护
}
```

```
/ * 从 DS302 读出时钟数据 * /
void ReadTime(unsigned char datar[6] )
{
    ds1302_init();
    datar[0]=bcdtobin(ds1302_read_byte(ds1302_year_add));        //年
    datar[1]=bcdtobin(ds1302_read_byte(ds1302_month_add));       //月
    datar[2]=bcdtobin(ds1302_read_byte(ds1302_date_add));        //日
    datar[3]=bcdtobin(ds1302_read_byte(ds1302_hr_add));          //时
    datar[4]=bcdtobin(ds1302_read_byte(ds1302_min_add));         //分
    datar[5]=bcdtobin(ds1302_read_byte(ds1302_sec_add))&0x7F);   //秒
}
/ ********************************************************************
以下是对液晶模块的操作程序
********************************************************************/
sbit RS=P2^0;           //寄存器选择位,将 RS 位定义为 P2.0 引脚
sbit RW=P2^1;           //读写选择位,将 RW 位定义为 P2.1 引脚
sbit E=P2^2;            //使能信号位,将 E 位定义为 P2.2 引脚
sbit BF=P0^7;           //忙碌标志位,将 BF 位定义为 P0.7 引脚
/ ********************************************************************
函数功能:延时 1 ms
(3j+2)×i=(3×33+2)×10=1010(μs),可以认为是 1 ms
********************************************************************/
void delaylms()
{
    unsigned char i,j;
    for(i=0;i<10;i ++)
        for(j=0;j<33;j ++);
}
/ ********************************************************************
函数功能:延时若干毫秒
入口参数:n
********************************************************************/
void delaynms(unsigned char n)
{
    unsigned char i;
    for(i=0;i<n;i ++)
    delaylms();
}
```

```
/ *************************************************************
函数功能:判断液晶模块的忙碌状态
返回值:result。result=1,忙碌;result=0,不忙
  ************************************************************/
bit BusyTest(void)
{
  bit result;
  RS=0;                      //根据规定,RS 为低电平,RW 为高电平时,可以读状态
  RW=1;
  E=1;                       //E=1,才允许读写
  _nop_ ();                  //空操作
  _nop_ ();
  _nop_ ();
  _nop_ ();                  //空操作 4 个机器周期,给硬件反应时间
  result=BF;                 //将忙碌标志电平赋给 result
  E=0;                       //将 E 恢复低电平
  _nop_ ();
  _nop_ ();
  _nop_ ();
  _nop_ ();
  return result;
}

/ *************************************************************
函数功能:将模式设置指令或显示地址写入液晶模块
入口参数:dictate
  ************************************************************/
void WriteInstruction (unsigned char dictate)
{
  while(BusyTest()==1);      //如果忙就等待
  RS=0;                      //根据规定,RS 和 R/W 同时为低电平时,可以写入指令
  RW=0;
  E=0;                       //E 置低电平,为了让 E 从 0 到 1 发生正跳变,所以应先置"0"
  _nop_ ();
  _nop_ ();                  //空操作 2 个机器周期,给硬件反应时间
  P0=dictate;                //将数据送入 P0 口,即写入指令或地址
  _nop_ ();
  _nop_ ();
  _nop_ ();
  _nop_ ();                  //空操作 4 个机器周期,给硬件反应时间
```

```
    E=1;                          //置高电平
    _nop_ ();
    _nop_ ();
    _nop_ ();
    _nop_ ();                     //空操作 4 个机器周期,给硬件反应时间
    E=0;                          //当 E 由高电平跳变成低电平时,液晶模块开始执行命令
    _nop_ ();
    _nop_ ();
    _nop_ ();
    _nop_ ();
}
/******************************************************************
函数功能:指定字符显示的实际地址
入口参数:x
*******************************************************************/
void WriteAddress(unsigned char x)
{
    WriteInstruction(x+0x80);     //显示位置的确定方法为"80H+地址码 x"
}
/******************************************************************
函数功能:将数据(字符的标准 ASCII 码)写入液晶模块
入口参数:y(为字符常量)
*******************************************************************/
void WriteData(unsigned char y)
{
    while(BusyTest()==1);
    RS=1;                         //RS 为高电平,RW 为低电平时,可以写入数据
    RW=0;
    E=0;                          //E 置低电平,为了让 E 从 0 到 1 发生正跳变,所以应先置"0"
    P0=y;                         //将数据送入 P0 口,即将数据写入液晶模块
    _nop_ ();
    _nop_ ();
    _nop_ ();
    _nop_ ();                     //空操作 4 个机器周期,给硬件反应时间
    E=1;                          //E 置高电平
    _nop_ ();
    _nop_ ();
    _nop_ ();
    _nop_ ();                     //空操作 4 个机器周期,给硬件反应时间
```

```
    E=0;                        //当 E 由高电平跳变成低电平时,液晶模块开始执行命令
}
/ *******************************************************************
函数功能:对 LCD 的显示模式进行初始化设置
  ********************************************************************/
void LcdInitiate(void)
{
    delaynms(15);               //首次写指令时应给 LCD 一段较长的反应时间
    WriteInstruction(0x38);     //显示模式设置:16×2 显示,5×7 点阵,8 位数据
    delaynms(5);                //给硬件一点反应时间
    WriteInstruction(0x38);
    delaynms(5);                //给硬件一点反应时间
    WriteInstruction(0x38);     //连续 3 次,确保初始化成功
    delaynms(5);                //给硬件一点反应时间
    WriteInstruction(0x0c);     //显示模式设置:显示开,无光标,光标不闪烁
    delaynms(5);                //给硬件一点反应时间
    WriteInstruction(0x06);     //显示模式设置:光标右移,字符不移
    delaynms(5);                //给硬件一点反应时间
    WriteInstruction(0x01);     //清屏幕指令,将以前的显示内容清除
    delaynms(5);                //给硬件一点反应时间
}
/ *******************************************************************
以下是 DS1302 数据的显示程序
  ********************************************************************/
/ *******************************************************************
函数功能:显示秒
入口参数:x
  ********************************************************************/
void DisplaySecond(unsigned char x)
{
    unsigned char i,j;          //i,j 分别储存秒的十位和个位
    i=x/10;                     //取十位
    j=x%10;                     //取个位
    WriteAddress(0x49);         //写显示地址,将在第 2 行第 7 列开始显示
    WriteData(digit[i]);        //将十位数字的字符常量写入 LCD
    WriteData(digit[j]);        //将个位数字的字符常量写入 LCD
    delaynms(50);               //延时 1ms 给硬件一点反应时间
}
```

```
/ ********************************************************************
函数功能:显示分钟
入口参数:x
 ********************************************************************/
void DisplayMinute(unsigned char x)
{
  unsigned char i,j;          //i,j分别储存秒的十位和个位
  i=x/10;                     //取十位
  j=x%10;                     //取个位
  WriteAddress(0x46);         //写显示地址,将在第2行第7列开始显示
  WriteData(digit[i]);        //将十位数字的字符常量写入LCD
  WriteData(digit[j]);        //将个位数字的字符常量写入LCD
  delaynms(50);               //延时1ms给硬件一点反应时间
}
/ ********************************************************************
函数功能:显示小时
入口参数:x
 ********************************************************************/
void DisplayMinute(unsigned char x)
{
  unsigned char i,j;          //i,j分别储存秒的十位和个位
  i=x/10;                     //取十位
  j=x%10;                     //取个位
  WriteAddress(0x43);         //写显示地址,将在第2行第7列开始显示
  WriteData(digit[i]);        //将十位数字的字符常量写入LCD
  WriteData(digit[j]);        //将个位数字的字符常量写入LCD
  delaynms(50);               //延时1ms给硬件一点反应时间
}
/ ********************************************************************
函数功能:显示日
入口参数:x
 ********************************************************************/
void DisplayDay(unsigned char x)
{
  unsigned char i,j;          //i,j分别储存秒的十位和个位
  i=x/10;                     //取十位
  j=x%10;                     //取个位
  WriteAddress(0x0d);         //写显示地址,将在第1行第14列开始显示
  WriteData(digit[i]);        //将十位数字的字符常量写入LCD
```

```
    WriteData(digit[j]);          //将个位数字的字符常量写入 LCD
    delaynms(50);                 //延时 1ms 给硬件一点反应时间
}
/ *******************************************************************
函数功能:显示月
入口参数:x
 *******************************************************************/
void DisplayMonth(unsigned char x)
{
    unsigned char i,j;            //i,j 分别储存秒的十位和个位
    i=x/10;                       //取十位
    j=x%10;                       //取个位
    WriteAddress(0x0a);           //写显示地址,将在第 1 行第 11 列开始显示
    WriteData(digit[i]);          //将十位数字的字符常量写入 LCD
    WriteData(digit[j]);          //将个位数字的字符常量写入 LCD
    delaynms(50);                 //延时 1ms 给硬件一点反应时间
}
/ *******************************************************************
函数功能:显示年
入口参数:x
 *******************************************************************/
void DisplayYear(unsigned char x)
{
    unsigned char i,j;            //i,j 分别储存秒的十位和个位
    i=x/10;                       //取十位
    j=x%10;                       //取个位
    WriteAddress(0x07);           //写显示地址,将在第 1 行第 8 列开始显示
    WriteData(digit[i]);          //将十位数字的字符常量写入 LCD
    WriteData(digit[j]);          //将个位数字的字符常量写入 LCD
    delaynms(50);                 //延时 1ms 给硬件一点反应时间
}
/ *******************************************************************
函数功能:主函数
 *******************************************************************/
void main(void)
{
    unsigned char second,minute,hour,day,month,year;
                                  //分别储存秒、分、小时、日、月、年
    unsigned char ReadValue;      //储存从 1302 读取的数据
```

```
    LcdlnitiateQ;                    //将液晶初始化
    WriteAddress(0);                 //写 Date 的显示地址,将在第 1 行第 1 列开始显示
    WriteData('D');                  //将字符常量写入 LCD
    WriteData('a');                  //将字符常量写入 LCD
    WriteData('t');                  //将字符常量写入 LCD
    WriteData('e');                  //将字符常量写入 LCD
    WriteData(':');                  //将字符常量写入 LCD
    WriteData('2');                  //将字符常量写入 LCD
    WriteData('0');                  //将字符常量写入 LCD
    WriteAddress(0x09);              //写年月分隔符的显示地址
    WriteData('—');                  //将字符常量写入 LCD
    WriteAddress(0x0c);              //写月日分隔符的显示地址
    WriteData('—');                  //将字符常量写入 LCD
    WriteAddress(0x45);              //写小时与分钟分隔符的显示地址
    WriteData(':');                  //将字符常量写入 LCD
    WriteAddress(0x48);              //写分钟与秒分隔符的显示地址
    WriteData(':');                  //将字符常量写入 LCD
    Init_DS1302();                   //将 1302 初始化
    while(1)
    {
    ReadTime(data);
    second=bintobcd(data);           //将读出数据转化
    DisplaySecond(second);           //显示秒
    minute=bintobcd(data);           //将读出数据转化
    DisplayMinute(minute);           //显示分
    hour=bintobcd(data);             //将读出数据转化
    DisplayHour(hour);               //显示小时
    day=bintobcd(data);              //将读出数据转化
    DisplayDay(day);                 //显示日
    month=bintobcd(data);            //将读出数据转化
    DisplayMonth(month);             //显示月
    year=bintobcd(data);             //将读出数据转化
    DisplayYear(year);               //显示年
    }
    }
```

9.3　单总线

　　1-Wire(单总线)是美国 DALLAS 公司推出的外围串行扩展总线技术,与

SPI、I²C串行数据通信方式不同,它采用单根信号线,既传输时钟又传输数据,而且数据传输是双向的,具有节省 I/O 口线、资源结构简单、成本低廉、便于总线扩展和维护等诸多优点。

1-Wire 总线由一个总线主节点、一个或多个从节点组成系统,通过一根信号线对芯片数据进行读取。每一个符合 1-Wire 协议的从芯片都有一个唯一的地址,包括48 位的序列号、8 位的家族代码和 8 位的 CRC 代码。主芯片对各个从芯片的寻址依据这 64 位的不同来进行。1-Wire 总线协议对时序的要求较严格,基本的时序包括复位及应答时序、写一位时序、读一位时序。在复位及应答时序中,主器件发出复位信号后,要求从器件在规定的时间内送回应答信号;在位读和位写时序中,主器件要在规定的时间内读回或写出数据。

9.3.1 单总线结构

单总线主机或从机设备通过一个漏极开路或三态端口连接至该数据线,这样允许设备在不发送数据时释放数据总线,以允许设备在不发送数据时能够释放总线,而让其他设备使用总线,其内部等效电路如图 9-20 所示。

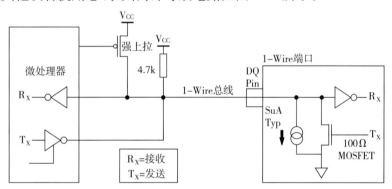

图 9-20 单总线硬件接口示意图

单总线要求外接一个约 5 k 的上拉电阻,这样,当单总线在闲置时,状态为高电平。如果传输过程需要暂时挂起,且要求传输过程还能够继续,则总线必须处于空闲状态。

传输之间的恢复时间没有限制,只要总线在恢复期间处于空闲状态(高电平)即可。如果总线保持低电平超过 480 μs,总线上的所有器件将复位。另外,在寄生方式供电时,为了保证单总线器件在某些工作状态下(如:温度转换器件、EEPROM 写入等)具有足够的电源电流,必须在总线上提供强上拉。

9.3.2 单总线命令序列

1-Wire 协议定义了复位脉冲、应答脉冲、写 0、读 0 和读 1 时序等几种信号类型。所有的单总线命令序列（初始化，ROM 命令，功能命令）都是由这些基本的信号类型组成。在这些信号中，除了应答脉冲外，其他均由主机发出同步信号、命令和数据，都是字节的低位在前。典型的单总线命令序列如下：

第一步：初始化。

第二步：ROM 命令，跟随需要交换的数据。

第三步：功能命令，跟随需要交换的数据。

每次访问单总线器件，都必须遵守这个命令序列，如果序列出现混乱，则单总线器件不会响应主机。但是这个准则对于搜索 ROM 命令和报警搜索命令例外，在执行两者中任何一条命令后，主机不能执行其他功能命令，必须返回至第一步。

(1) 初始化

单总线上的所有传输都是从初始化开始的，初始化过程由主机发出的复位脉冲和从机响应的应答脉冲组成，应答脉冲使主机知道总线上有从机设备，且准备就绪。

(2) ROM 命令

当主机检测到应答脉冲后，就发出 ROM 命令，这些命令与各个从机设备的唯一 64 位 ROM 代码相关，允许主机在单总线上连接多个从设备时，指定操作某个从设备。使得主机可以操作某个从机设备。这些命令能使主机检测到总线上有多少个从机设备以及设备类型，或者有没有设备处于报警状态。从机设备支持 5 种 ROM 命令，每种命令长度为 8 位。主机在发出功能命令之前，必须发出 ROM 命令，ROM 命令功能如表 9-4 所示。

表 9-4　ROM 命令的功能

ROM 命令	说明
搜索 ROM（f0h）	识别单总线上所有的 1-Wire 器件的 ROM 编码
读 ROM（33h）（仅适合单节点）	直接读 1-Wire 器件的序列号
匹配 ROM（55h）	寻找与指定序列号相匹配的 1-Wire 器件
跳跃 ROM（cch）（仅适合单节点）	使用该命令可直接访问总线上的从机设备
报警搜索 ROM（ech）（仅少数器件支持）	搜索有报警的从机设备

(3) 功能命令

主机发出 ROM 命令，访问指定的从机，接着发出某个功能命令。这些命令允许主机写入或读出从机暂存器、启动工作以及判断从机的供电方式。

9.3.3　数字温度传感器 DS18B20

DS18B20 是 DALLAS 公司生产的 1-Wire 总线器件，即单总线器件，具有线路简单，体积小的特点。实际应用中不需要外部任何元器件即可实现测温，测量

温度范围在 −55℃ 到 +125℃ 之间,用户可以从 9 位到 12 位之间选择数字温度计的分辨率,并且内部有温度上、下限告警设置,使用非常方便。

1. DS18B20 的主要特性

① 独特的单线接口方式,DS18B20 在与微处理器连接时仅需要一条数据线即可实现微处理器与 DS18B20 的双向通信。

② DS18B20 支持多点组网功能,多个 DS18B20 可以并联在唯一的三线上,实现组网多点测温。

③ DS18B20 在使用中不需要任何外围元件,全部传感元件及转换电路集成在形如一只三极管的集成电路内。

④ 可编程的分辨率为 9～12 位,对应的可分辨温度分别为 0.5℃、0.25℃、0.125℃ 和 0.0625℃,可实现高精度测温。

⑤ 在 9 位分辨率时最多在 93.75 ms 内把温度转换为数字,12 位分辨率时最多在 750 ms 内把温度值转换为数字,速度快。

⑥ DS18B20 片内含有 E^2PROM,单片机写入 E^2PROM 的报警的上下限温度值以及对 DS18B20 的设置,在芯片掉电的情况下不丢失。

2. DS18B20 封装与引脚定义

DS18B20 有 3 脚 TO-92 小体积封装和 8 脚 SOIC 封装形式,外形和引脚图如图 9-21 所示。

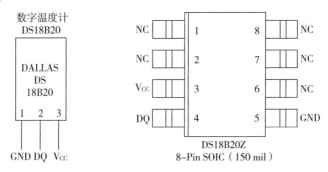

图 9-21　DS18B20 外形和引脚

引脚定义如下:

① DQ:为数字信号输入/输出端。

② GND:为电源地。

③ Vcc:为外接供电电源输入端(在寄生电源接线方式时接地)。

④ NC:空引脚。

3. DS18B20 内部结构

DS18B20 内部主要由 4 部分组成:64 位光刻 ROM、温度传感器、内部存储器及寄生电源,如图 9-22 所示。

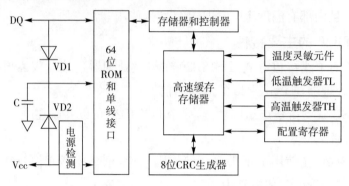

图 9-22　DS18B20 的内部结构

(1) 64 位光刻 ROM

64 位光刻 ROM 出厂前被光刻好,它可以看作该 DS18B20 的地址序列号。64 位 ROM 结构如图 9-23 所示,其排列顺序是:开始 8 位是产品类型标志,接着 48 位是 DS18B20 自身序列号,最后 8 位是前面 56 位的循环校验码。不同的器件地址序列号不同。

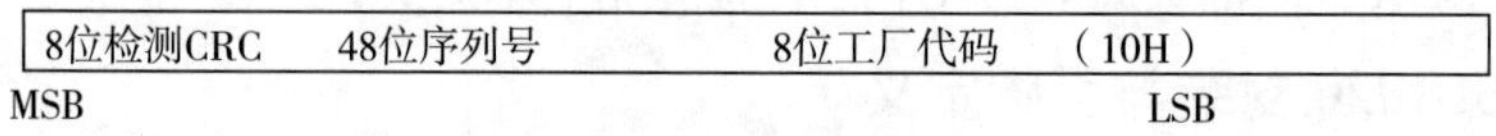

8位检测CRC	48位序列号	8位工厂代码	（10H）
MSB			LSB

图 9-23　64 位 ROM 结构图

(2) 内部存储器

DS18B20 内部存储器共有 9 个存储单元,包括一个高速暂存器 RAM 和一个非易失性的可电擦除的 EEPROM 和配置寄存器的内容。EEPROM (TH、TL) 用于存放用户存放的报警的上下限温度值。各存储单元如表 9-5 所示。

表 9-5　DS18B20 内部存储器

序号	寄存器名称	作用
0	温度低字节	以 16 位补码形式存放
1	温度高字节	
2	TH/用户字节 1	存放温度上限
3	TL/用户字节 2	存放温度下限
4	配置寄存器	配置
5、6、7	保留	保留
8	CRC	CRC 校验寄存器

配置寄存器,可以通过相应的写命令进行配置,其内容如表 9-6 所示。

表 9-6　配置寄存器的定义

D7	D6	D5	D4	D3	D2	D1	D0
TM	R1	R0	1	1	1	1	1

低五位一直都是"1",TM 是测试模式位,用于设置 DS18B20 在工作模式还是在测试模式。在 DS18B20 出厂时该位被设置为 0,用户不要去改动。R1 和 R0 用来设置 DS18B20 的分辨率。

(3) 温度传感器

DS18B20 中温度传感器可以完成对温度的测量,当温度转换命令发出后,转换的温度数据以补码的形式存放在高速暂存存储器的第 0 和第 1 个字节中。以 12 位转换为例,用 16 位符号扩展的二进制补码数形式提供,以 0.0625℃/LSB 形式表示。表 9-7 是 12 位转化后得到的数据,高字节的前面 5 位是符号位,如果测得的温度大于 0,这 5 位为 0,只要将测到的数值乘以 0.0625 即可得到实际温度;如果温度小于 0,这 5 位为 1,测到的数值需要取反加 1 再乘以 0.0625 才能得到实际温度。

表 9-7　DS18B20 温度值格式表

D15	D14	D13	D12	D11	D10	D9	D8	D7	D6	D5	D4	D3	D2	D1	D0
S	S	S	S	S	2^6	2^5	2^4	2^3	2^2	2^1	2^0	2^{-1}	2^{-2}	2^{-3}	2^{-4}

(4) 寄生电源

寄生电源由二极管 VD1、VD2、寄生电容 C 和电源检测电路组成,其中电源检测电路用于判定供电方式。DS18B20 有两种供电方式:3V~5.5V 的电源供电方式和寄生电源供电方式(直接从数据线获取电源)。寄生电源供电时,Vcc 端接地,器件从单总线上获取电源。当 I/O 总线呈低电平时,由电容 C 上的电压继续向器件供电。该寄生电源有两个优点:第一,检测远程温度时无需本地电源;第二,缺少正常电源时也能读 ROM。

4. DS18B20 控制命令

主机发出 ROM 命令,访问指定的 DS18B20,接着发出某个功能命令。这些命令允许主机写入或读出 DS18B20 暂存器、启动温度转换以及判断从机的供电方式。功能命令主要有 6 条,如表 9-7 所示。

表 9-8　DS18B20 控制命令表

指令	约定代码	操作说明
温度转换	44H	启动 DS18B20 进行温度转换
读暂存器	OBEH	读暂存器 9 个字节内容
写暂存器	4EH	将数据写入暂存器的 2~4 字节
复制暂存器	48H	把暂存器的 2~4 字节复制到 EEPROM 中
重新调 EEPROM	08H	把 EEPROM 回读第 2~4 字节至暂存器中
读出电源供电方式	B4H	启动 DS18B20 发送电源供电方式的信号给主机

5. DS18B20 通信协议

单总线器件要求采用严格的通信协议来保证数据的完整性。协议定义了多种信号类型：复位脉冲、应答脉冲时隙；写"0"、写"1"时隙；读"0"、读"1"时隙。与单总线器件的通信，是通过操作时序完成单总线上的数据传输。发送所有的命令和数据时，都是字节的低位在前、高位在后。

（1）复位和应答脉冲时序

每个通信周期起始于主机发出一个 480～960 μs 的低电平脉冲，然后释放总线变为高电平，并在随后的 480 μs 时间内对总线进行检测。如果有低电平出现，说明总线上有器件已作出应答，若无低电平出现，一直是高电平，则说明总线上无从器件应答。作为从器件的 DS18B20 在一上电后就一直在检测总线上是否有480～960 μs 的低电平出现，如果有，在总线转为高电平后，等待 15～60 μs，将总线电平拉低 60～240 μs，作出响应，告诉主机，本器件已做好准备；若没有检测到，就一直在检测等待。单总线初始化时序如图 9-24 所示。

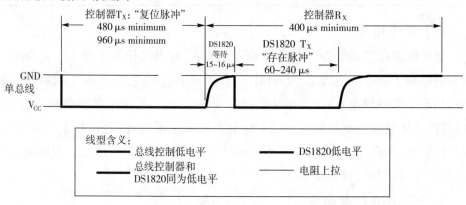

图 9-24　单总线初始化时序图

（2）写时序

当主机将单总线 DQ 从"1"拉到"0"时，就启动一个写时序，所有的写时序必须在 60～120 μs 内完成，在每个循环之间需要 1 μs 以上的恢复时间。写"0"和写"1"时序如图 9-25 所示，写周期最少为 60 μs，最长不超过 120 μs。写周期一开始，主机先把总线拉低 1 μs，表示写周期开始，随后，若主机想写"0"，则继续拉低电平最少 60 μs 直至写周期结束，然后释放总线为高电平；若主机想写"1"，在一开始拉低总线电平 1 μs 后，释放总线为高电平，一直到写周期结束。而作为从机的 DS18B20，则在检测到总线被拉低后，等待 15 μs，然后从 15 μs 到 45 μs 开始对总线采样，若在采样期内总线为高电平，则为"1"；若在采样期内总线为低电平，则为

"0"。图中黑粗线表示主机命令,灰线表示单总线设备的响应。

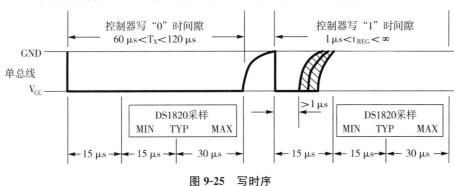

图 9-25　写时序

(3) 读时序

单总线设备在主机发出读时序时,才向主机传输数据。主机发出读数据命令后,马上产生读时序,以便单总线设备能够传输数据。读时隙需要 60 μs 以上,在两次读时序之间,需要 1 μs 的恢复期。每个读时序都由主机发起,拉低总线 1 μs。在读时序后,单总线设备开始在总线上发送"0"或"1",若单总线设备发送"1",则保持总线为高电平;若发送"0",则拉低总线。当发送"0"时,单总线设备在该时序结束后,释放总线,由上拉电阻将总线拉回至空闲高电平状态。单总线设备发出的"0"或"1"数据,在起始时序之后保持有效时间为 15 μs。因而主机在读时序期间,必须释放总线。并且在时序起始后的 15 μs 之内采样总线状态。读时序图如图 9-26 所示,图中黑粗线表示主机命令,灰线表示单总线设备的响应。

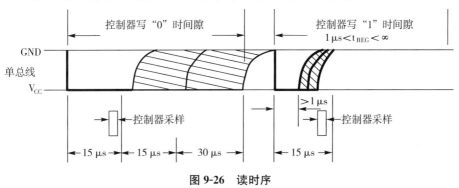

图 9-26　读时序

9.3.4　DS18B20 与单片机接口

图 9-27 为单片机 AT89S52 与温度传感器 DS18B20 的硬件接口电路原理图,下面的程序是基于该电路原理图的程序。程序主要是检测温度,其测量的温度精度达到 0.1℃,测量的温度的范围在 -20℃到 +50℃之间。

软件设计思路:

① 单片机对 DS18B20 进行复位操作。

② 由于总线上只有一个 DS18B20，因此单片机用 SKIP ROM[CCH]指令跳过传感器序列号识别。

③ CONVERT[44H]指令启动传感器温度转换，转换完成后，自动将当前温度值放入内部暂存器的开始 2 字节中。

④ 为了读取温度值，对 DS18B20 进行复位操作，并跳过 ROM 识别，然后发读暂存器指令[BEH]。

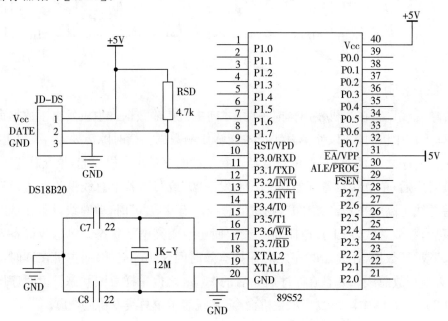

图 9-27 AT89S52 与 DS18B20 的连接图

C51 语言源程序：

```
#include<regx52.h>
#define unchar unsigned char
#define unint unsigned int
sbit DQ=P1^1;
uchar yes0 ;                       //DS18B20 初始化正常
chartemp_flag ;                    //判断 DS18B20 是否正常标志位,正常时为 1,不正常时为 0
uchartemp_comp;                    //用来存放测量温度的整数部分
uchardisp_buf[8]={0};              //显示缓冲
uchartemp_data[2]={0x00,0x00};
ucharsign=0;                       //定义温度符号标志位
unsigned char usercode1[]={"0123456789."};


/*********延时***********/
void delaylus(unint i)
```

```
{
    while(i——);
}
//——————————DS18B20 初始化函数——————————
uchar Init_DS18B20(void)
{
    DQ=1;
    delaylus(40);
    DQ=0;
    delaylus(490);          //延时大于 490 μs
    DQ=1;                   //输入,释放数据线
    delaylus(60);           //延时大于 60 μs,
    if(DQ==0)               //判断 DS18B20 是否拉低数据线
    {yes0=0;}
    else
    {yes0=1; }
    delaylus(422);          //有复位应答信号后,应当再延时一段时间(480-68),以等
                            待应答完毕
    DQ=1;                   //释放总线
    return yes0;            //返回复位标志
}
//——————————从 DS18B20 读取一个字节数据函数——————————
uchar ReadOneByte(void)
{
    uchar i;
    uchar dat=0;            //dat 用于存储读到的数据,先清零
    for(i=0;i< 8;i ++)      //共读 8 位数据,构成一个字节
    {
        DQ=0;
        delaylus(1);        //拉低 1 μs
        DQ=1;
        delaylus(10);       //延时
        dat=dat≫1;         //数据右移,读顺序:先低后高
        if(DQ)              //读数据,
        {
            dat |=0x80;     //如果是高,置 1,右移数据
        }
        delaylus(50);       //延时大于 60 μs
    }
```

```
    return dat;                        //返回读到的1字节数据
}


//—————————————向DS18B20写1字节数据函数——————————
void WriteOneByte(uchar dat)
{
    uchar i;
    for(i=0;i<8;i++)      //模拟1-Wire(单总线),写8次,一次写1位,先写低字节
    {
        DQ=0;
        delaylus(2);                    //拉低数据线2 μs,开始写数据
        if(dat & 0x01)                  //写数据
        {DQ=1;     }
        else
        {DQ=0;     }
        dat>>=1;                        //数据右移1位,先写低位
        delaylus(62);                   //延时大于60 μs
        DQ=1;                           //拉高数据线
        delaylus(2);                    //写两位数据的时间间隔
    }
}
//——————————读取温度值函数——————————
void GetTemperture(void)
{
    asm("cli");                         //禁止全局中断;关中断,防止读数错误
    Init_DS18B20();                     //DS18B20初始化
    if(yes0==0)〗  //yes0为Init_DS18B20函数的返回值,若yes0为0,则说明DS18B20正常
    {
        WriteOneByte(0xCC);             //跳过读序列号的操作
        WriteOneByte(0x44);             //启动温度转换
        delaylms(100);                  //延时1s,等待转换结束
        Init_DS18B20();
        WriteOneByte(0xCC);             //跳过读序列号的操作
        WriteOneByte(0xBE);             //读取温度寄存器
        temp_data[0]=ReadOneByte();     //温度低8位
        temp_data[1]=ReadOneByte();     //温度高8位
        temp_flag=1;
    }
    else temp_flag=0;                   //否则,出错标志置0
```

```
    asm("sei");                        //温度数据读取完成后再开中断
}


//———————温度数据转换函数———————
void TempConv()
{
    uchar temp;                        //定义温度数据暂存
    if(temp_data[1]>127)               //大于127即高4位为全1,即温度为负值
    {
        temp_data[0]=(~temp_data[0])+1;   //取反加1,将补码变成原码
        if((temp_data[0])==0)             //若大于或等于0xff
        {temp_data[1]=(~temp_data[1])+1;} //取反加1
        else temp_data[1]=~temp_data[1];  //否则只取反
        sign=1;                           //置符号标志位为1
    }
        temp=temp_data[0]&0x0f;           //取小数位
        disp_buf[0]=(temp *10/16);        //将小数部分变换为ASCII码
        temp_comp=((temp_data[0]&0xf0)>>4)|((temp_data[1]&0x0f)<<4);
                                          //取温度整数部分
        disp_buf[3]=temp_comp /100;       //百位部分变换为ASCII码
        temp=temp_comp%100;               //十位和个位部分
        disp_buf[2]=temp /10;             //分离出十位并变换为ASCII码
        disp_buf[1]=temp %10;             //分离出个位并变换为ASCII码
        if(!disp_buf[3])                  //百位ASCII码为0x30(即数字0),不显示
    {
        disp_buf[3]=19;                   //19为空字符码,即什么也不显示
        if(!disp_buf[2])                  //十位为0,不显示
        disp_buf[2]=19;
    }
    if(sign) disp_buf[3]=24;
    }
void main(void)
{
    while(1)
    {//———————温度———————
        GetTemperture ( )                 //启动温度转换
        TempConv ();                      //读取温度值
        disp_char();                      //显示函数,参照第5章相关程序
        disp_char(usercode1[disp_buf[3]]); //百位
```

```
        disp_char(usercode1[disp_buf[2]]);        //十位
        disp_char(usercode1[disp_buf[1]]);        //个位
        disp_char(usercode1[12]);                 //显示小数点
        disp_char(usercode1[disp_buf[0]]);        //小数位
    }
}
```

本章小结

　　串行通信只需一根或几根数据传输线就可以完成通信的功能，不仅大大降低硬件成本，而且有利于系统的扩展设计。如同步串行扩展总线接口：单总线（1-Wire）、I^2C、SPI等。目前越来越多的外围器件，例如，A/D、D/A、E2PROM、集成智能传感器等，都配置了同步串行扩展总线接口I^2C、SPI等，放弃了以往的并行总线接口。

　　I^2C总线只有两根双向信号线：一根是数据线 SDA；另一根是时钟线 SCL。I^2C总线传输有着严格的规定。现在已有单片机自带有I^2C总线硬件接口。不带I^2C总线硬件接口的单片机可以用软件在单片机的并口上模拟I^2C总线传输时序从而实现与I^2C总线设备的数据传输。

　　SPI 总线技术是 Motorola 公司推出的一种同步串行外设接口，可用于 MCU 与各种外围器件进行全双工、同步串行通信。数据传送速率总体来说比 I^2C 总线快，可以达到每秒几兆比特。SPI 总线系统可直接与各个厂家生产的多种标准外围器件直接接口，该接口一般包括 4 种信号：MOSI 为主器件数据输出，从器件数据输入；MISO 为主器件数据输入，从器件数据输出；SCK 为时钟信号，由主器件产生；SS 为从器件使能信号，由主器件控制。

　　1-Wire(单总线)是美国 DALLAS 公司推出的外围串行扩展总线技术。与 SPI、I^2C串行数据通信方式不同，它采用单根信号线，既传输时钟又传输数据，而且数据传输是双向的，具有节省 I/O 口线、资源结构简单、成本低廉、便于总线扩展和维护等诸多优点。

本章习题

　　1. I^2C总线数据传输有哪些规定？

　　2. 如何用软件模拟I^2C总线的相关时序？

　　3. 利用数据存储器 AT24C01 存储开机次数，通过I^2C串行总线访问 AT24C01，编程实现该功能。

　　4. 简要叙述 SPI 总线的结构及数据传输的工作特点。

　　5. 简要叙述单总线的结构及数据传输的工作特点。

第10章 单片机应用系统设计方法及举例

本章目标

- 理解单片机应用系统开发的一般方法
- 理解应用系统的硬件设计的方法
- 理解应用系统的软件设计的方法

本章主要介绍单片机应用系统的设计与开发的一般方法。主要内容包括单片机应用系统设计的步骤、应用系统的硬件设计、应用系统的软件设计等。最后介绍了交通灯控制系统设计和智能路灯控制系统设计。

10.1 单片机应用系统开发的一般方法

单片机应用系统开发一般多指以单片机为核心的软件、硬件电路,以实现确定的功能为主要任务的设计和开发过程。这个开发过程也是电子产品常用的设计方法,一般来说,主要包括需求调研、硬件设计、软件设计、系统调试、设计定型、批量生产等几个主要过程。

单片机应用系统的开发过程是以确定系统的功能和技术指标为前提的,它实际上是一个完成设计任务和达到技术指标的过程。从技术的角度来看,首先根据系统的功能要求、技术指标,再结合系统实际工作情况进行分析,切实明确单片机在其中发挥的作用和承担的工作,再结合相应的外围电路形成一个系统。从这个过程来看,系统功能和技术指标是整个设计的前提,也是系统构建的主要约束条件。从经济的角度来看,一个系统设计必定会有成本控制,如何在既达到技术指标要求,又能实现满足要求的较低的成本也是系统设计时需要解决的问题。当然,有些系统的开发还需在综合考虑系统的先进性、可靠性、可维护性等其他约束条件下进行系统的结构设计。

单片机应用系统的设计和开发一般包括以下几个阶段:

① 确定任务需求。

② 总体方案设计。

③ 硬件电路设计。

④ 软件程序开发。

⑤ 系统调试。

⑥ 系统改进。

⑦ 确定和完善方案。

⑧ 定型量产。

⑨ 改进与提高。

10.1.1　确定任务需求

任务需求是系统开发的目标，系统开发是为了达到这个目标而进行的设计活动。任务需求是真正决定系统繁简、开发周期、成本控制、功能强弱等的前提，它也是整个系统设计的第一步，只有先确定任务需求，才能进行系统的设计开发。确定任务需求需要在两个大的方面进行深入的了解：一个是系统的工作任务，即这个系统的工作目标是什么，它的任务是怎么样的，它是如何工作的等；另一个是这个系统的约束条件，如技术指标具体是多少，开发周期要求如何，成本控制要求如何，测试条件是否具备等。最后还要站在行业的平均水平上进行一个粗略的评估，这是一个处于一般技术难度、中等技术难度，还是较高技术难度的系统开发任务。

一般来说，确定任务需求的过程，也是一个详细调研的过程，要尽可能把系统的每一个需求都了解清楚，使确定任务需求的人与提出需求的人达成完全相同的认识。任务需求确定后，需要形成文字，记录下每一个需求的具体要求。

10.1.2　总体设计

在对单片机应用系统进行总体设计时，应根据前期确定的任务需求，以及各项具体的技术指标拟订出性价比最高的系统总体方案。首先，应根据任务的繁杂程度和技术指标要求选择单片机型号；再选择系统中要用到的其他外围元器件，如传感器、驱动器件、执行器件、电源等，以确保电路可以达到各项技术指标的要求。

在总体方案设计过程中，要综合考虑单片机芯片内外资源的取舍，有些资源可以选择单片机自带的资源，有些则可以选择外围器件来实现。另外，能够由软件来完成的任务就尽可能用软件来实现，以降低硬件成本和简化硬件结构。这些可以用软件实现的功能，对开发过程来说，只是一次性的，而采用硬件方案，将来每个产品都增加了这个硬件的成本。系统总体设计时尽量预留一部分系统资源，以防止日后追加新的功能而导致系统资源不足。总体设计基本确定后，系统的工作情况、软件开发要点就基本明确了。这时基本可以对整个系统的开发有一个比较清晰的概念了。

总体方案确定后，如能再进一步确定各接口电路的地址、引脚的控制模式、软件的结构和功能、上下位机的通信协议、程序的驻留区域及工作缓冲区的分配等将可为后期的开发提出一个更加明确的指导性方案。总之，总体方案一旦确定，系统的大致规模及软件的基本框架就能够确定了。

10.1.3　硬件电路设计

硬件电路设计是指整个应用系统的电路设计，它也是系统总体设计的进一步细化，它要针对每一个具体的功能电路进行设计并实现其相应的功能。硬件电路的设计包括单片机、相关的控制电路、存储器、I/O 接口、A/D 和 D/A 转换电路、显示与键盘电路、通信电路、驱动与执行电路、电源及管理电路等。硬件电路设计时应考虑留有充分余量，也要考虑电路调试和测试的方便，电路设计力求正确无误。硬件电路的设计一般来说是一个反复思考、修改和验证的过程，设计者既要懂得系统的工作原理，也要懂得软件开发的过程，在充分进行全面的考虑的情况下，才能使系统的各部分电路合理可靠。

硬件电路的设计通常在 PROTEL 等电路设计软件中以绘图的形式完成，也可以结合相应的仿真实验进行初步验证。由于一个较为复杂的单片机系统需要事先制作 PCB 板才能进行焊接和调试工作，所以事先必须充分考虑好电路的各个部分之间的静态和动态关系，以免在 PCB 制作后或在电路调试中修改电路，造成 PCB 改动过大而不可靠。

单片机应用系统硬件电路设计时应注意的几个问题：

(1) 存储器

目前，增强性单片机大多自带存储器，并具有多种容量的 FLASH ROM、EEPROM、RAM 组合以供选择，一般不考虑采用外接存储器的方法。

(2) I/O 接口

典型的 40 引脚 51 单片机 I/O 接口为 32 根（P0 口作 I/O 使用时，需外接上拉电阻，作总线口使用时，一般不接上拉电阻；P1～P3 口内部已经有上拉电阻，一般无需外接）。每个单片机生产厂家都推出了不同数量 I/O 接口的系列产品，因此可根据系统功能的要求选择不同 I/O 引脚的产品，以免外扩引脚带来的许多问题。需要注意的是，单片机是通过 I/O 引脚与外围电路发生相互联系的，这就要从具体引脚的内外电路来考虑电平相容的问题（如 3.3V、5V 供电系统，CMOS 电平、TTL 电平等），以保证 I/O 引脚可以正确输入和输出系统所需要的电平信号。

(3) 总线驱动能力

MCS-51系列单片机的外部扩展功能有一定限制，主要是 P0～P4 个 8 位并行口的负载能力有限，在扩展过多的外围芯片后，I/O 电平无法保证在正确范围以内，会导致系统工作不稳定；而许多增强型 51 单片机部分 I/O 口的扩展能力可以通过参数配置来得到提高，使用时可根据情况选择使用。

一般来说，标准MCS-51单片机，P0 口能驱动 8 个 TTL 电路，P1～P3 口只能驱动 4 个 TTL 电路。在实际应用中，这些端口的负载不应超过总负载能力的70％，以保证留有一定的余量。如果满载，就会降低系统的抗干扰能力。在外接负载较多的情况下，如果驱动较多的 TTL 电路则应采用总线驱动电路的形式以提高端口的驱动能力和系统的抗干扰能力。数据总线宜采用双向三态缓冲器74LS245 作为总线驱动器，地址和控制总线可采用单向三态缓冲区 74LS244 作为单向总线驱动器；如果驱动的负载是 MOS 芯片，考虑 MOS 芯片负载消耗电流很小，影响不大，就要考虑电平兼容的问题。

（4）系统速度匹配

理论上说MCS-51系列单片机时钟频率可在 2～12 MHz 之间任选，STC 单片机可在 0～40 MHz 之间任选。但在具有串行通信的情况下，主频的选择要考虑能够形成准确的波特率。另外，在不影响系统技术性能的前提下，时钟频率选择低一些为好，这样可降低系统中对元器件工作速度的要求，从而提高系统的可靠性，降低系统功耗。

（5）抗干扰措施及接地

单片机应用系统的工作环境往往都有多种干扰源，抗干扰措施在硬件电路设计中显得尤为重要，许多在实验室可以很好工作的系统在到达某些工业现场后就变得无法工作了，其原因大多与系统的抗干扰能力有关。在工业现场，大型用电设备的启动、停止，如大电机、电梯、继电器、照明灯、电焊机等往往造成电源电压的波动，有时还会产生幅度在 40～5000 V 之间的高能尖峰脉冲，它对系统的危害非常大，很容易使系统造成"飞程序"或"死机"。根据干扰源引入的途径，抗干扰措施可以从以下几个方面考虑：

① 电源供电系统防干扰。为了克服来自电网以及系统内部其他部件的干扰，可采用隔离变压器、交流稳压、线滤波器、稳压电路各级滤波等防干扰措施。为了克服来自直流稳压电路的干扰，采用集成稳压块单独供电、使用直流开关电源、使用 DC-DC 变换器也可起到很好的作用。

② 功能电路防干扰。为了进一步提高系统的可靠性，在硬件电路设计时应采取一系列防干扰措施：

• 大规模 IC 芯片电源供电端 Vcc 都应加高频滤波电容，根据负载电流的情况在各级供电节点还应加足够容量的退耦电容。

• 开关量I/O通道与外界的隔离可采用光电耦合器件，特别是与继电器、可控硅等连接的通道尽量采用光电隔离措施。

• 可采用 CMOS 器件提高工作电压(+15 V)，这样干扰门限也相应提高。

- 传感器后级的变送器尽量采用电流型传输方式,因电流型比电压型抗干扰能力强。
- 电路应有合理的布线及接地方式。
- 与环境干扰的隔离可采用屏蔽措施。

③ 接地及防干扰。在单片机应用系统中,接地是否正确将直接影响到系统的正常工作。这里包含两个概念:一是接地点是否正确;二是接地是否牢固。前者用来防止系统各部分的窜扰,后者用以防止接地线上的压降。

单片机应用系统及智能化仪器仪表中的地线主要有以下几种:

- 数字地,即系统数字电路的零电位。
- 模拟地,是放大器、A/D 转换器输入信号及采样/保持器等模拟电路的零电位。
- 信号地,是传感器的地。
- 功率地,指大电流网络部件的零电位。
- 交流地,50 Hz 交流市电的地,它是噪声地。
- 直流地,即直流电源的地线。
- 屏蔽地,为防止静电感应和电磁感应而设计的,有时也称机壳地。

几种常用的接地方法:

- 一点接地和多点接地的应用。通常,频率小于 1 MHz 时可采用一点接地以减少地线造成的地环路;频率高于 10 MHz 时,应采用多点接地以避免各地线之间的耦合;当频率处于 1～10 MHz 之间时,如采用一点接地,其地线长度不应超过波长的 1/20,否则应采用多点接地。
- 数字地和模拟地的连接原则。在单片机应用系统中,数字地和模拟地必须分别接地,即使是一个芯片上有两种地(如 A/D、D/A、S/H)也要分别接地,然后仅在一点处把两种地连接起来,否则数字回路通过模拟电路的地线再返回到数字电源,将会对模拟信号产生影响。
- 印刷电路板的地线分布原则。为了防止系统内部地线干扰,在设计印刷电路板时应遵循下列原则:TTL、CMOS 器件的地线要呈辐射网状,避免环形;要根据通过电流的大小决定地线的宽度,最好不小于 3 mm,在可能的情况下,地线尽量加宽;旁路电容的地线不要太长;功率地通过的电流较大,地线应尽量加宽,且必须与小信号地分开。

10.1.4 软件设计

单片机应用系统的软件设计是研制过程中任务重、周期长的一项繁重工作,有时候难度也比较大。一般来说,单片机软件开发周期占系统开发周期一半以上的时间。单片机应用系统的软件是整个系统的核心,它的执行效果好坏,将直接影响系统功能能否实现,甚至导致系统是否可以稳定地工作。因此软件设计的成功与否要从多个方面考虑,并不是功能实现就行了,还要考虑系统稳定性、安全性、意外处理的可靠性、执行的效率等多个方面的要求。特别是对于软件执行要求高的系统,还需要对程序进行反复优化才能达到预期的要求。一般来说,现在单片机的程序设计主要以 C51 语言开发为主,已经很少再使用汇编语言设计程序了。单片机应用系统的软件设计千差万别,不存在统一模式,但采用模块化结构是一个惯用的方法,可以为日后修改带来很大的方便。

软件设计时最好先画出主要程序的流程图,再根据流程图编写程序。根据系统软件的总体构思,按照先粗后细的方法把整个系统软件划分成多个功能相对独立,大小相对适当的模块,组织好各模块间的接口信息(力求做到简单、完备、接口关系统一),达到各个模块可以分别独立设计的程度,最后再将各个程序模块连接成一个完整的程序进行总体调试。

10.1.5　系统调试

系统调试包括硬件调试和软件调试。硬件调试的任务是排除系统的硬件电路故障、设计性错误和工艺性故障;软件调试是利用开发工具进行在线仿真调试,除发现和解决程序错误外也可以发现硬件故障。

程序调试没有统一的规范,一般是按任务或按功能一个模块一个模块地进行,一个子程序一个子程序地调试,最后联起来统调。利用开发工具的单步和断点方式运行程序,通过检查应用系统的 CPU 现场数据、RAM 和 SFR 的内容以及 I/O 口的状态来检查程序的执行结果和系统 I/O 设备的状态变化是否正常,从中发现程序的逻辑错误,转移地址错误以及随机的录入错误等。

由于目前的单片机大都具有 ISP 功能,所以将程序下载到单片机中运行,是检测软件是否可行的重要一步,它比前面的仿真调试要可靠得多。下载运行过程中系统调试是检验系统是否可以正确工作的第一步,这时需要人为地产生各种“判据”信号,以检测系统在这些“关键”条件到来时是否经过正确地判断和执行,通过预先设计的相应指示灯或输出调试信息来帮助开发人员判断软件的正确与否。当然,真正的考验还是需要在真实环境中试用和检验,以保证系统软件的正确性。

完成调试检验的程序最后还要启用看门狗功能以确保系统在出现问题后可以自行复位。

10.1.6 设计定型

当所有的调试通过以后,应用系统的设计就基本结束,可进入设计定型阶段。根据最终的技术测试结果,编制出测试报告,技术说明书、用户说明书等技术文件,同时制定出合理的装配和调试工艺。

10.2 交通灯控制系统设计

10.2.1 设计要求

交通灯控制系统应用单片机、数码管和独立按键等构建而成,用于实现对一个东西走向和南北走向的十字交叉路口的交通灯进行有序控制,通过系统的设计与实现,将所学习的理论知识用于实践,加深对自动控制原理的理解,为以后的工作和学习积累一些经验。

系统的功能要求:

①东西方向和南北方向均设置数码管对通行时间进行倒计时,设置红、黄、绿三色灯对路口通行进行控制;

②交通灯控制系统具备深夜模式、紧急模式、东西通行模式、南北通行模式、正常通行模式,通过独立按键进行模式的切换;在深夜模式、紧急模式、东西通行模式和南北通行模式下,数码管停止倒计时,均显示 00;深夜模式下各方向黄色 LED 灯闪烁,对过往车辆进行提示;紧急模式下各方向红色 LED 灯点亮;东西通行模式下,东西方向的绿色 LED 灯点亮,南北方向的红色 LED 灯点亮;南北通行模式下,南北方向的绿色 LED 灯点亮,东西方向的红色 LED 灯点亮;正常通行模式下,各方向 LED 灯按照设定的通行时间进行切换显示,红灯和绿灯切换时有 5 s 的黄灯闪烁。

10.2.2 方案论证

交通灯通行是指该交通灯指示的道路绿灯点亮,表示车辆可正常通行。在本系统中设置一个南北走向(主通道)和东西走向(次通道)的十字交叉路口,在任何时刻,只有一个方向通行,另一方向禁行,持续一定时间,经过短暂的过渡时间,即黄灯时间,将通行禁行方向对换;其具体状态如图 10-1 所示。

图 10-1 中黑色表示亮,白色表示灭。具体过程如下:

①如图 10-1(a)所示,系统先设置南北通行,东西禁行,即点亮南北方向的绿灯,点亮东西方向的红灯,其他指示灯均熄灭,设置东西通行时间为 25 s,用 2 位

数码管进行倒计时显示；

②如图 10-1(b)所示，通行状态转换时间，即南北由通行状态转为禁行状态，东西由禁行状态转为通行状态，状态转换之间有 5 s 的黄灯闪烁时间，即东西方向保持红灯点亮，南北方向黄灯闪烁 5 s，闪烁频率为 1 s 一次，其他指示灯熄灭。在此状态下，路口车辆或者行人都需等待状态转换；

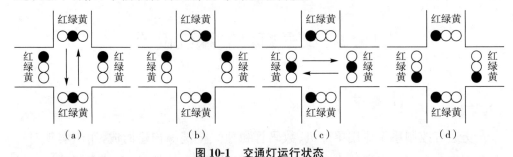

图 10-1　交通灯运行状态

③如图 10-1(c)所示，在 3 s 黄灯后，系统状态转换东西通行，南北禁行，即点亮东西方向的绿灯，点亮南北方向的红灯，其他指示灯均熄灭，设置南北通行时间为 20 s，用 2 位数码管进行倒计时显示；

④如图 10-1(d)所示，通行状态转换时间，即东西由通行状态转为禁行状态，南北由禁行状态转为通行状态，状态转换之间有 5 s 的黄灯闪烁时间，即南北方向保持红灯点亮，东西方向黄灯闪烁 5 s，闪烁频率为 1 s 一次，其他指示灯熄灭，在此状态下，路口车辆或者行人都需等待状态转换；

东西南北 4 个路口均有红绿黄 3 灯和 4 个 2 位一体的数码管，在任 1 个路口，遇红灯禁止通行，转绿灯允许通行，之后黄灯亮，警告行止状态将变换。状态及红绿灯状态如表 10-1 所示，表中的 0 表示灭，1 表示亮。

表 10-1　交通状态及红绿灯状态

	状态 1	状态 2	状态 3	状态 4
东西向	禁行	等待变换	通行	等待变换
南北向	通行	等待变换	禁行	等待变换
东西红灯	1	1	0	0
东西黄灯	0	0	0	1
东西绿灯	0	0	1	0
南北红灯	0	0	1	1
南北绿灯	1	0	0	0
南北黄灯	0	1	0	0

10.2.3　系统硬件电路设计

交通灯控制系统的硬件电路由单片机主控电路、模式设置电路、数码管显示电路和通行指示电路组成，它的整体硬件电路如图 10-2 所示，系统框图如图 10-3 所示。

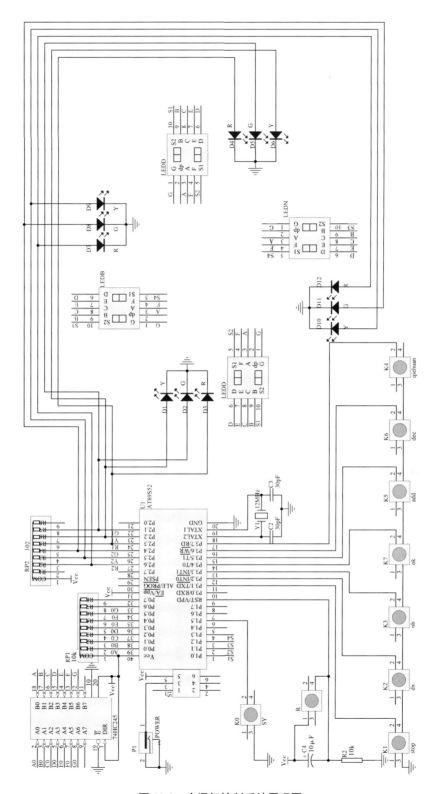

图 10-2　交通灯控制系统原理图

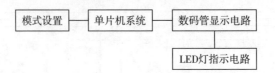

图 10-3　交通灯控制系统框图

(1)单片机主控电路设计

单片机主控电路由 AT89S52 单片机、复位电路和时钟电路组成,晶振频率为 12MHz,如图 10-4 所示。

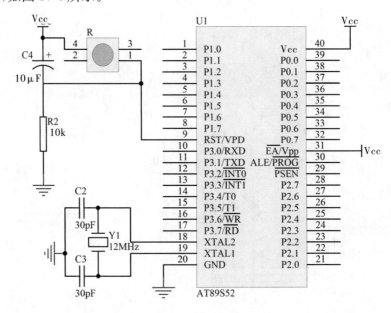

图 10-4　单片机主控电路

(2)模式设置电路设计

交通灯控制系统具备深夜模式、紧急模式、东西通行模式、南北通行模式、正常通行模式,模式的切换通过独立按键来控制;原理图如图 10-5 所示。独立式键盘是指每个按键各接一个单片机 I/O 口,按键之间的操作是相互独立的。在本系统中将按键 K0～K7 分别与单片机的 P15、P31～P37 口相连,即当一个按键按下,如图 10-5 中的 K0 按键按下,即将单片机的 P15 口置为低电平,此时 K1～K7 的状态不会发生任何改变;因此可通过扫描 I/O 口 P15、P31～P37 的电平是否发生变化来判断和识别对应的按键是否按下,当有按键按下时,对应的 I/O 口被置为低电平,按键的键值定义如表 10-2 所示。

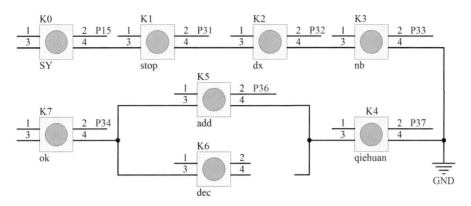

图 10-5 独立按键电路

表 10-2 按键键值定义

序号	按键名	键值定义
1	K0	按键按下,进入夜间模式
2	K1	按键按下,进入紧急模式
3	K2	按键按下,控制东西通行
4	K3	按键按下,控制南北通行
5	K4	切换按键,按下后进行通行时间设置
6	K5	切换按键按下时,该按键按下,通行时间加
7	K6	切换按键按下时,该按键按下,通行时间减
8	K7	确认按键,按下后保存设置好的通行时间,返回正常模式

(3) 数码管显示电路设计

在本系统中采用 4 路 2 位一体的共阴数码管实现对东西南北道路通行与禁行倒计时的显示;其实物图与内部结构图如图 10-6 和图 10-7 所示。

数码管理显示及引脚位置图

图 10-6 共阴数码管

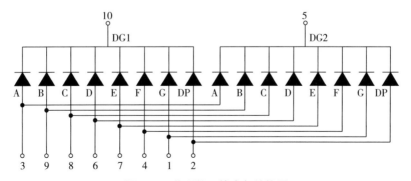

图 10-7 共阴数码管内部结构图

　　2 位一体共阴数码管是将 2 个数码管的 a,b,c,d,e,f,g,dp 控制端进行并接,形成 8 位数据控制端和 2 个公共端的对外接口。在本系统中,由于东西 2 个方向的数码管倒计时时间显示是相同的,南北 2 个方向的数码管显示时间也相同,即本系统中设置的 4 路 2 位一体的数码管从控制角度来说相当于控制 2 路 2 位数码管的数字内容;在本系统中将该数码管的 8 位数据控制端与总线收发器 74HC245 的输出端相连,74HC245 的输入端与单片机的 P0 口相连,2 路 2 位数码管的公共端与单片机的 P10～P13 口相连,其原理图如图 10-8 所示;采用动态显示的方式不断刷新 8 个数码管的显示内容,以此来达到数码管连续显示的目的。

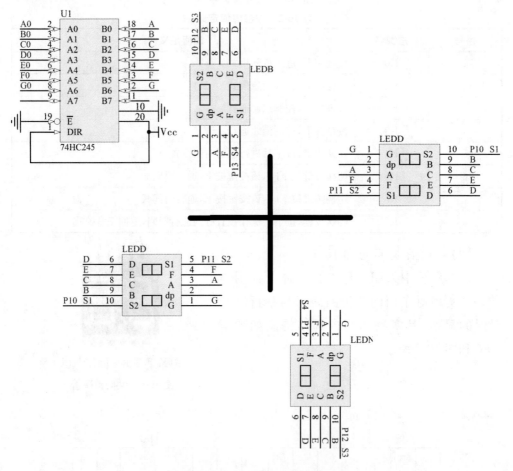

图 10-8　数码管显示电路

　　控制过程:以南北方向的数码管显示数字"16"为例,首先对数码管的 2 个公共端 S3,S4 先后置高电平,即先后对单片机的 P1.3 和 P1.4 置电平"1",当单片机的 P1.3 口置为高电平时,此时若数据口 P0 的某位输出低电平,则将对应的数码管位点亮,如显示数字 1,则将单片机的 P0 口赋值 0x06,则数码管的 dp,g,f,e, d,c,b,a 分为对应 00000110,由数码管内部引脚图可得,此时第 1 个数码管显示数字 1;在数字 1 显示完成后对 P1.3 口赋值低电平,同步对 P1.4 口赋值高电平,此时对单片机的 P0 口赋值 0x7d,则第 2 个数码管完成显示数字 6,显示完成后对 P1.4 口赋值低电平;通过不断循环显示和人眼极短时间内的视觉误差实现 2 位数码管的动态显示;至于倒计时显示,则是通过单片机的定时器来完成设置的,当开始计时显示后,单片机的定时器开启循环计时,当时间到达时,对原先显示的数字进行减法处理,再根据数码管显示方法将处理后的数字显示出来;东西方向的数码管显示与此相似,区别在于数码管的公共端接收单片机 P1.0 和 P1.1 口高低电平的控制。

(4)通行指示电路设计

在本系统中通行指示电路采用 4 组 3 种颜色,即红色,黄色,绿色的 LED 灯组成,其中红色 LED 灯点亮表示当前该道路禁止通行,绿色 LED 灯点亮表示当前该道路允许通行,黄色 LED 灯作为道路通行与禁行之间的过渡缓冲指示;在本系统中,东西 2 个方向在同一时间 LED 灯点亮的颜色是相同的,南北 2 个方向在同一时间 LED 灯点亮的颜色也是相同的,即对于本系统中 12 个 4 组的 LED 灯从控制角度而言,只需要对其中的 2 组 6 个 LED 灯进行控制即可,其原理图如图 10-9 所示。

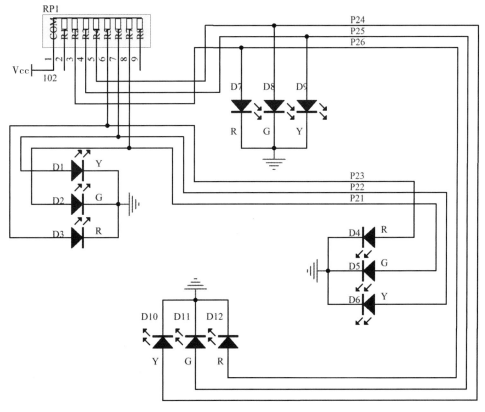

图 10-9 通行指示电路

本系统通过对单片机的 P2.1～P2.6 端口的控制实现对交通指示灯的控制，其中东西方向的红、黄、绿3种颜色的交通灯是通过单片机的 P2.3,P2.2,P2.1 端口来分别控制，而南北方向的红、黄、绿 3 种颜色的交通灯则是通过单片机的 P2.6,P2.5,P2.4 端口来进行控制。控制过程：当与 LED 灯相连的单片机 I/O 口置高电平时，该灯被点亮。当南北向通行，东西向禁行时，单片机的 P2.1 和 P2.4 端口输出高电平，东西红灯点亮，南北向绿灯点亮，其余端口置低电平不点亮；在计时结束需要切换通路前，单片机的 P2.2 和 P2.5 端口输出 0.5 s 高电平、0.5 s 低电平，共维持 5 s，由此实现黄灯闪烁；当东西向通行，南北向禁行时，单片机的 P2.3 和 P2.6 端口输出高电平，东西向绿灯点亮，南北向红灯点亮，其余端口置低电平不点亮；依次循环实现实际交通灯功能。

10.2.4　系统软件程序设计

(1)主程序设计

系统控制程序的编写采用模块化编写的方式，即将系统程序分为键盘设置处理程序，状态灯控制程序，数码管显示程序，消抖动延时程序，次状态判断及处理程序，紧停或违规判断程序，中断服务子程序，红绿灯时间调整程序等；主程序流程图如图 10-10 所示。

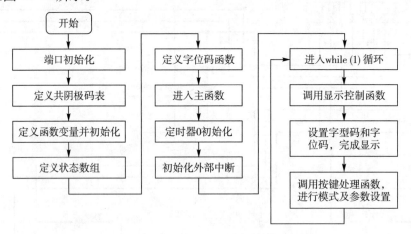

图 10-10　主程序流程图

(2)定时中断子程序设计

定时中断子程序是本设计的重点，定时器一旦启动，它便在原来的数值上开始加 1 计数。若在程序开始时，我们没有设置 TH0 和 TL0，它们的默认值都是 0。假设时钟频率为 12MHz，12 个时钟周期为 1 个机器周期，那么此时机器周期为 1 μs。当计数完成 1 次后计数器溢出，随即向 CPU 申请中断。因此溢出 1 次共需 65536 μs，约等于 65.6 ms。如果我们要定时 50 ms 的话，那么就需要先给 TH0 和

TL0 装 1 个初值，在这个初值的基础上记 50000 个数后，定时器溢出，此时刚好就是 50 ms 中断 1 次。当需要定 1 s 时，只需在写程序时设定产生 20 次 50 ms 的定时器中断即可。这样便可精确控制定时时间，完成数码管输出数据刷新和各个状态的处理切换。中断子程序包括数码管输出数据刷新程序和各状态处理程序。中断程序的流程图如图 10-11 所示。

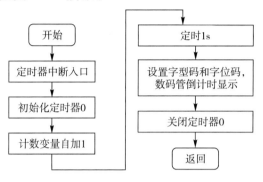

图 10-11　定时中断程序设计

（3）程序源码

```
#include <reg51.h>              //头文件
#define uchar unsigned char
#define uint unsigned int       //宏定义
uchar data buf[4];              //秒显示的变量
uchar data sec_dx=20;           //东西默认值
uchar data sec_nb=30;           //南北默认值
uchar data set_timedx=20;       //设置东西方向的时间
uchar data set_timenb=30;       //设置南北方向的时间
int n;
uchar data countt0,countt1;     //定时器 0 中断次数
//定义 6 组开关
sbit k4=P3^7;                   //切换方向
sbit k1=P3^5;                   //时间加
sbit k2=P3^6;                   //时间减
sbit k3=P3^4;                   //确认
sbit k5=P3^1;                   //禁止
sbit k6=P1^5;                   //夜间模式
sbit Red_nb=P2^6;              //南北红灯标志
sbit Yellow_nb=P2^5;           //南北黄灯标志
sbit Green_nb=P2^4;            //南北绿灯标志
sbit Red_dx=P2^3;             //东西红灯标志
sbit Yellow_dx=P2^2;          //东西黄灯标志
```

```
    sbit Green_dx＝P2^1;                        //东西绿灯标志

    bit set＝0;                                 //调时方向切换键标志＝1时,南北,＝0时,东西
    bit dx_nb＝0;                               //东西南北控制位
    bit shanruo＝0;                             //闪烁标志位
    bit yejian＝0;                              //夜间黄灯闪烁标志位

    uchar code table[11]＝{                     //共阴极字型码
        0x3f,                                   //－－0
        0x06,                                   //－－1
        0x5b,                                   //－－2
        0x4f,                                   //－－3
        0x66,                                   //－－4
        0x6d,                                   //－－5
        0x7d,                                   //－－6
        0x07,                                   //－－7
        0x7f,                                   //－－8
        0x6f,                                   //－－9
        0x00                                    //－－NULL
    };

    //函数的声明部分
    void delay(int ms);                         //延时子程序
    void key();                                 //按键扫描子程序
    void key_to1();                             //键处理子程序
    void key_to2();
    void key_to3();
    void display();                             //显示子程序
    void logo();                                //开机 LOGO
    void Buzzer();
    //主程序
    void main()
    {
        TMOD＝0X11;                             //定时器设置
        TH1＝0X3C;
        TL1＝0XB0;
        TH0＝0X3C;                              //定时器 0 置初值 0.05 s
        TL0＝0XB0;
        EA＝1;                                  //开总中断
        ET0＝1;                                 //定时器 0 中断开启
```

```
    ET1=1;                          //定时器 1 中断开启
    TR0=1;                          //启动定时 0
    TR1=0;                          //关闭定时 1
    EX0=1;                          //开外部中断 0
    EX1=1;                          //开外部中断 1
    logo();                         //开机初始化
    P2=0Xc3;                        //开始默认状态,东西绿灯,南北黄灯
    sec_nb=sec_dx+5;                //默认南北通行时间比东西多 5 s
    while(1)                        //主循环
    {
        key();                      //调用按键扫描程序
        display();                  //调用显示程序
    }
}
//函数的定义部分
void key(void)                      //按键扫描子程序
{
if(k1! =1)                          //当 K1(时间加)按下时
{
    display();                      //调用显示,用于延时消抖
    if(k1! =1)                      //如果确定按下
    {
        TR0=0;                      //关定时器
        shanruo=0;                  //闪烁标志位关
        P2=0x00;                    //灭显示
        TR1=0;                      //启动定时 1
        if(set==0)                  //设置键按下
            set_timedx ++;         //南北加 1 s
        else
            set_timenb ++;         //东西加 1 s
        if(set_timenb==100)
            set_timenb=1;
        if(set_timedx==100)
            set_timedx=1;          //加到 100 置 1
            sec_nb=set_timenb ;    //设置的数值赋给东西南北
            sec_dx=set_timedx;
            do
            {
                display();          //调用显示,用于延时
            }
```

```
            while(k1! =1);                  //等待按键释放
        }
    }


if(k2! =1)                              //当 K2(时间减)按键按下时
{
    display();                          //调用显示,用于延时消抖
    if(k2! =1)                          //如果确定按下
    {
        TR0=0;                          //关定时器 0
        shanruo=0;                      //闪烁标志位关
        P2=0x00;                        //灭显示
        TR1=0;                          //关定时器 1
        if(set==0)
            set_timedx－－;              //南北减 1 s
        else
            set_timenb－－;              //东西减 1 s
        if(set_timenb==0)
            set_timenb=99;
        if(set_timedx==0 )
            set_timedx=99;              //减到 1 重置 99
        sec_nb=set_timenb ;             //设置的数值赋给东西南北
        sec_dx=set_timedx;
        do
        {
            display();                  //调用显示,用于延时
        }
        while(k2! =1);                  //等待按键释放
    }
}


if(k3! =1)                              //当 K3(确认)键按下时
{
    display();                          //调用显示,用于延时消抖
    if(k3! =1)                          //如果确定按下
    {
        TR0=1;                          //启动定时器 0
        sec_nb=set_timenb;              //从中断回复,仍显示设置过的数值
        sec_dx=set_timedx;              //显示设置过的时间
        TR1=0;                          //关定时器 1
```

```c
        if(set==0)                          //时间倒时到 0 时
        {
            P2=0X00;                        //灭显示
            Green_dx=1;                     //东西绿灯亮
            Red_nb=1;                       //南北红灯亮
            sec_nb=sec_dx+5;                //回到初值
        }
        else
        {
            P2=0x00;                        //南北绿灯,东西红灯
            Green_nb=1;
            Red_dx=1;
            sec_dx=sec_nb+5;
        }
    }
}


if(k4! =1)                                  //当 K4(切换)键按下
{
    display();                              //调用显示,用于延时消抖
    if(k4! =1)                              //如果确定按下
    {
        TR0=0;                              //关定时器 0
        set=! set;                          //取反 set 标志位,以切换调节方向
        TR1=0;                              //关定时器 1
        dx_nb=set;
        do
        {
            display();                      //调用显示,用于延时
        }
        while(k4! =1);                      //等待按键释放
    }
}


if(k5! =1)                                  //当 K5(禁止)键按下时
{
    display();                              //调用显示,用于延时消抖
    if(k5! =1)                              //如果确定按下
    {
        TR0=0;                              //关定时器
```

```
        P2=0x00;                              //灭显示
        Red_dx=1;
        Red_nb=1;                             //全部置红灯
        TR1=0;
        sec_dx=00;                            //四个方向的时间都为00
        sec_nb=00;
        do
        {
            display();                        //调用显示,用于延时
        }
        while(k5! =1);                        //等待按键释放
    }
}
if(k6! =1)                                    //当K6(夜间模式)按下
{
    display();                                //调用显示,用于延时消抖
    if(k6! =1)                                //如果确定按下
    {
        TR0=0;                                //关定时器
        P2=0x00;
        TR1=1;
        sec_dx=00;                            //四个方向的时间都为00
        sec_nb=00;
        do
        {
            display();                        //调用显示,用于延时
        }
        while(k6! =1);                        //等待按键释放
    }
}
void display(void)                            //显示子程序
{
    buf[1]=sec_nb/10;                         //第1位 东西秒十位
    buf[2]=sec_nb%10;                         //第2位 东西秒个位
    buf[3]=sec_dx/10;                         //第3位 南北秒十位
    buf[0]=sec_dx%10;                         //第4位 南北秒个位
    P1=0xff;                                  //初始灯为灭的
    P0=0x00;                                  //灭显示
    P1=0xfe;                                  //片选LED1
```

```
        P0=table[buf[1]];                  //送东西时间十位的数码管编码
        delay(1);                          //延时
        P1=0xff;                           //关显示
        P0=0x00;                           //灭显示

        P1=0xfd;                           //片选 LED2
        P0=table[buf[2]];                  //送东西时间个位的数码管编码
        delay(1);                          //延时
        P1=0xff;                           //关显示
        P0=0x00;                           //关显示
        P1=0Xfb;                           //片选 LED3
        P0=table[buf[3]];                  //送南北时间十位的数码管编码
        delay(1);                          //延时
        P1=0xff;                           //关显示
        P0=0x00;                           //关显示
        P1=0Xf7;                           //片选 LED4
        P0=table[buf[0]];                  //送南北时间个位的数码管编码
        delay(1);                          //延时
}


void time0(void) interrupt 1 using 1      //定时中断子程序
{
        TH0=0X3C;                          //重赋初值
        TL0=0XB0;                          //12 m 晶振 50 ms//重赋初值
        TR0=1;                             //重新启动定时器
        countt0 ++;                        //软件计数加 1
        if(countt0==10)                    //加到 10 也就是半秒
        {
            if((sec_nb<=5)&&(dx_nb==0)&&(shanruo==1))       //东西黄灯闪
            {
                Green_dx=0;
                Yellow_dx=0;
            }
            if((sec_dx<=5)&&(dx_nb==1)&&(shanruo==1))       //南北黄灯闪
            {
                Green_nb=0;
                Yellow_nb=0;
            }
        }
```

```
        if(countt0==20)                        //定时器中断次数＝20时(即1s时)
        {
            countt0=0;                          //清零计数器
            sec_dx--;                           //东西时间减1
            sec_nb--;                           //南北时间减1

            if((sec_nb<=5)&&(dx_nb==0)&&(shanruo==1))        //东西黄灯闪
            {
                Green_dx=0;
                Yellow_dx=1;
            }
            if((sec_dx<=5)&&(dx_nb==1)&&(shanruo==1))        //南北黄灯闪
            {
                Green_nb=0;
                Yellow_nb=1;
            }
            if(sec_dx==0&&sec_nb==5)
                        //当东西倒计时到0时,重置5 s,用于黄灯闪烁时间
            {
                sec_dx=5;
                shanruo=1;
            }
            if(sec_nb==0&&sec_dx==5)
                        //当南北倒计时到0时,重置5 s,用于黄灯闪烁时间
            {
                sec_nb=5;
                shanruo=1;
            }
            if(dx_nb==0&&sec_nb==0)             //当黄灯闪烁时间倒计时到0时,
            {
                P2=0x00;                        //重置东西南背方向的红绿灯
                Green_nb=1;
                Red_dx=1;
                dx_nb=! dx_nb;
                shanruo=0;
                sec_nb=set_timenb;              //重赋南北方向的起始值
                sec_dx=set_timenb+5;            //重赋东西方向的起始值
            }
            if(dx_nb==1&&sec_dx==0)             //当黄灯闪烁时间到时
            {
```

```
            P2＝0X00;                        //重置东西南北的红绿灯状态
            Green_dx＝1;                     //东西绿灯亮
            Red_nb＝1;                       //南北红灯亮
            dx_nb＝! dx_nb;                  //取反
            shanruo＝0;                      //闪烁
            sec_dx＝set_timedx;              //重赋东西方向的起始值
            sec_nb＝set_timedx＋5;           //重赋南北方向的起始值
        }
    }
}
void time1(void) interrupt 3               //定时中断子程序
{
    TH1＝0X3C;                              //重赋初值
    TL1＝0XB0;                //12m 晶振 50ms//重赋初值
    countt1 ++;                            //软件计数加 1
    if(countt1＝＝10)                       //定时器中断次数＝10 时(即 0.5 s)
    {
        Yellow_nb＝0;                       //南北黄灯灭
        Yellow_dx＝0;                       //东西黄灯灭
    }
    if(countt1＝＝20)                       //定时器中断次数＝20 时(即 1 s)
    {
        countt1＝0;                         //清零计数器
        Yellow_nb＝1;                       //南北黄灯亮
        Yellow_dx＝1;                       //东西黄灯亮
    }
}


//外部中断 0
void int0(void) interrupt 0 using 1        //只允许东西通行
{
    TR0＝0;                                 //关定时器 0
    TR1＝0;                                 //关定时器 1
    P2＝0x00;                               //灭显示
    Green_dx＝1;                            //东西方向置绿灯
    Red_nb＝1;                              //南北方向为红灯
    sec_dx＝00;                             //四个方向的时间都为 00
    sec_nb＝00;
}
```

```
//外部中断1
void int1(void) interrupt 2 using 1          //只允许南北通行
{
    TR0=0;                                   //关定时器0
    TR1=0;                                   //关定时器1
    P2=0x00;                                 //灭显示
    Green_nb=1;                              //置南北方向为绿灯
    Red_dx=1;                                //东西方向为红灯
    sec_nb=00;                               //四个方向的时间都为00
    sec_dx=00;
}
void logo()                                  //开机的Logo″————″
{
    for(n=0;n<50;n++)                        //循环显示————50次
    {
        P0=0x40;                             //送形″—″
        P1=0xfe;                             //第1位显示
        delay(1);                            //延时
        P1=0xfd;                             //第2位显示
        delay(1);                            //延时
        P1=0Xfb;                             //第3位显示
        delay(1);                            //延时
        P1=0Xf7;                             //第4位显示
        delay(1);                            //延时
        P1=0xff;                             //灭显示
    }
}
void delay(int ms)                           //延时子程序
{
    uint j,k;
    for(j=0;j<ms;j++)                        //延时ms
        for(k=0;k<124;k++);                  //大约1μs的延时
}
```

10.3　智能路灯控制系统设计

10.3.1　设计要求

选取51单片机作为控制中枢，通过应用光敏元件及红外传感器等功能模块实现光照采集与显示功能、时钟走时功能、红外采集功能、路灯控制功能等；通过采集、显示及控制功能的实现完成对智能路灯控制系统的构建；主要用于减少当前园区中长高亮度明灯或者光强充足时亮灯浪费的现象。系统的主要任务如下：

①通过系统的设计实现对路灯照明设备的智能管理，实现在深夜无人路灯以最低亮度点亮，在白天光照充足时自动关灯，光照不足时自动开灯的功能；

②构建单片机工作电路，负责对时钟模块的时间数据的接收，对红外传感器数据的接收，对 AD 转换后的光照值数字量数据的接收，对液晶屏显示内容的控制，对按键输入信号的接收，对路灯 LED 灯组的控制等；

③构建光照采集电路，实现对环境光照强度的实时采集；

④构建 AD 转换电路，对光敏传感器采集的光照值进行转换；

⑤构建红外检测电路，实现夜间模式下是否有人经过路灯的检测功能，在系统中将 5 路红外传感器记为 HW1～HW5，分别是 1 号路灯的检测、1 号和 2 号路灯公共区域的检测、2 号路灯公共区域的检测、2 号和 3 号路灯公共区域的检测、3 号路灯的检测；

⑥构建时钟走时电路，实现时间走时功能；

⑦构建 1602 液晶显示电路，实现对时间参数、环境光强值的实时刷新显示和对定时时间段的固定显示；

⑧构建 4 路独立按键电路，实现时钟的调时与校正功能，实现定时时间段的修改功能；

⑨构建 9 路 LED 灯工作电路，分为 3 组实现对 3 个路灯的模拟，通过控制不同数量的 LED 灯的点亮实现对路灯亮度的控制；

⑩构建电源供电电路，满足系统的供电需求。

10.3.2　路灯控制方法

在本系统中设置 3 路路灯对路灯的控制原理进行展示，每个路灯由 3 个 LED 灯珠组成，通过控制同时点亮的 LED 灯珠的数量来实现对路灯亮度的控制。当路灯 3 个 LED 灯珠全部点亮时，路灯为最大亮度；当路灯的 2 个 LED 灯珠点亮时，路灯为中等亮度；当路灯仅有 1 个 LED 灯珠点亮时，路灯为最低亮度。系统中路灯的控制分为常规模式和夜间模式两种控制方法：在常规模式下，即当前时间不在设定的夜间模式定时时间段时路灯的是否开启取决于当前环境的光强值，当环境的光强值较强时，路灯不开启，当环境光强较弱时，路灯以最大亮度全部开启为园区进行照明；在夜间模式下，路灯以最低亮度进行照明，当路灯（以 1 号路灯进行分析）前方的红外传感器检测到有人或者车辆经过时，控制 1 号路灯以最大亮度进行点亮，在行人或者车辆经过 1 号和 2 号路灯的中间照明区域时，1 号和 2 号路灯均以中等亮度进行点亮，直到人或者车辆超出 1 号路灯的照明区域，2 号路灯以最大亮度进行点亮，依此类推，完成对其他路灯的控制。路灯照明区域及红外传感器的摆放方式如图 10-10 所示。

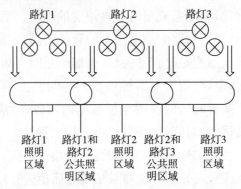

图 10-12　照明控制框图

路灯在进行控制时首先考虑的是当前的时间是否在设置的夜间模式定时时间段，在这里以 A 进行表示，数字 0 表示不在夜间模式时间段，数字 1 表示当前系统处于夜间模式；根据系统当前所处的模式对红外传感器或者光敏元件的输出值进行判断，这里以 B1，B2，B3，B4，B5 表示当前红外传感器是否有输出，以 1 表示有输出，0 表示无输出；以 C 表示当前环境的光强值是否过暗，1 表示环境光强值过暗，0 表示光强值比较适宜；以 D11，D12，D13，D21，D22，D23，D31，D32，D33 表示 3 组路灯的灯珠，1 表示点亮，0 表示熄灭；路灯的控制逻辑表如表 10-3 所示；在夜间模式下以 B1 作为 1 号路灯的检测传感器，按照 B1 到 B5 的顺序进行路灯点亮的逻辑控制。

表 10-3　路灯控制逻辑表

控制模式	红外输出					光强	路灯								
A	B1	B2	B3	B4	B5	C	D11	D12	D13	D21	D22	D23	D31	D32	D33
0	\multicolumn{5}{无关项}			0	0	0	0	0	0	0	0	0	0
	无关项					1	1	1	1	1	1	1	1	1	1
1	0	0	0	0	0	无关项	1	0	0	1	0	0	1	0	0
	1	0	0	0	0		1	1	1	1	0	0	1	0	0
	0	1	0	0	0		1	1	0	1	1	1	1	0	0
	0	0	1	0	0		1	0	0	1	1	1	1	0	0
	0	0	0	1	0		1	0	0	1	0	1	1	1	0
	0	0	0	0	1		1	0	0	1	0	0	1	1	1

10.3.3　系统硬件电路设计

路灯控制系统的硬件电路由单片机主控电路、液晶显示电路、时钟电路、光强采集电路、红外采集电路、路灯控制电路和按键设置电路组成，它的整体硬件电路如图 10-13 所示，系统框图如图 10-14 所示。

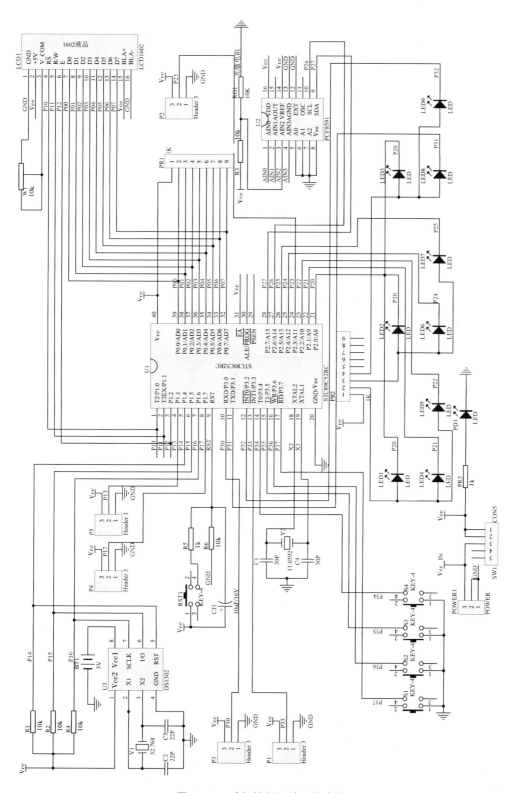

图 10-13 路灯控制系统硬件电路

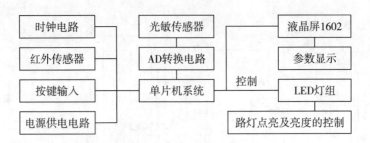

图 10-14　系统设计框图

(1) 单片机主控电路设计

在本系统中选用增强型单片机 STC89C52RC 作为系统的核心处理器，单片机工作电路由单片机、晶振电路和复位电路组成；其原理如图 10-15 所示。图中 PR1 表示 1K 的排阻，用于解决 P0 口内部无上拉问题，使得 P0 端口能够正常进行高低电平的输出。

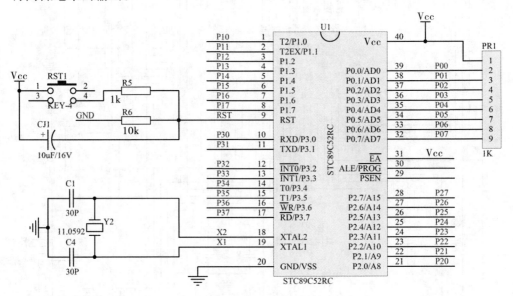

图 10-15　单片机主控电路

(2) 液晶显示电路设计

液晶屏在进行读写时除了供电和背光外，剩余 8 位数据端口和 3 个控制引脚，在本系统中使用单片机的 P0 端口与液晶屏的 8 位数据接口一一对应连接，即将单片机的 P00～P07 分别与液晶屏 D0～D7 相连，实现对液晶屏指令及数据的传输；液晶屏的控制引脚分别为数据/指令控制引脚 RS，读写控制引脚 RW 和使能引脚 EN。这 3 个控制是通过单片机的 P10～P12 端口来实现的，单片机的端口发送相应的时序信号完成液晶屏的写屏操作，原理图如图 10-16 所示，其中 W1

为 10K 的可调电位器,用于对液晶屏显示时的背光亮度进行调节。

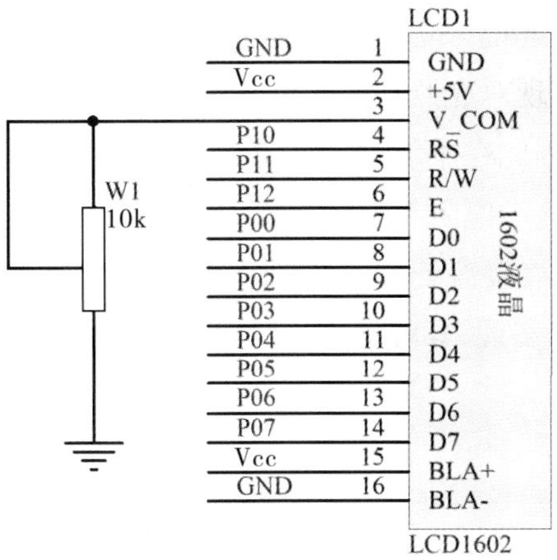

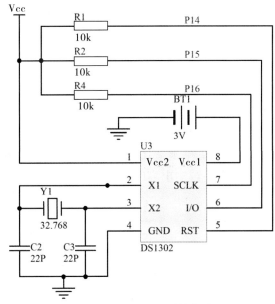

图 10-16 液晶显示电路

(3)时钟电路设计

系统中应用高性能、低功耗的实时时钟芯片 DS1302 来构建时钟电路,该芯片对外接 SPI 接口,实时时钟可提供秒、分、时、日、星期、月和年,一个月小于 31 天时可以自动调整,且具有闰年补偿功能。在本系统中应用单片机的 P14、P15、P16 端口完成对时间参数的读取。时钟芯片对外接口除了供电需求外,分别为芯片控制引脚 RST,数据输出引脚 I/O 和时序控制引脚 SCLK,在本系统中分别使用端口 P14、P15、P16 与之相连。根据时钟芯片工作的时序图,单片机控制响应端口进行时序信号输出,完成对时钟模块的控制,实现对时钟芯片时间参数的读取;原理图如图 10-17 所示,其中 BT1 表示 3.3V 的纽扣电池,保证当系统断电时时钟走时依然进行,省去重复调节时间的烦恼。

图 10-17 DS1302 时钟电路

（4）光强采集电路设计

　　光照值是否稳定可靠的采集是本系统得以实现的关键所在。本系统应用光敏电阻对光的敏感性来实现对光照强度的采集。光敏电阻在光照越强时阻值越小,在光强越弱时阻值越大,因此在本设计中将光敏电阻与一个等阻值的电阻进行串联。在不同的光照条件下,光敏电阻与电阻连接处的电压值是不同的。通过 AD 转换芯片的 AD 转换通道采集连接点处的电压值从而得到当前环境的光强值。本系统通过 AD 芯片 PCF8591 来实现 AD 转换功能,光强采集电路如图 10-18 所示。

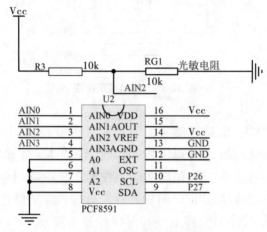

图 10-18　光强采集电路

（5）红外采集电路设计

　　系统中红外传感器主要作用于深夜模式。在每个路灯的前方和 2 个路灯照明的交界处设置红外传感器,用于检测是否有人靠近。当有人靠近时,传感器有信号输出,单片机在检测到该信号后驱动该红外传感器对应的路灯灯珠进行点亮,实现人行走过程中路灯点亮状态变化的功能。在本系统中,红外传感器是否灵敏可靠是本系统实现的另一个关键点。采用 NPN 型三线常开的漫反射红外线光电开关 E18-D80NK 作为本系统的红外检测传感器,该传感器供电要求为 DC5V;传感器输出接口类型为开关量,传感器在工作时除了必备的电源和地的连接外,信号线直接与单片机的端口相连即可完成电路的构建,电路原理简单。单片机通过扫描与之相连的端口的电平变化即可知道当前是否有人经过,传感器在有遮挡时持续输出低电平,否则持续输出高电平;传感器接口电路如图 10-19 所示。

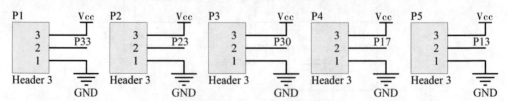

图 10-19　红外采集电路

(6)路灯控制电路设计

在本系统中主要实现对 3 个路灯的控制,每个路灯由 3 个 LED 灯珠组成,通过 LED 灯的亮灭和点亮的数量实现对路灯开启与关闭的控制和路灯开启亮度的控制,其原理图如图 10-20 所示,图中 PR2 表示 1K 的排阻,LED1,LED4,LED5 表示 1 号路灯,LED2,LED6,LED7 表示 2 号路灯,LED3,LED8,LED9 表示 3 号路灯。

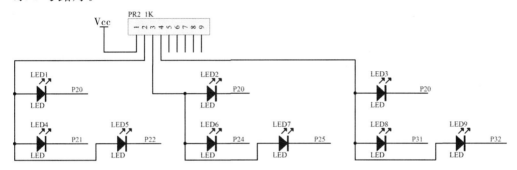

图 10-20　路灯控制电路

(7)按键设置电路设计

本系统中设置 4 路独立按键完成时间的校时功能和夜间模式时间段的设置功能,其原理图如图 10-21 所示。4 路按键分别与单片机的 P37~P34 进行连接,其中 S1 按键为触发调整按键,S2 按键为加按键,S3 按键为减按键,S4 按键为确定按键。

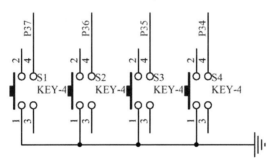

图 10-21　按键设置电路

10.3.4　系统软件设计

(1)主程序设计

系统上电后,单片机首先对液晶屏、传感器及其他功能模块进行初始化操作,使得各模块满足接下来的读写需求。单片机一方面控制液晶屏实时显示当前时间和光照值,一方面扫描是否有按键按下。若有则根据其键值执行相应的键值程序；若没有按键按下，则单片机首先判断系统当前的工作模式是常规工作模式还是深夜工作模式，在不同的模式下根据传感器的数值实现对路灯开启与关闭的控制。主程序流程图如图 10-24 所示。

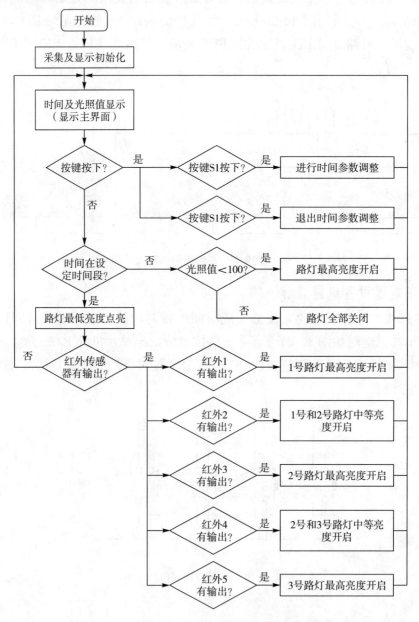

图 10-22　主程序流程图

(2)时钟程序设计

时钟程序主要实现对时间的写入与读出，程序流程图如图 10-23 所示。

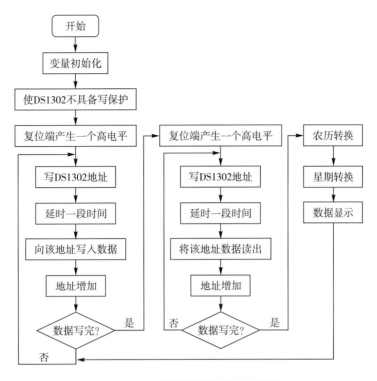

图 10-23 时钟数据读取程序流程图

(3)AD采集程序设计

系统中通过光敏元件实现对外界环境中光强值的采集,并使用 AD 转换模块对采集数据进行数字化处理,其程序流程图如图 10-24 所示。

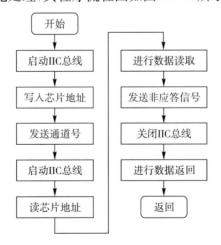

图 10-24 AD 采集程序流程图

液晶显示电路、时钟电路、光强采集电路、红外采集电路、路灯控制电路和按键设置电路组成。

本章小结

单片机应用系统开发一般多指以单片机为核心的软件、硬件电路，以实现确定的功能为主要任务的设计和开发过程。单片机应用系统的设计和开发一般包括以下几个阶段：确定任务需求；总体方案设计；硬件电路设计；软件程序开发；系统调试；系统改进；确定和完善方案；定型量产；改进与提高。

本章习题

1.单片机应用系统设计一般包含哪几个步骤？每一个步骤的主要任务是什么？

2.试总结系统接地技术。

3.试总结系统的抗干扰措施。

4.试调研部分电子产品的研发过程，并总结成文档保留。

5.计算器设计，设计要求：

①可以通过键盘输入，并能显示输入相对应的数字。

②能够进行加、减、乘、除准确的基本运算。

③能够进行3位或3位以上的乘，除运算。

④自由发挥其他功能。

⑤要求有单片机硬件系统框图、电路原理图、软件流程图。

6.数字时钟设计，设计要求：

① 可以正常准确地显示时间。

② 可以通过键盘输入来对时间进行调整。

③ 能够以两种时钟表示方式显示时间。

④ 自由发挥其他功能。

⑤ 要求有单片机硬件系统框图、电路原理图、软件流程图。

7.频率计设计，设计要求：

① 被测频率 fx 小于 110 Hz 采用测周法，显示频率 XXX。XXX；fx 大于 110Hz 采用测频法，显示频率 XXXXXX。

② 可利用键盘分段测量和自动分段测量。

③ 可完成单脉冲测量，输入脉冲宽度范围是 $0.1\times10^{-3}\sim0.1$ s。

④ 自由发挥其他功能。

⑤ 要求有单片机硬件系统框图、电路原理图、软件流程图。

8.电子密码锁设计，设计要求：

① 用 4×4 矩阵键盘组成 0～9 数字键及确认键和删除键。

② 可以自行设定或删除8位密码。

③ 用 5 位数码管组成显示电路提示信息,当输入密码时,只显示"8.";当密码位数输入完毕按下确认键时,对输入的密码与设定的密码进行比较,若密码正确,则门开,此处用绿色 LED 发光二极管亮 1 s 作为提示,若密码不正确,禁止按键输入 3 s,同时用红色 LED 发光二极管亮 3 s 作为提示;若在 3 s 之内仍有按键按下,则禁止按键输入 3 s 被重新禁止。

④ 自由发挥其他功能。

⑤ 要求有单片机硬件系统框图、电路原理图、软件流程图。

参考文献

［1］李全利.单片机原理及接口技术［M］.北京:高等教育出版社,2009.

［2］万隆,巴奉丽.单片机原理及应用技术［M］.北京:清华大学出版社,2010.

［3］徐玮,沈建良.单片机快速入门［M］.北京:北京航空航天大学出版社,2008.

［4］唐俊翟,许雷,张群瞻.单片机原理与应用［M］.北京:冶金工业出版社,2003.

［5］何桥,段清明,邱春玲.单片机原理与应用［M］.北京:中国铁道出版社,2008.

［6］段晨东.单片机原理及接口技术［M］.北京:清华大学出版社,2008.

［7］张毅刚.单片机原理及接口技术（C51 编程）［M］.北京:人民邮电出版社,2011.